China Engineering Cost Consulting Industry Development Report

中国工程造价咨询行业发展报告
（2024 版）

主编◎中国建设工程造价管理协会

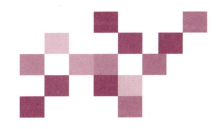

中国建筑工业出版社

图书在版编目（CIP）数据

中国工程造价咨询行业发展报告：2024 版 = China
Engineering Cost Consulting Industry Development
Report / 中国建设工程造价管理协会主编 . -- 北京：
中国建筑工业出版社，2024. 11. -- ISBN 978-7-112
-30637-4

Ⅰ. TU723.3

中国国家版本馆 CIP 数据核字第 2024MG6519 号

责任编辑：朱晓瑜　张智芊
责任校对：赵　力

中国工程造价咨询行业发展报告（2024 版）

China Engineering Cost Consulting Industry Development Report
主编　中国建设工程造价管理协会
*
中国建筑工业出版社出版、发行（北京海淀三里河路 9 号）
各地新华书店、建筑书店经销
北京雅盈中佳图文设计公司制版
河北鹏润印刷有限公司印刷
*
开本：787 毫米 ×1092 毫米　1/16　印张：20　字数：366 千字
2024 年 12 月第一版　2024 年 12 月第一次印刷
定价：109.00 元
ISBN 978-7-112-30637-4
　　　（44025）

本书编委会

编委会主任：

田国民

编委会副主任：

谭 华　薛秀丽　方 俊

编写人员：

李 萍	王诗悦	王玉珠	刘向阳	吴定远	张逸萍
王 超	林 玲	刘思杨	温燕芳	胡桂龙婕	姚浩浩
张 徐	彭西华	张 超	邓 颖	谢雅雯	李 莉
张心爱	赵振宇	柳雨含	杨雪梅	施小芹	丁 燕
洪 梅	谢 磊	花凤萍	孙 夏	金志刚	恽其鋆
关 艳	王 巍	王燕蓉	王禄修	廖袖锋	项 健
陈丽美	郝 吉	冯安怀	王平辉	柳 晶	王 涛
吕疆红	张 静	刘春高	肖 倩	常 乐	直鹏程
辛烁文	周 慧	姚雪梅			

审查人员：

刘大同　郭婧娟　王忠耀　孙建波　丁　众　李冬艳

付丽娜　沈　萍　李静文　黄　峰　刘宇珍　梁祥玲

龚春杰　陈光侠　徐逢治　陈　奎　王　磊　金玉山

邵重景　于振平　康增斌　邵振芳　谭平均　许锡雁

温丽梅　贺　垒　徐　湛　陶学明　夏思阳　马　懿

顾　群　杨青花　王彦斌　贾宪宁　赵　强　金　强

周小溪　付小军　刘学民　王登宵　侯　孟　董士波

杨晓春

综述

本报告基于 2023 年中国工程造价咨询行业发展的总体情况，从行业发展现状、行业结构、行业收入、影响行业发展的主要因素、行业存在的主要问题以及对策展望等方面进行了全面系统的梳理，反映了 2023 年我国工程造价咨询行业的发展情况。同时，通过与近年数据进行对比分析，全面展示了工程造价咨询行业发展的变化趋势。

2023 年，根据国家统计局批准《工程造价咨询统计调查制度》，通过统计调查系统上报的登记工程造价咨询业务的企业 15284 家（不包含我国香港、澳门、台湾地区），较上年增长 8.64%；企业从业人员 1207491 人，较上年增长 5.47%；企业营业收入 3341.32 亿元，其中工程造价咨询业务收入 1121.92 亿元，占工程造价咨询企业营业收入的 33.58%，与上年基本持平。

从行业整体数据情况来看，在工程造价咨询企业资质取消的持续影响下，相关的监理、招标代理以及一些大型设计、施工单位等相继介入造价业务，分流了部分市场份额，虽然企业和从业人员数量持续增加，但企业营收增速明显放缓，造价咨询市场的竞争压力进一步加剧。经济环境方面，我国建筑业、房地产业进入调整期，但随着我国经济结构的调整和产业结构的优化升级，工程造价咨询企业结合自身的发展需求和市场的客观需要，充分发挥专业优势，在做好传统业务的基础上，积极拓展法院、审计等服务对象，在综合性的全过程造价咨询、经济鉴证以及造价纠纷调解等方面寻求新的业务增长点。发展方式方面，国家围绕节能降碳和数字经济等方面出台的一系列政策，拓展了行业发展空间，数字经济在助推行业转型升级的同时，也激发了行业积累和开发造价数字资产的主动性，企业数据库建设稳步推进，数智化转型已在全行业达成共识。

结合当前发展形势，工程造价咨询行业仍处于深度转型发展期，我们需要准确把握行业发展的阶段性特征，围绕新的发展形势，不断拓展服务领域，在新型城镇化、乡村全面振兴、绿色低碳和数智化转型等方面，深入挖掘业务增长点，服务好国家发展大局，实现行业的更高质量发展。

CONTENTS 目录

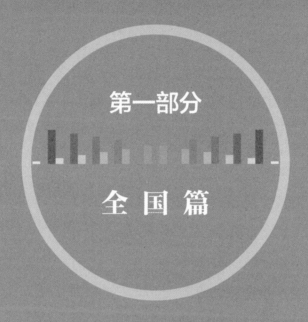

第一部分

全国篇

第一章

行业发展状况

2023 年，是全面贯彻党的二十大精神的开局之年，是工程造价咨询行业在新发展阶段持续深化改革、推动高质量发展的一年。随着我国经济结构调整和产业结构的不断升级，工程造价咨询行业积极服务国家发展大局，业务结构持续优化，服务能力显著提升。

第一节　整体发展水平

一、固定资产投资总体情况

2023 年全社会固定资产投资 509708 亿元，比上年增长 2.8%。固定资产投资（不含农户）503036 亿元，增长 3.0%。

在固定资产投资（不含农户）中，东部地区投资增长 4.4%，中部地区投资增长 0.3%，西部地区投资增长 0.1%，东北地区投资下降 1.8%。

在固定资产投资（不含农户）中，第一产业投资 10085 亿元，占全年固定资产投资（不含农户）2.00%，比上年下降 0.1%；第二产业投资 162136 亿元，占全年固定资产投资（不含农户）32.23%，增长 9.0%；第三产业投资 330815 亿元，占全年固定资产投资（不含农户）65.77%，增长 0.4%。基础设施投资增长 5.9%。社会领域投资增长 0.5%。民间固定资产投资 253544 亿元，下降 0.4%；其中制造业民间投资增长 9.4%，基础设施民间投资增长 14.2%。2023 年全社会固定资产投资（不含农户）分布情况如图 1-1-1 所示。

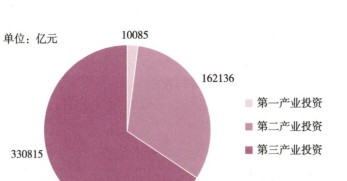

图 1-1-1　2023 年全社会固定资产投资（不含农户）分布情况

（数据来源：中华人民共和国 2023 年国民经济和社会发展统计公报）

2019-2023 年全社会固定资产投资和投资增速及全国分产业固定资产投资占比情况，一定程度上体现了固定资产投资结构的变化趋势。2019-2023 年全社会固定资产投资变化情况如图 1-1-2 所示。

2019-2023 年，各年全社会固定资产投资数额变动较大。2019 年，全社会固定资产投资增速最快，2020 年有一定放缓，增速与全国 GDP 增速基本保持一致，2021 年全社会固定资产投资同比增长 4.9%，大幅低于同期的 GDP 8.1% 增速。

图 1-1-2　2019-2023 年全社会固定资产投资变化情况

（数据来源：中华人民共和国 2019-2023 年国民经济和社会发展统计公报）

2022 年和 2023 年，固定资产投资有所增长但并未达到增长的预期，也逐步向好，展现了我国经济强大的韧性与活力。

2019-2023 年全国分产业固定资产投资（不含农户）占比情况如表 1-1-1 和图 1-1-3 所示。

2019-2023 年全国分产业固定资产投资（不含农户）占比（%）　表 1-1-1

产业类型	2019 年	2020 年	2021 年	2022 年	2023 年
第一产业	2.30	2.60	2.60	2.50	2.00
第二产业	29.60	28.70	30.80	32.20	32.23
第三产业	68.10	68.70	66.60	65.30	65.77

（数据来源：中华人民共和国 2019-2023 年国民经济和社会发展统计公报）

图 1-1-3　2019-2023 年全国分产业固定资产投资（不含农户）占比

（数据来源：中华人民共和国 2019-2023 年国民经济和社会发展统计公报）

分析统计结果可知，2019-2023 年第三产业固定资产投资（不含农户）占比均超过 65%，第二产业固定资产投资（不含农户）占比逐渐回暖，第一产业占比最低，第三产业已逐渐成为我国固定资产投资发展的重点领域。

二、建筑业发展情况

截至 2023 年底，全国有施工活动的建筑业企业共 157929 家；全国建筑业企业从业人数为 5253.79 万人；全国建筑业总产值为 315911.85 亿元；全国具有施工资质的总承包和专业承包建筑业企业利润总额为 8326 亿元。全国建筑业发展情况具体分析如下：

1. 全国建筑业企业数量持续增加，增速较为平稳

2023 年，全国有施工活动的建筑业企业共有 157929 家，比上年增加 14308 家，增长 9.96%。2019-2023 年全国建筑业企业的数量变化情况如图 1-1-4 所示。

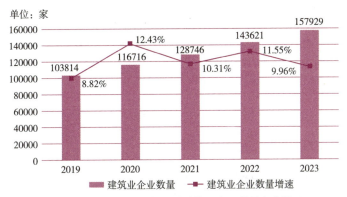

图 1-1-4 2019-2023 年全国建筑业企业数量变化情况

（数据来源：中国建筑业协会《2019-2023 年建筑业发展统计分析》）

由图 1-1-4 可知，2019 年和 2020 年分别为近五年建筑业企业数量增速最慢和最快的两年，2021 年、2022 年、2023 年增速均在 10% 左右，近五年建筑业企业数量呈持续增长态势。

2. 全国建筑业从业人数增加，结束了连续三年的减少态势

2023 年，建筑业从业人数为 5253.75 万人，比上一年末增加 69.73 万人，增长 1.35%。2019-2023 年全国建筑业从业人员数量变化情况如图 1-1-5 所示。

由图 1-1-5 可知，2019 年全国建筑业从业人数增速为近五年最高，2020-2022 年全国建筑业从业人数连续三年均处于负增长状态，建筑业企业数量增长，行业竞争加剧，同时受新冠疫情、用工环境影响，从业人数逐年减少，企业面临用工难问题，使得中小型建筑企业生存环境恶化。2023 年，建筑业从业人数增

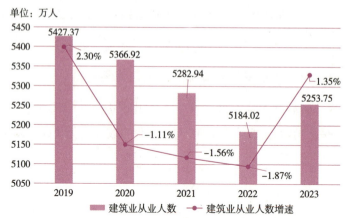

图 1-1-5　2019-2023 年全国建筑业从业人员数量变化情况

（数据来源：中国建筑业协会《2019-2023 年建筑业发展统计分析》）

加 69.73 万人，增幅为 1.35%，结束了连续三年全国建筑业从业人员数量减少的
态势。

3. 建筑业总产值持续增长，增速有所下降

2023 年，全国建筑业总产值为 315911.85 亿元，比上一年增长 1.26%。
2019-2023 年全国建筑业总产值的变化情况如图 1-1-6 所示。

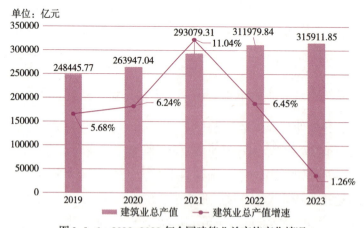

图 1-1-6　2019-2023 年全国建筑业总产值变化情况

（数据来源：中国建筑业协会《2019-2023 年建筑业发展统计分析》）

由图 1-1-6 可知，2019-2023 年全国建筑业总产值逐年增加，增速先增后减，2022 年总产值比上一年增加 18900.53 亿元，增速比上一年下降 4.59 个百分点；2023 年总产值比上一年增加 3932.01 亿元，增速比上一年下降 5.19 个百分点，说明建筑业总产值逐年增加，但增速呈下降趋势。

4. 建筑业利润下滑，呈现增速先降后稳的趋势

2023 年，全国建筑业企业利润总额为 8326 亿元，延续了上一年的负增长，但所降幅度收窄。2019-2023 年全国建筑业企业利润变化情况如图 1-1-7 所示。

图 1-1-7　2019-2023 年全国建筑业企业利润总额变化情况

（数据来源：中国建筑业协会《2019-2023 年建筑业发展统计分析》）

由图 1-1-7 可知，2019-2023 年全国建筑业企业利润总额比上一年分别增长 3.42%、−0.93%、3.02%、−2.16%、−0.51%。受疫情影响，2020 年国家经济增速较低，在低基数影响下，2021 年全国经济增速快速回升使得建筑业利润增速较快，2021 年以来全国经济在受到疫情影响之后持续修复但整体下行压力较大，而 2022 年、2023 年建筑业企业数量、总产值较疫情时期有所增加，但利润持续减少，造成该现象的原因主要如下：

①市场竞争加剧。随着建筑企业数量的增加，市场竞争日益激烈。为了争

夺市场份额，企业可能采取降价策略或提供更具吸引力的条件，从而压缩了利润空间。

②政策调整与监管加强。政府对建筑行业的监管力度不断加强，特别是在安全生产、环保、税收等方面，这要求企业必须符合更高的标准和规范，从而增加了合规成本。

③行业结构不合理。部分建筑企业可能存在业务模式单一、技术创新能力不足等问题，难以适应市场变化，导致营利能力下降。

④成本上升。原材料价格、人工成本、融资成本等生产要素价格的上涨，直接增加了建筑企业的运营成本。

⑤宏观经济环境影响。宏观经济环境的变化，如经济增速放缓、房地产市场调控等，对建筑业的发展产生了影响。特别是房地产市场作为建筑业的重要下游市场，其波动直接影响到建筑企业的业务量和利润水平。

三、工程造价咨询行业发展情况

2023年登记工程造价咨询业务的企业共15284家，从业人员共1207491人，营业收入共计3341.32亿元①，其中，工程造价咨询业务收入1121.92亿元，占工程造价咨询企业全部营业收入的33.58%。行业发展情况具体分析如下：

1. 企业数量稳步增长，增速有所放缓

根据2023年工程造价咨询统计资料汇编分析，2023年全国登记工程造价咨询业务的企业共15284家，较上年增长8.64%。2019-2023年，全国工程造价咨询企业数量变化情况如图1-1-8所示。

2. 从业人员数量逐年增加，增速有所放缓

2023年末，登记工程造价咨询业务的企业从业人员共计1207491人，较上年增长5.47%。2019-2023年，全国工程造价咨询企业从业人员数量变化情况如图1-1-9所示。

---

① 除去勘察设计、会计审计、银行金融等非造价咨询行业主要业务之后的营业收入。

单位：家

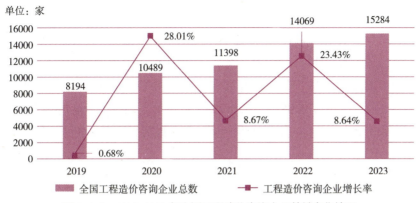

图 1-1-8　2019-2023 年全国工程造价咨询企业数量变化情况

（数据来源：2023 年工程造价咨询统计调查资料汇编）

单位：人

图 1-1-9　2019-2023 年全国工程造价咨询企业从业人员数量变化情况

（数据来源：2023 年工程造价咨询统计调查资料汇编）

3. 工程造价咨询业务收入趋于稳定，增速持续下降

2023 年登记工程造价咨询业务的企业营业收入 [1] 合计 3341.32 亿元。其中，工程造价咨询业务收入 1121.92 亿元，占全部营业收入的 33.58%；招标代理业务收入 275.97 亿元，项目管理业务收入 676.93 亿元，工程咨询业务收入 258.45 亿元，工程监理业务收入 777.26 亿元，全过程工程咨询业务收入 230.79 亿元，分

---

[1]　除去勘察设计、会计审计、银行金融等非造价咨询行业主要业务之后的营业收入。

别占全部营业收入的 8.26%、20.26%、7.73%、23.26%、6.91%。2023 年工程造价咨询企业营业收入分布情况、2019-2023 年全国工程造价咨询企业工程造价咨询业务收入变化情况如图 1-1-10、图 1-1-11 所示。

2019-2023 年全国工程造价咨询业务收入分别为 892.47 亿元、1002.69 亿元、1143.02 亿元、1144.98 亿元、1121.92 亿元，较上年分别增长 15.53%、12.35%、14.00%、0.17%、-2.01%，营业收入规模快速增长后趋于稳定，增速

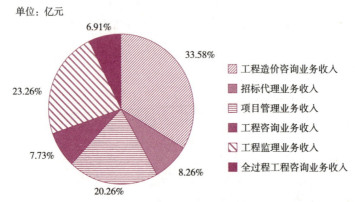

图 1-1-10 2023 年工程造价咨询企业营业收入的分布情况

（数据来源：2023 年工程造价咨询统计调查资料汇编）

图 1-1-11 2019-2023 年全国工程造价咨询业务收入变化情况

（数据来源：2023 年工程造价咨询统计调查资料汇编）

呈现出先平稳后急速下降，在 2023 年增速首次出现负值。出现该现象的主要原因如下。

（1）宏观经济影响。工程造价咨询业务与建筑、房地产等行业的发展密切相关。近年来，宏观经济环境复杂多变，房地产市场调控政策频出，对工程项目的投资规模、建设速度等产生了一定影响，进而影响到工程造价咨询业务的需求。特别是在经济下行压力下，建筑和房地产项目投资减少，导致咨询业务收入增速放缓甚至下降。

（2）市场竞争加剧。随着行业准入门槛的降低和市场竞争加剧，工程造价咨询企业面临更大的生存压力。为了争夺市场份额，企业可能采取降价策略或提供更多增值服务，从而压缩了利润空间，影响了整体收入增长。

第二节　人才队伍建设

2023 年，工程造价咨询行业积极响应党和国家科教兴国与人才强国战略，积极开展人才培养体系建设，工程造价咨询行业人才队伍不断壮大，从业人员综合素质不断增强，工程造价咨询服务水平不断提升。

2023 年底，登记工程造价咨询业务的企业共有从业人员 1207491 人，比上年增长 5.47%。其中，注册造价工程师 161939 人，比上年增长 9.72%，占全部工程造价咨询企业从业人员的 13.41%。专业技术人员 733915 人，比上年增长 4.62%，占全部工程造价咨询企业从业人员的 60.78%。

2019-2023 年，工程造价咨询企业从业人数、注册造价工程师人数、专业技术人数变化情况如图 1-1-12 所示。

由图 1-1-12 可知，2019-2023 年全国工程造价咨询企业从业人员、注册造价工程师以及专业技术人员的数量逐年增加。其中，工程造价咨询企业从业人员、专业技术人员数量呈同频波动，2020 年、2022 年增长率均突破 30%，2019 年、2021 年、2023 年增长率均低于 10%；注册造价工程师增长率在 2020 年处于最高点，随后几年增长率持续下降。

工程造价咨询企业专业技术人员中，高级职称人员 218096 人，比上年增长 15.13%，占专业技术人员 29.72%；中级职称人员 329382 人，比上年增长 1.74%，

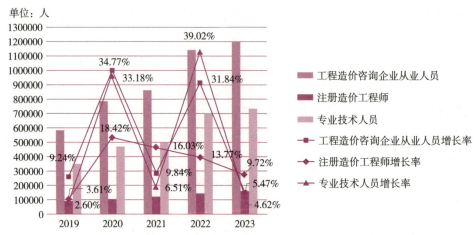

图 1-1-12 2019-2023 年工程造价咨询企业从业人数、注册造价工程师人数、专业技术人数变化

（数据来源：2023 年工程造价咨询统计调查资料汇编）

占专业技术人员 44.88%；初级职称人员 186437 人，比上年减少 1.01%，占专业技术人员 25.40%。2019-2023 年全国工程造价咨询企业专业技术人员分布情况以及各类职称人数的变化情况如图 1-1-13 所示。

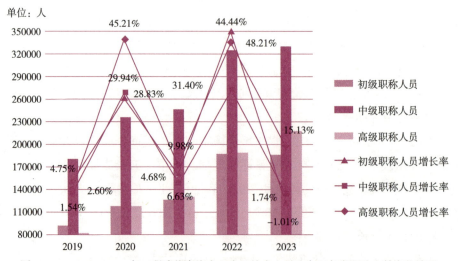

图 1-1-13 2019-2023 年工程造价咨询企业专业技术人员分布及各类职称人数变化情况

（数据来源：2023 年工程造价咨询统计调查资料汇编）

由图 1-1-13 可知，2019-2023 年我国工程造价咨询企业高级职称人员、中级职称人员的数量连续五年持续增加，初级职称人员的数量连续四年稳步增长，但在 2023 年首次出现负增长，高级职称人员、中级职称人员、初级职称人员的增长率均波动较大，呈现出"M"形。

<h2 style="text-align:center">第三节　市场化改革</h2>

2023 年，工程造价咨询行业持续推进市场化改革，不断总结改革经验，推动工程造价咨询行业健康发展。

一、各地出台相关政策

2023 年，为积极落实住房和城乡建设部工程造价市场化改革试点任务，推动改革措施落地，湖北省住房和城乡建设厅、湖北省市场监督管理局和湖北省建设工程标准定额管理总站在充分开展市场调研的基础上，先后发布多项政策文件，如《湖北省建设工程计价依据解释及造价争议调解实施细则（试行）》《湖北省房屋建筑和市政基础设施工程施工过程及竣工结算办法》《关于进一步规范建筑工程材料综合价格信息发布工作的通知》《关于开展建筑材料厂商价格信息发布工作的通知》以及湖北省地方标准《建设项目工程总承包计价规程》《湖北省城市排水设施养护维修造价指标（试行）》《湖北省房屋建筑和市政基础设施工程领域工程款支付担保管理实施办法（试行）》等。

为适应工程造价改革，提高市场化手段编制最高投标限价的便利性和可操作性，2023 年 1 月起，青岛市住房和城乡建设局在官网每月发布房屋建筑与市政工程典型工程量清单项目综合单价、人工费等市场交易价格信息，为市场主体计价行为提供了市场化、动态化的新型参考依据。该造价信息服务模式为全国首创，与定额计价模式以及传统的造价指标相比较，其信息来源更加真实有效，充分反映市场实际；发布更新及时，满足前期价格确定和后期价格调整的要求；颗粒度合理细化，能直接应用于造价文件编制和审核。

《江苏省建设工程造价管理办法》于 2023 年 4 月 1 日起施行。该办法分为六章，包含建设工程造价管理、工程造价咨询企业和执业人员管理、监督管理、法律责任等三十四条内容。进一步完善了建设工程造价管理体制机制及建设工程计价依据形成机制，规范了建设工程计价方法，同时全面推行施工过程结算制度、加强造价咨询企业管理、规范造价工程师执业活动、加强事中事后监督管理。在完善计价依据体系，推进工程造价市场化改革方面，该办法提出，要建立动态管理机制，明确住房城乡建设主管部门应当建立健全建设工程计价依据动态管理机制，并完善相关管理措施；要科学确定计价依据，明确编制或者修订工程计价依据应当充分征求有关部门和社会公众的意见，合理反映工程建设的实际情况，与经济社会发展和工程技术发展水平相适应；要加强造价数据积累，明确工程造价数据库数据来源，完善数据归集制度，引导企业综合运用造价指标指数和市场价格信息，控制投资、提升效益。

为进一步深化浙江省工程造价市场化改革，进一步提升工程造价数字化应用水平，统一建设工程计价成果文件数据标准，规范造价咨询行业计价行为，浙江省住房和城乡建设厅组织编制并发布了《建设工程造价指标采集分析标准》DBJ33/T 1294—2023（以下简称《指标标准》）和《建设工程计价成果文件数据标准》DBJ33/T 1103—2023（以下简称《数据标准》），于2023年12月1日起施行。《指标标准》是浙江省现行建设工程计价体系的重要组成，是构建科学合理的多层级造价指标体系、建立全省统一造价数据库的基础性标准；《数据标准》是浙江省工程造价成果文件的数据存储、交换、传输的基本规则，是浙江省工程造价领域成果文件数据共享互联互通、确保数据安全准确的引领性标准。两部标准的实施，是深化数字化改革、推进建设工程造价行业数字化转型的重要举措，是提高工程造价领域数字化水平，推进市场决定工程造价改革目标，提升造价咨询行业核心竞争力的重要支撑。

根据造价改革精神，上海市住房和城乡建设管理委员会在工程造价领域率先提出改革规费设置的相关举措，依据《关于调整本市建设工程规费项目设置等相关事项的通知》要求，修订完成《上海市建设工程工程量清单数据文件标准（VER1.2—2023）》，该标准筑牢"保权益、惠民生"的规费计价改革数字化基座，实现工程量清单全费用综合单价，报价规则更合理，责任边界更明晰，结算预期更稳定。

二、健全工程造价咨询行业标准体系

随着工程造价改革的深入，工程造价专业领域的标准化工作逐渐得到了政府主管部门、行业协会及造价咨询企业的重视。

2023年，中国建设工程造价管理协会先后启动了《建设工程造价咨询服务工时标准（房屋建筑工程）》和《建设工程造价咨询工期标准（房屋、市政及城市轨道交通工程）》团体标准编制工作，该类团体标准的编制有利于进一步完善工程造价形成机制，提高工程造价咨询专业价值和社会地位，推动行业高质量发展。

为提高工程造价咨询企业鉴定业务能力，规范工程造价鉴定工作，提升鉴定意见书质量，中国建设工程造价管理协会组织了《建设工程造价鉴定意见书（示范文本）》编制工作。该示范文本的编制，一是法律和专业的统一，遵守相关法律法规、标准和规范，做到依据充分，法律与专业缺一不可；二是兼顾理论与实际统一，通过大量的案例反映实际需求；三是注重严谨性与可操作性统一，文字表述清晰，做到鉴定内容明确，鉴定过程独立公正，鉴定结果真实客观，可操作性强。通过鉴定意见书示范文本的编制，将有力推动工程造价咨询行业更好融入和服务于司法领域，进一步扩大和提升工程造价咨询行业在全社会的专业影响力和知名度。

中国建设工程造价管理协会还启动了团体标准《建设项目代建管理标准》编制工作。该团体标准的编制是在国家深化标准化工作改革的大背景下，对现行代建项目工程管理体制和管理制度的一次适时补充和完善。该标准的编制将有助于提高工程造价咨询企业参与项目代建管理的水平，更好地推动工程造价咨询行业高质量发展。

第四节　履行社会责任

2023年，政府主管部门通过"总对总"在线诉调对接机制，积极推进民事纠纷的多元化解，同时行业协会加强对工程造价纠纷化解的交流与培训，并完善工程造价纠纷调解机制。

一、推进民事纠纷多元化解

为全面推进住房城乡建设领域民事纠纷源头治理、多元化解工作，促进住房城乡建设领域纠纷预防在源头、化解在萌芽、解决在前端。2023 年 9 月，最高人民法院办公厅与住房和城乡建设部办公厅联合印发《关于建立住房城乡建设领域民事纠纷"总对总"在线诉调对接机制的通知》，强调要加强沟通会商，推动各地建立工作协调和信息共享机制，完善调解队伍绩效评估激励体系，加强多元化解工作宣传引导，为住房城乡建设领域民事纠纷在线诉调对接工作的开展营造良好氛围。

二、加强对工程造价纠纷化解的交流与培训

为加强建设工程造价纠纷的诉调对接工作，探索建立一站式多元解纷机制，推动矛盾纠纷源头化解，2023 年 6 月，中国建设工程造价管理协会调解工作委员会赴北京市顺义区人民法院进行了专题调研，就合作推进建设工程造价纠纷诉调对接工作进行了座谈交流。调解与诉讼对接是完善多元纠纷解决机制的具体举措，有利于工程造价纠纷案件的分流和处理，更加专业、快捷、灵活、高效地化解社会矛盾；中国建设工程造价管理协会受法院委托开展纠纷调解，可以丰富工程造价多元化纠纷解决机制，充分利用"造价 + 法律"相结合的纠纷解决方法，为法院解决纠纷提供专业技术支撑。当前工程建设领域矛盾纠纷绝大部分都体现在工程造价上，通过行业调解组织与人民法院的诉调对接机制，有利于充分发挥人民法院管理优势及全国性行业组织的专业技术优势，形成合力作用，协同推进并实践建设工程造价纠纷多元解决。

为进一步加强与法院系统的信息互通，规范工程造价鉴定行为。2023 年 8 月，湖北省建设工程标准定额管理总站赴省高级人民法院，与民事审判第一庭、司法鉴定处开展交流座谈，双方就目前存在的信息互通不及时、协作机制不健全等问题达成一致意见。一是建立联合惩戒机制。通过信用信息互通、红黑榜等形式完善工程造价咨询行业诚信管理；二是建立司法鉴定专家委员会。由湖北省建设工程标准定额管理总站牵头，湖北省高级人民法院司法鉴定处配合，组织建立资深司法鉴定专家队伍，保障工程造价鉴定工作的客观公正。

2023 年 11 月，中国建设工程造价管理协会联合全国市长研修学院在厦门举办"工程造价管理与工程造价纠纷调解培训班"。授课内容涉及工程造价市场化改革、建设工程管理、法律、工程造价纠纷调解等领域，重点宣贯了最高人民法院办公厅与住房和城乡建设部办公厅联合发布的《关于建立住房城乡建设领域民事纠纷"总对总"在线诉调对接机制的通知》。

三、完善工程造价纠纷调解机制

2023 年 12 月，中国建设工程造价管理协会调解工作委员会受申请人委托，就某工程结算过程中是否需要对设备缺项计价及可计量的模板等措施费计价的问题，进行了专家评审并出具专家评审意见，解决了技术争议。调解委员会根据建设工程专业、属地特征、案件复杂程度等特点，组建了政治素质高、技术实力强、工作经验丰富的专家团队，以保障评审意见客观、中立、专业。中国建设工程造价管理协会调解工作委员会充分发挥行业协会的作用，积极探索适合我国国情的工程造价纠纷解决模式，鼓励、引导当事人通过调解（评审）方式解决纠纷，为当事人提供客观公正的专业技术意见，推进行业自治，促进社会和谐。

第二章

行业结构分析

第一节　企业结构分析

一、工程造价改革不断深化，企业数量持续增长

2023 年末，全国共有 15284 家登记工程造价咨询业务的企业参加了统计。根据 2019-2023 年统计数据，2019-2023 年各地区登记工程造价咨询业务的企业统计如表 1-2-1 所示，2019-2023 年各地区登记工程造价咨询业务的企业数量变化分析如图 1-2-1 所示，2019-2023 年全国登记工程造价咨询业务的企业数量变化分析如图 1-2-2 所示。

2019-2023 年各地区工程造价咨询企业统计（家）　表 1-2-1

企业归口管理的地区或行业	2019 年	2020 年	2021 年	2022 年	2023 年
	工程造价咨询企业				
合计	8194	10489	11398	14069	15284
北京	342	385	403	427	314
天津	76	143	114	153	162
河北	388	464	461	548	563
山西	234	393	403	479	557
内蒙古	292	294	340	359	422
辽宁	246	335	379	497	523
吉林	166	176	198	213	205

续表

企业归口管理的地区或行业	2019 年	2020 年	2021 年	2022 年	2023 年
	工程造价咨询企业				
黑龙江	205	255	224	262	337
上海	167	226	228	290	287
江苏	721	921	1049	1216	1333
浙江	417	661	810	843	901
安徽	453	781	766	909	1005
福建	184	257	327	333	336
江西	193	210	291	955	1132
山东	645	764	871	1185	1136
河南	294	444	455	520	578
湖北	354	365	402	461	463
湖南	280	352	428	435	432
广东	420	652	568	674	690
广西	148	168	190	264	211
海南	64	74	69	299	329
重庆	229	232	240	350	500
四川	443	499	545	674	874
贵州	104	243	220	239	262
云南	165	164	161	185	192
西藏	1	1	24	3	—
陕西	253	256	274	315	435
甘肃	191	168	215	191	240
青海	54	67	93	89	90
宁夏	77	93	143	160	206
新疆	166	214	283	320	352
新疆兵团	—	9	9	7	10
行业归口	222	223	215	214	207

注：①新疆生产建设兵团（本书简称新疆兵团）为 2020 年新列入统计对象；

②西藏自治区未参与 2023 年工程造价咨询统计调查。

单位：家

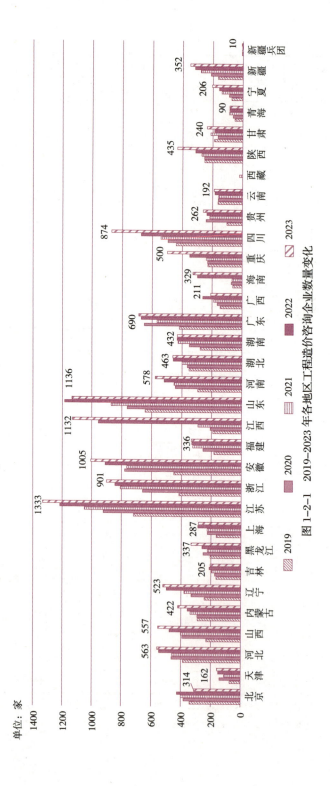

图 1-2-1 2019—2023 年各地区工程造价咨询企业数量变化

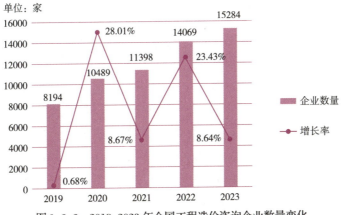

单位：家

图 1-2-2　2019-2023 年全国工程造价咨询企业数量变化

分析图表信息可知：

（1）2019-2023 年企业数量经历了明显的增长过程。2019-2023 年企业分别为 8194 家、10489 家、11398 家、14069 家和 15284 家，分别比上一年增长 0.68%、28.01%、8.67%、23.43% 和 8.64%。2020 年和 2022 年，受相关政策的影响，企业数量出现两位数的增长率。2020 年，"双 60" 政策的取消显著降低了企业资质要求，推动了大量工程造价咨询业务的企业出现；2022 年，企业资质的取消使企业数量持续快速增长。

（2）我国各地区企业数量分布不均衡。2023 年企业数量排前五位的地区依次为江苏、山东、江西、安徽、浙江，企业数量分别为 1333 家、1136 家、1132 家、1005 家、901 家，合计 5507 家，占全国企业总数的 36.03%。

二、工程造价咨询业务稳居主流，转型升级是关键

2023 年末，参加统计的 15284 家企业中，主营业务包括工程造价咨询业务的企业有 14899 家。同时，主营业务包含招标代理、项目管理、工程咨询、工程监理、全过程工程咨询的企业分别有 10588 家、5238 家、7112 家、5279 家、6329 家。2022-2023 年各地区工程造价咨询企业及主营业务分布情况如表 1-2-2 所示，2022-2023 年全国工程造价咨询企业主营业务分类如图 1-2-3 所示，2023 年各地区主营业务包含工程造价咨询的企业分布如图 1-2-4 所示。

2022—2023 年各地区工程造价咨询企业及主营业务分布情况（家）

表 1-2-2

企业归口管理的地区或行业	2022 年							2023 年						
	企业数量	主营业务包含工程造价咨询	主营业务招标代理	主营业务包含项目管理	主营业务包含工程咨询	主营业务包含工程监理	主营业务包含全过程工程咨询	企业数量	主营业务包含工程造价咨询	主营业务包含招标代理	主营业务包含项目管理	主营业务包含工程咨询	主营业务包含工程监理	主营业务包含全过程工程咨询
合计	14069	13742	9958	5043	6668	4961	5832	15284	14899	10588	5238	7112	5279	6329
北京	427	420	312	194	208	88	175	314	310	215	109	139	65	129
天津	153	145	123	78	83	40	64	162	158	135	94	95	45	80
河北	548	543	354	194	229	171	218	563	555	360	196	208	171	208
山西	479	474	287	153	209	116	197	557	551	346	187	247	139	250
内蒙古	359	356	226	125	140	61	130	422	417	281	144	163	72	146
辽宁	497	497	346	191	233	80	167	523	523	357	202	234	83	175
吉林	213	212	165	71	99	81	81	205	202	155	59	83	76	74
黑龙江	262	259	140	111	115	62	106	337	331	172	141	155	83	141
上海	290	263	188	107	158	86	122	287	263	193	106	170	86	128
江苏	1216	1174	1009	510	599	563	560	1333	1286	1130	571	691	616	647
浙江	843	812	684	328	459	427	449	901	863	733	360	478	453	473
安徽	909	883	674	312	518	396	361	1005	968	740	359	607	462	423
福建	333	329	286	81	133	174	90	336	326	290	72	132	169	102
江西	955	935	749	266	349	311	324	1132	1132	782	230	370	341	307
山东	1185	1140	867	566	574	417	552	1136	1093	813	487	537	373	531
河南	520	511	330	128	214	176	190	578	567	377	137	230	204	225
湖北	461	456	310	109	171	85	168	463	460	304	115	183	93	183
湖南	435	422	272	151	218	154	203	432	417	266	150	208	146	191
广东	674	642	455	212	352	276	262	690	668	463	208	360	287	280

续表

企业归口管理的地区或行业	2022年							2023年						
	企业数量	主营业务包含工程造价咨询	主营业务包含招标代理	主营业务包含项目管理	主营业务包含工程咨询	主营业务包含工程监理	主营业务含全过程工程咨询	企业数量	主营业务包含工程造价咨询	主营业务包含招标代理	主营业务包含项目管理	主营业务包含工程咨询	主营业务包含工程监理	主营业务包含全过程工程咨询
广西	264	258	189	84	156	138	115	211	207	160	51	117	103	87
海南	299	296	149	101	150	99	126	329	321	134	84	141	91	130
重庆	350	349	219	86	148	106	118	500	497	318	129	207	155	194
四川	674	666	437	275	321	293	288	874	823	481	329	389	331	313
贵州	239	234	150	78	109	78	94	262	255	157	63	117	85	106
云南	185	184	105	64	80	29	90	192	190	104	67	90	38	90
西藏	3	3	2	1	0	1	2	—	—	—	—	—	—	—
陕西	315	312	281	112	158	152	156	435	434	396	187	225	214	237
甘肃	191	188	138	36	77	60	70	240	232	180	58	108	80	95
青海	89	89	54	33	42	34	30	90	89	45	34	41	21	28
宁夏	160	160	139	57	63	30	75	206	206	168	64	79	29	85
新疆	320	318	241	126	131	68	119	352	348	267	141	149	75	148
新疆兵团	7	7	4	2	4	2	4	10	10	6	2	4	3	7
行业归口	214	205	73	101	168	107	126	207	197	60	102	155	90	116

注：①新疆兵团为2020年新列入统计对象；

②西藏自治区未参与2023年工程造价咨询统计调查；

③企业主营业务情况为2022年新列入统计指标。

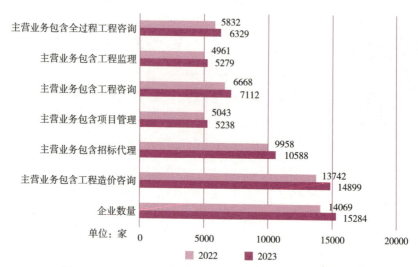

图 1-2-3　2022-2023 年全国工程造价咨询企业主营业务分类

分析图表信息可知：

（1）2023 年企业各主营业务数量小幅增长。2023 年参加统计的 15284 家企业中，主营业务包括工程造价咨询业务的企业有 14899 家，相比 2022 年增长 8.42%。同时，主营业务包含招标代理、项目管理、工程咨询、工程监理、全过程工程咨询的企业分别有 10588 家、5238 家、7112 家、5279 家、6329 家，相比上年分别增长 6.33%、3.87%、6.66%、6.41%、8.52%。

（2）2022-2023 年企业主营业务以工程造价咨询业务为主。2022 年参加统计的 14069 家企业中，主营业务包括工程造价咨询业务的企业有 13742 家，占比 97.68%，2023 年参加统计的 15284 家企业中，主营业务包括工程造价咨询业务的企业有 14899 家，占比 97.48%。

（3）2022-2023 年企业各主营业务所占比例相对稳定。2022 年企业中主营业务包含工程造价咨询、招标代理、项目管理、工程咨询、工程监理、全过程工程咨询的企业分别有 13742 家、9958 家、5043 家、6668 家、4961 家、5832 家，占比分别为 97.68%、70.78%、35.84%、47.39%、35.26%、41.45%；2023 年企业中主营业务包含工程造价咨询、招标代理、项目管理、工程咨询、工程监理、全过程工程咨询的企业占比分别为 97.48%、69.28%、34.27%、46.53%、34.54%、41.41%。

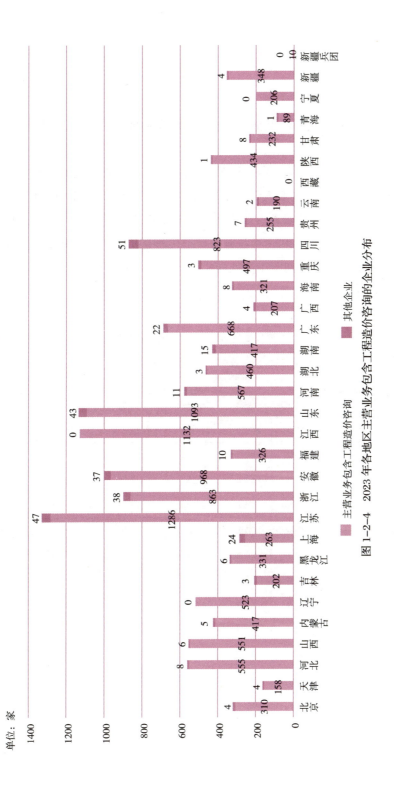

图 1-2-4　2023 年各地区主营业务包含工程造价咨询的企业分布

单位：家

第二节　从业人员结构分析

一、工程造价咨询行业从业人员规模持续增大，但增速放缓

2023 年末，参加统计的 15284 家企业中，共有从业人员 1207491 人。其中，工程造价咨询人员 303530 人，占全部从业人员的 25.14%。2019-2023 年各地区企业从业人员数量统计如表 1-2-3 所示，2019-2023 年各地区企业从业人员数量变化如图 1-2-5 所示，2023 年各地区登记工程造价咨询业务的企业从业人员中工程造价咨询人员分布如图 1-2-6 所示，2019-2023 年企业从业人员数量变化如图 1-2-7 所示。

2019-2023 年工程造价咨询企业从业人员数量统计（人）　　表 1-2-3

企业归口管理的地区或行业	2019 年	2020 年	2021 年	2022 年		2023 年	
	从业人员	从业人员	从业人员	从业人员	工程造价咨询人员	从业人员	工程造价咨询人员
合计	586617	790604	868367	1144875	310224	1207491	303530
北京	39890	48052	49629	71279	32179	66856	26118
天津	6501	9309	6906	11282	3529	13879	3666
河北	17802	21788	22550	23940	9013	24550	8723
山西	7438	15384	14793	13676	5414	15144	5840
内蒙古	6846	8047	10182	10658	4222	11393	4446
辽宁	6976	10732	14209	16212	7134	15958	6485
吉林	6804	7963	8931	17535	3346	17204	3174
黑龙江	5447	9021	6861	7538	3156	7709	3263
上海	12397	14596	15579	44733	11431	45833	11066
江苏	30878	55990	71587	106241	25669	105525	26068
浙江	36690	81214	97571	101992	25839	99437	25604
安徽	21025	37518	37165	37527	12085	38797	12431

续表

企业归口管理的地区或行业	2019 年	2020 年	2021 年	2022 年		2023 年	
	从业人员	从业人员	从业人员	从业人员	工程造价咨询人员	从业人员	工程造价咨询人员
福建	18591	21596	29199	28674	7290	26862	6799
江西	7721	9657	14917	32064	8382	35981	8532
山东	38218	45084	50974	61655	24510	59377	23133
河南	21175	37943	41254	60000	10959	63241	10530
湖北	13381	14929	17563	34313	8956	32960	8679
湖南	13089	23532	31676	35707	8354	35342	8145
广东	50813	76750	70459	91773	27229	119502	26680
广西	10156	12861	14407	27611	4874	17327	4189
海南	2131	2198	2416	6432	2842	6593	2932
重庆	12200	12740	14186	20474	7613	25849	8057
四川	46868	48954	54061	59785	16014	62898	16173
贵州	8201	11708	9228	12870	3360	12860	3271
云南	8202	8779	9067	16147	5571	15828	5450
西藏	50	53	574	147	91	—	—
陕西	17367	19159	19609	20977	7421	22484	7752
甘肃	10315	10090	15842	10117	2467	13317	2912
青海	1146	1391	2088	2980	882	3551	912
宁夏	2640	2729	4438	3994	1800	3817	1872
新疆	5524	5334	6276	6512	3315	8503	3422
新疆兵团	—	556	623	475	180	496	155
行业归口	100135	104947	103547	149555	15097	178418	17051

注：①新疆兵团为 2020 年新列入统计对象；

　　②西藏自治区未参与 2023 年工程造价咨询统计调查；

　　③工程造价咨询人员数量为 2022 年新列入统计指标。

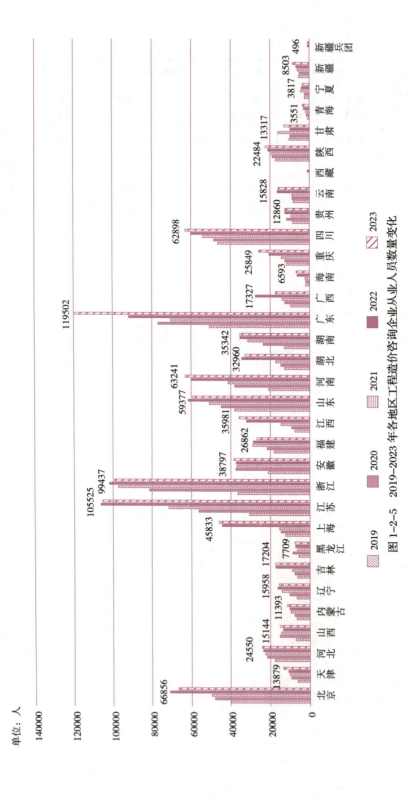

图 1-2-5 2019—2023 年各地区工程造价咨询企业从业人员数量变化

单位：人

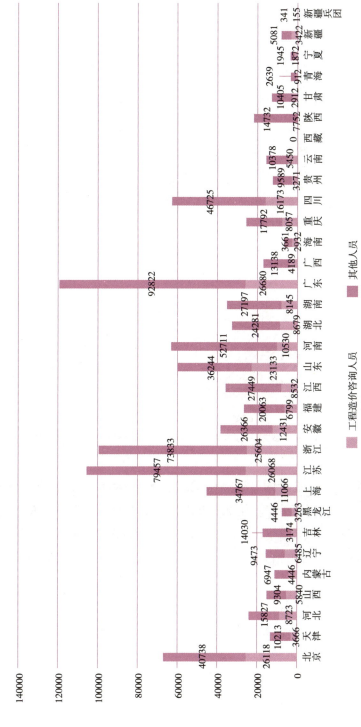

图 1-2-6　2023 年各地区工程造价咨询企业从业人员中工程造价咨询人员分布

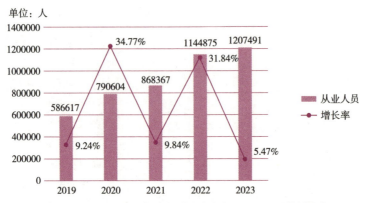

图 1-2-7　2019–2023 年工程造价咨询企业从业人员数量变化

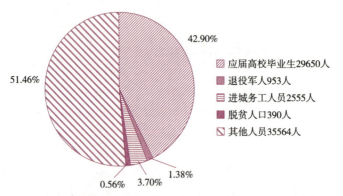

图 1-2-8　2023 年工程造价咨询企业新吸纳就业人员组成分布

　　2023 年，参加统计的企业新吸纳就业人员 69112 人，占全部从业人员的 5.72%。其中，应届高校毕业生 29650 人，占比 42.90%；退役军人 953 人，占比 1.38%；进城务工人员 2555 人，占比 3.70%；脱贫人口 390 人，占比 0.56%；其他人员 35564 人，占比 51.46%。2023 年企业新吸纳就业人员组成分布如图 1-2-8 所示。

　　分析图表信息可知：

　　（1）2019–2023 年企业从业人员数量经历了明显的增长阶段。2019–2023 年参加统计的企业从业人员分别比上一年增长 9.24%、34.77%、9.84%、31.84% 和 5.47%。2019–2023 年企业从业人员数量稳步增长，尤其是 2020 年和 2022 年，增长率显著，增速均超过两位数。

（2）我国各地区企业从业人员数量分布不均衡。2023年，企业从业人员数量排在前五的地区依次为广东、江苏、浙江、北京、河南，数量分别为119502人、105525人、99437人、66856人、63241人，合计454561人，占全国数量的37.65%。

二、注册造价工程师数量逐年稳步增长

2023年末，参与统计的企业共有注册造价工程师161939人，占全部从业人员比例为13.41%。其中，一级注册造价工程师124450人，占全部从业人员比例为10.31%；二级注册造价工程师37489人，占全部从业人员比例为3.10%。2023年企业从业人员组成分布如图1-2-9所示。

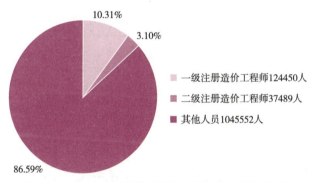

图1-2-9　2023年工程造价咨询企业从业人员组成分布

根据2019-2023年统计数据，2019-2023年各地区注册造价工程师分布情况如表1-2-4所示，2019-2023年全国注册造价工程师数量变化统计如表1-2-5所示，2019-2023年各地区注册造价工程师数量变化如图1-2-10所示，2023年各地区注册造价工程师分布如图1-2-11所示，2019-2023年注册造价工程师数量变化如图1-2-12所示。

分析图表信息可知：

（1）各地区企业从业人员中注册造价工程师数量分布不均衡。2023年注册造价工程师数量排名前五位的地区依次为江苏、浙江、四川、广东、山东，注册造

表 1-2-4

2019—2023 年各地区注册造价工程师分布情况（人）

企业归口管理的地区或行业	2019年 注册造价工程师	2020年 注册造价工程师	2021年 注册造价工程师	2021年 一级注册造价工程师	2021年 二级注册造价工程师	2022年 注册造价工程师	2022年 一级注册造价工程师	2022年 二级注册造价工程师	2023年 注册造价工程师	2023年 一级注册造价工程师	2023年 二级注册造价工程师
合计	94417	111808	129734	108305	21429	147597	116960	30637	161939	124450	37489
北京	6942	8966	10244	9025	1219	11563	9760	1803	9936	8479	1457
天津	864	1252	1147	1057	90	1436	1282	154	1643	1538	105
河北	3385	3717	3716	3669	47	4345	4193	152	4503	4215	288
山西	2103	2706	2603	2535	68	2734	2618	116	2985	2875	110
内蒙古	2391	2130	2506	2116	390	2228	1842	386	2407	2042	365
辽宁	2168	2307	2499	2499	0	2744	2744	0	2827	2827	0
吉林	1113	1276	1291	1244	47	1403	1273	130	1458	1269	189
黑龙江	1267	1460	1253	1253	0	1247	1247	0	1342	1342	0
上海	3393	3989	4444	4161	283	4884	4539	345	5311	4850	461
江苏	8886	10507	13616	11641	1975	15479	12748	2731	17322	14043	3279
浙江	8788	10619	13753	8353	5400	14271	8696	5575	16284	9356	6928
安徽	3893	6308	6907	4223	2684	7503	4363	3140	8769	5046	3723
福建	1784	2453	2691	2612	79	2648	2587	61	3160	2834	326
江西	1654	1969	2541	1860	681	4787	3782	1005	5669	4520	1149
山东	7067	7424	8362	8362	0	8866	8866	0	10492	9215	1277
河南	3241	4019	4104	4064	40	4505	4500	5	4850	4848	2
湖北	3294	3140	3834	3310	524	4287	3514	773	4427	3521	906
湖南	2899	3285	3871	3436	435	3969	3359	610	4092	3493	599
广东	4628	6277	7180	5937	1243	9188	6194	2994	10564	6819	3745
广西	1529	2075	2668	1538	1130	3404	1916	1488	3071	1699	1372
海南	454	536	490	460	30	1388	1154	234	1545	1208	337
重庆	3150	2735	2960	2278	682	4054	2756	1298	4946	3273	1673
四川	5368	6105	8258	6531	1727	10186	6956	3230	11525	7484	4041

续表

企业归口管理的地区或行业	2019年 注册造价工程师	2020年 注册造价工程师	2021年 注册造价工程师	2021年 一级注册造价工程师	2021年 二级注册造价工程师	2022年 注册造价工程师	2022年 一级注册造价工程师	2022年 二级注册造价工程师	2023年 注册造价工程师	2023年 一级注册造价工程师	2023年 二级注册造价工程师
贵州	896	1612	1866	1426	440	1973	1289	684	2245	1484	761
云南	1559	1661	1999	1734	265	2548	1898	650	3130	1970	1160
西藏	10	10	96	82	14	48	39	9	—	—	—
陕西	2960	3399	3669	2912	757	3758	2816	942	4219	3180	1039
甘肃	1284	1184	1783	1276	507	1510	1005	505	1719	1153	566
青海	329	378	437	437	0	305	305	0	386	380	6
宁夏	725	686	859	859	0	797	797	0	1165	951	214
新疆	1531	1539	1717	1695	22	2369	1685	684	2579	1812	767
新疆兵团	—	55	82	77	5	84	74	10	99	74	25
行业归口	4862	6029	6288	5643	645	7086	6163	923	7269	6650	619

注：①新疆兵团为2020年新列入统计对象；
②西藏自治区未参与2023年工程造价咨询统计调查。

2019–2023年全国注册造价工程师数量变化统计（人）　　　　表 1-2-5

年份	注册造价工程师			一级注册造价工程师			二级注册造价工程师		
	数量	占比（%）	增长率（%）	数量	占比（%）	增长率（%）	数量	占比（%）	增长率（%）
2019 年	94417	16.10	3.61	89767	15.31	—	4650	0.79	—
2020 年	111808	14.14	18.42	101320	12.81	12.87	10488	1.33	125.55
2021 年	129734	14.94	16.03	108305	12.47	6.89	21429	2.47	104.32
2022 年	147597	12.89	13.77	116960	10.21	7.99	30637	2.68	42.97
2023 年	161939	13.41	9.72	124450	10.31	6.40	37489	3.10	22.37

单位：人

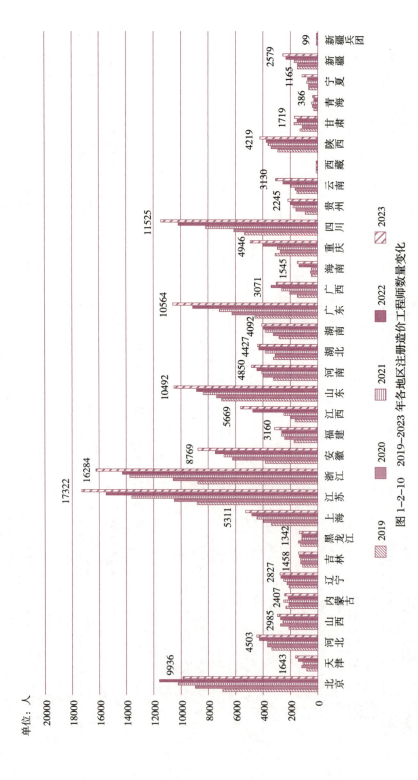

图 1-2-10　2019~2023 年各地区注册造价工程师数量变化

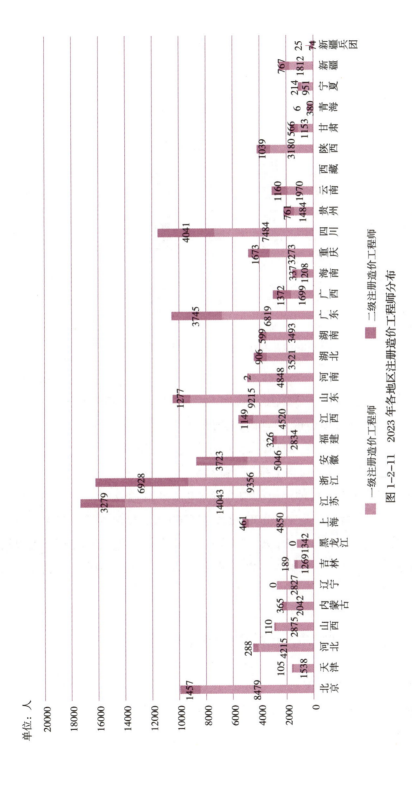

图 1-2-11　2023 年各地区注册造价工程师分布

单位：人

单位：人

图 1-2-12 2019~2023 年注册造价工程师数量变化

价工程师数量分别为 17322 人、16284 人、11525 人、10564 人、10492 人，合计 66187 人，占全国注册造价工程师数量的 40.87%。

（2）2019-2023 年企业从业人员中注册造价工程师占比、注册造价工程师中一级注册造价工程师占比均呈缓慢下降趋势。

（3）注册造价工程师层级结构亟待优化。2021-2023 年，企业从业人员中，一级造价工程师数量分别为 108305 人、116960 人、124450 人，二级造价工程师数量分别为 21429 人、30637 人、37489 人。每年一级造价工程师总人数约为当年二级造价工程师总人数的 4~5 倍，呈现明显的比例倒挂现象，造价工程师层级结构亟待优化。

三、行业专业技术人员数量逐年增长

2023 年末，全国工程造价咨询企业共有专业技术人员 733915 人，占全体从业人员的比例为 60.78%。其中，高级职称人员 218096 人，中级职称人员 329382 人，初级职称人员 186437 人，高、中、初各级职称占专业技术人

员总数的比例分别为 29.72%、44.88%、25.40%，高、中、初各级职称占从业
人员总数的比例分别为 18.06%、27.28%、15.44%。企业从业人员职称分布如
图 1-2-13 所示。

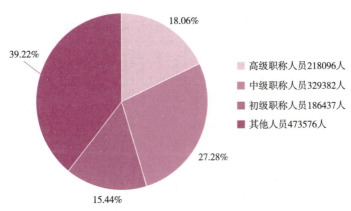

图 1-2-13　2023 年登记工程造价咨询业务的企业从业人员职称分布

　　根据 2019-2023 年统计数据，2019-2023 年各地区专业技术人员分布情况
如表 1-2-6 所示，2019-2023 年全国专业技术人员数量变化统计如表 1-2-7 所
示，2019-2023 年各地区专业技术人员数量变化如图 1-2-14 所示，2023 年各
地区专业技术人员分布如图 1-2-15 所示，2019-2023 年各级职称专业技术人
员数量变化如图 1-2-16 所示。

　　分析图表信息可知：

　　（1）各地区企业从业人员中专业技术人员数量分布不均衡。2023 年专业技
术人员数量排在前五位的地区依次为江苏、浙江、广东、山东、四川，注册造
价工程师数量分别为 68343 人、58326 人、49303 人、38513 人、36780 人，合计
251265 人，占全国专业技术人员数量的 34.24%。

　　（2）2019-2023 年企业从业人员中专业技术人员占比稳定在 60.00% 左右，
专业技术人员中高级职称人员占比小幅增长，由 2019 年的 23.08% 增长到了
2023 年的 29.72%。

2019-2023 年各地区专业技术人员分布情况（人）

表 1-2-6

企业归口管理的地区或行业	2019年			2020年			2021年			2022年			2023年		
	高级职称人员	中级职称人员	初级职称人员	高级职称人员	中级职称人员	初级职称人员	高级职称人员	中级职称人员	初级职称人员	高级职称人员	中级职称人员	初级职称人员	高级职称人员	中级职称人员	初级职称人员
合计	82123	181137	92508	119253	235366	119180	131152	246391	127077	189433	323746	188335	218096	329382	186437
北京	4633	9916	4816	6280	12007	4936	5860	12084	4555	9567	17928	8422	8402	16345	10776
天津	997	1931	1401	2212	2761	1447	1205	1971	1202	3446	3436	1598	4924	4033	1827
河北	1884	6513	2126	2719	7609	2479	3125	7787	2621	3833	8310	2893	4042	8196	2776
山西	643	3371	692	1917	5755	1638	1585	5302	2004	1438	5424	1644	1735	5792	1785
内蒙古	1148	3120	743	1348	3090	791	1864	3651	1057	2156	3981	1256	2351	3879	1228
辽宁	999	2853	906	1927	3861	1182	2642	4429	1355	3110	5342	1736	3168	5312	1704
吉林	1387	2323	1186	1438	2472	1287	1775	2778	1385	2130	5105	4565	7668	3105	3183
黑龙江	967	1888	520	1870	2783	938	1417	1882	707	1756	2127	802	1948	2119	726
上海	1313	3587	2267	1773	4325	2579	1870	4467	2452	6989	14174	8635	7262	14561	9251
江苏	4789	10868	5265	8254	18235	9314	11053	22555	12592	17057	30530	19744	18636	30830	18877
浙江	3672	10464	7222	9724	22561	16388	12814	25627	17698	15347	27197	20143	15083	25531	17712
安徽	2731	7097	3529	4746	10596	6043	4975	10578	5743	6064	11281	7215	6943	11485	7461
福建	1569	5619	3812	2077	6374	4192	3042	8015	5170	2950	8567	4695	2621	8176	4606
江西	790	2788	1282	1253	2765	1264	1990	3509	1903	3029	8463	6253	3671	9504	6447
山东	3626	12343	8231	4481	13960	9403	5703	14656	10252	7543	18480	13843	8266	18078	12169
河南	1861	6888	4206	4443	11178	7489	5225	10956	8371	5959	10757	8146	6998	12638	8188
湖北	1366	5039	1327	1488	5306	1368	2048	5712	2027	3597	10337	8556	3550	9902	8658
湖南	1166	5298	1270	2499	8123	2423	3642	10336	2545	4667	12095	2959	5085	12332	2824
广东	4202	11863	8551	9124	19268	10229	7014	16429	9067	9988	22263	13453	10697	22035	16571
广西	1235	3141	1358	1856	3778	1749	2406	4436	1924	3400	7326	6164	3025	4994	2288
海南	219	684	282	257	678	291	291	665	328	821	1618	834	910	1804	789
重庆	1366	3790	1758	1334	3359	1766	2087	3550	2031	3499	5612	3026	5145	7383	3475

续表

企业归口管理的地区或行业	2019年高级职称人员	2019年中级职称人员	2019年初级职称人员	2020年高级职称人员	2020年中级职称人员	2020年初级职称人员	2021年高级职称人员	2021年中级职称人员	2021年初级职称人员	2022年高级职称人员	2022年中级职称人员	2022年初级职称人员	2023年高级职称人员	2023年中级职称人员	2023年初级职称人员
四川	5899	15324	5999	6588	15656	5801	6844	14801	5460	7829	17631	7343	9127	19660	7993
贵州	1287	2557	1305	1882	3452	1506	1380	2551	1169	2513	3725	1855	2589	3732	1917
云南	1033	2441	1587	1294	2444	1550	1658	2355	1228	1716	3967	5030	1811	3745	4796
西藏	5	1	7	3	2	1	34	75	21	20	18	4	—	—	—
陕西	1955	5541	2853	2055	5759	3049	2317	5752	3240	2413	6605	3361	2750	6495	2738
甘肃	1265	3588	2176	1649	3530	2111	3027	4730	2375	2050	3304	1951	3002	3606	2138
青海	185	369	252	207	450	270	321	586	409	529	806	556	764	1020	629
宁夏	335	1006	497	337	927	577	629	1492	743	642	1377	795	648	1327	783
新疆	733	1826	464	869	1829	292	951	2268	391	951	2149	375	1491	2425	477
新疆兵团	—	—	—	71	208	165	143	282	113	96	218	85	115	222	91
行业归口	26863	27100	14618	31278	30265	14662	30215	30124	14939	52328	43593	20398	63669	49116	21554

注：①新疆兵团为2020年新列入统计对象；

②西藏自治区未参与2023年工程造价咨询统计调查。

2019—2023年全国专业技术人员数量变化统计

表 1-2-7

年份	专业技术人员 数量（人）	占比（%）	增长率（%）	高级职称人员 数量（人）	占比（%）	增长率（%）	中级职称人员 数量（人）	占比（%）	增长率（%）	初级职称人员 数量（人）	占比（%）	增长率（%）
2019年	355768	60.65	2.60	82123	14.00	2.60	181137	30.88	1.54	92508	15.77	4.75
2020年	473799	59.93	33.18	119253	15.08	33.18	235366	29.78	29.94	119180	15.07	28.83
2021年	504620	58.11	6.51	131152	15.10	9.98	246391	28.38	4.68	127077	14.63	6.63
2022年	701514	61.27	39.02	189433	16.55	44.44	323746	28.27	31.40	188335	16.45	48.21
2023年	733915	60.78	4.62	218096	18.06	15.13	329382	27.28	1.74	186437	15.44	-1.01

单位：人

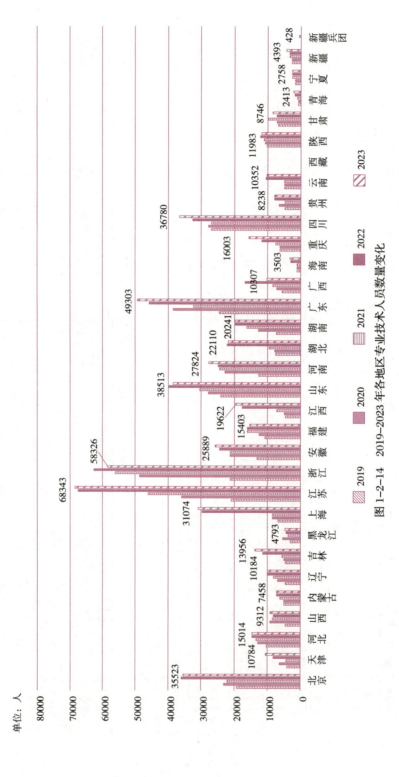

图 1-2-14 2019—2023 年各地区专业技术人员数量变化

单位：人

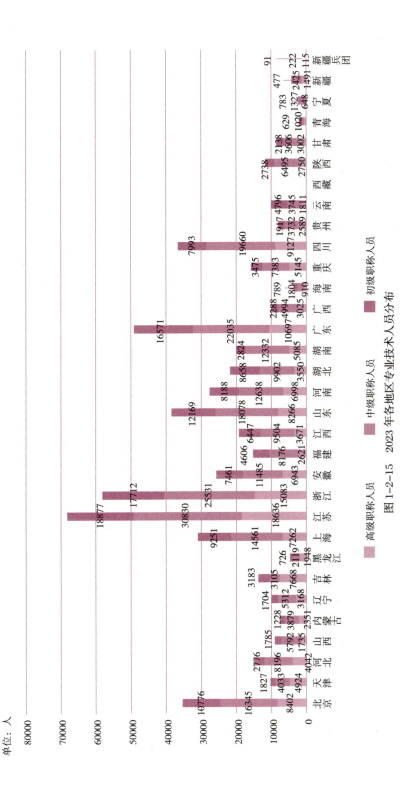

图 1-2-15　2023 年各地区专业技术人员分布

■ 高级职称人员　　■ 中级职称人员　　■ 初级职称人员

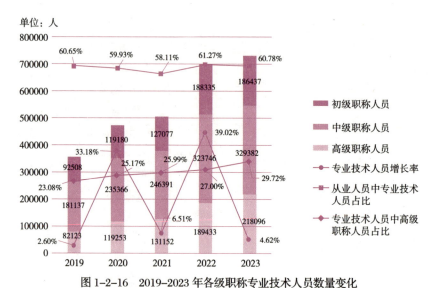

图 1-2-16　2019–2023 年各级职称专业技术人员数量变化

注：本章数据来源于 2023 年工程造价咨询统计调查资料汇编。

第三章

行业收入统计分析

第一节　营业收入统计分析

一、工程造价咨询行业整体营业收入增速放缓

2019-2023 年全国工程造价咨询行业整体营业收入①汇总如表 1-3-1 所示，2023 年行业整体营业收入如图 1-3-1 所示，2019-2023 年行业整体营业收入变化如图 1-3-2 所示。

单位：亿元

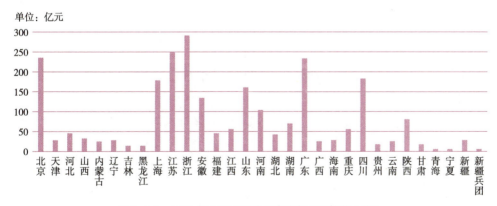

图 1-3-1　2023 年全国工程造价咨询行业整体营业收入

---

① 2022 年后为除去勘察设计、会计审计、银行金融等非造价咨询行业主要业务之后的营业收入，后同。

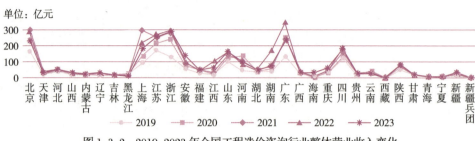

图 1-3-2　2019-2023 年全国工程造价咨询行业整体营业收入变化

分析统计结果及图示信息可知：

1. 2023 年工程造价咨询行业整体营业收入呈现轻微下滑趋势

2019-2023 年，各地区工程造价咨询行业整体营业收入呈现波动增长。2023 年行业整体营业收入为 3341.32 亿元，较 2022 年下降 48.07 亿元，同比下降 1.42 个百分点；2022 年全国工程造价咨询行业整体营业收入为 3389.39 亿元，较 2021 年增长 332.71 亿元，同比上升 10.88 个百分点，相较于 2022 年，2023 年我国工程造价咨询行业整体营业收入近 5 年来首次出现负增长，呈现轻微下滑趋势。

2. 浙江、江苏、北京整体行业收入位居前三，区域性差异显著

2023 年工程造价咨询行业整体营业收入排名前三的浙江、江苏、北京分别是 289.77 亿元、251.23 亿元、235.26 亿元（表 1-3-1）。

从区域发展角度分析，工程造价咨询行业在各地区间发展仍不均衡，对于经济发展相对落后地区，行业面临更大市场挑战。在华北地区，北京整体营业收入为 235.26 亿元，是天津及山西整体营业收入之和的 3.6 倍左右；在华东地区，浙江和江苏工程造价咨询行业整体营业收入均突破 250 亿元；在华南地区，广东整体营业收入实现 232.71 亿元，仅次于北京，远超广西和海南；在西南地区，四川省整体营业收入达 182.05 亿元，位居第 5，显著高于重庆、云南及贵州。2023 年全社会固定资产投资与工程造价咨询行业整体营业收入的对比分析结果也体现了地区发展的不均衡，具体如表 1-3-2 所示。

表 1-3-1

2019—2023年全国工程造价咨询行业整体营业收入汇总（亿元）

企业归口管理的地区或行业	2019年			2020年			2021年			2022年			2023年		
	工程造价咨询业务收入	其他业务收入	整体营业收入	工程造价咨询业务收入	其他业务收入	整体营业收入	工程造价咨询业务收入	其他业务收入	整体营业收入	工程造价咨询业务收入	其他业务收入	整体营业收入	工程造价咨询业务收入	其他业务收入	整体营业收入
合计	892.47	944.19	1836.66	1002.69	1567.95	2570.64	1143.02	1913.66	3056.68	1144.98	2244.41	3389.39	1121.92	2219.40	3341.32
北京	126.76	35.94	162.70	144.60	91.82	236.42	166.52	134.42	300.94	169.32	121.17	290.49	146.16	89.10	235.26
天津	11.15	8.40	19.55	11.21	21.69	32.90	11.80	11.74	23.54	12.37	33.33	45.70	13.93	17.19	31.12
河北	20.34	19.67	40.01	21.31	30.08	51.39	21.28	29.79	51.07	20.8	29.33	50.13	19.92	27.78	47.70
山西	12.17	6.28	18.45	14.90	18.09	32.99	15.86	14.78	30.64	14.79	16.47	31.26	16.14	17.25	33.39
内蒙古	13.18	4.75	17.93	12.37	7.81	20.18	12.64	9.46	22.10	10.25	9.43	19.68	12.75	12.33	25.08
辽宁	12.88	3.01	15.89	14.41	7.39	21.80	17.06	10.16	27.22	15.45	12.93	28.38	17.47	13.23	30.70
吉林	7.79	6.35	14.14	7.75	7.87	15.62	8.38	8.84	17.22	7.55	7.99	15.54	7.77	9.08	16.85
黑龙江	8.01	3.06	11.07	9.80	11.92	21.72	10.09	6.02	16.11	9.00	7.64	16.64	8.52	8.10	16.62
上海	54.57	38.78	93.35	59.25	77.50	136.75	64.67	231.27	295.94	61.09	158.05	219.14	63.29	114.03	177.32
江苏	82.12	90.05	172.17	89.22	129.92	219.14	100.41	152.06	252.47	104.08	165.37	269.45	96.59	154.64	251.23
浙江	74.04	55.19	129.23	87.15	150.57	237.72	105.64	174.43	280.07	111.03	183.62	294.65	109.25	180.52	289.77
安徽	24.58	29.00	53.58	27.09	50.21	77.30	32.09	53.97	86.06	37.45	57.78	95.23	38.38	97.82	136.20
福建	13.38	17.41	30.79	14.64	33.40	48.04	16.93	30.66	47.59	16.92	27.34	44.26	15.41	30.64	46.05
江西	11.60	7.64	19.24	12.93	14.21	27.14	15.41	18.73	34.14	17.86	86.87	104.73	19.02	38.87	57.89
山东	53.33	47.79	101.12	62.50	62.90	125.40	76.69	73.94	150.63	82.02	79.61	161.63	83.21	78.00	161.21
河南	23.10	24.16	47.26	25.54	111.53	137.07	29.86	79.19	109.05	25.88	59.97	85.85	26.87	76.34	103.21
湖北	28.79	9.49	38.28	27.15	10.75	37.90	30.70	17.25	47.95	32.67	19.81	52.48	27.91	15.69	43.60

续表

企业归口管理的地区或行业	2019年 工程造价咨询业务收入	2019年 其他业务收入	2019年 整体营业收入	2020年 工程造价咨询业务收入	2020年 其他业务收入	2020年 整体营业收入	2021年 工程造价咨询业务收入	2021年 其他业务收入	2021年 整体营业收入	2022年 工程造价咨询业务收入	2022年 其他业务收入	2022年 整体营业收入	2023年 工程造价咨询业务收入	2023年 其他业务收入	2023年 整体营业收入
湖南	23.94	15.97	39.91	27.16	32.45	59.61	27.62	46.64	74.26	25.86	140.86	166.72	24.40	45.64	70.04
广东	65.08	63.83	128.91	81.88	170.01	251.89	98.19	141.08	239.27	100.38	241.60	341.98	96.09	136.62	232.71
广西	9.59	15.90	25.49	10.47	19.75	30.22	11.44	22.05	33.49	10.97	25.63	36.60	8.60	19.36	27.96
海南	3.47	1.44	4.91	4.53	1.07	5.60	4.50	1.47	5.97	5.44	4.68	10.12	5.54	23.01	28.55
重庆	23.00	11.83	34.83	24.60	11.34	35.94	25.97	14.33	40.30	24.16	25.99	50.15	24.20	31.53	55.73
四川	62.47	61.16	123.63	69.03	70.76	139.79	76.44	92.38	168.82	73.30	111.38	184.68	78.51	103.54	182.05
贵州	9.04	9.06	18.10	10.40	13.60	24.00	9.64	9.94	19.58	9.06	9.38	18.44	9.31	10.69	20.00
云南	21.57	4.55	26.12	22.83	20.56	43.39	23.95	9.29	33.24	20.93	6.70	27.63	20.32	6.01	26.33
西藏	0.07	0.05	0.12	0.08	0.04	0.12	0.62	0.65	1.27	0.39	0.01	0.40	—	—	—
陕西	25.85	27.58	53.43	34.75	33.11	67.86	42.89	37.22	80.11	42.42	36.73	79.15	40.52	40.14	80.66
甘肃	6.17	10.68	16.85	6.40	14.51	20.91	7.27	10.03	17.30	5.91	14.94	20.85	7.22	13.94	21.16
青海	2.05	3.6	5.65	2.02	4.08	6.10	2.09	3.15	5.24	1.83	3.24	5.07	2.34	5.17	7.51
宁夏	3.99	1.66	5.65	4.15	1.79	5.94	4.47	5.71	10.18	3.76	6.29	10.05	4.05	3.12	7.17
新疆	9.54	3.57	13.11	11.07	10.80	21.87	14.20	24.05	38.25	9.42	10.32	19.74	12.26	18.44	30.70
新疆兵团	—	—	—	0.13	0.86	0.99	0.58	0.80	1.38	0.38	0.36	0.74	0.97	0.46	1.43
行业归口	48.85	306.34	355.19	51.37	325.56	376.93	57.12	438.16	495.28	62.24	529.59	591.83	65.00	781.12	846.12

注：①新疆兵团为 2020 年新列入统计对象；

②西藏自治区未参与 2023 年工程造价咨询统计调查。

2023 年全社会固定资产投资与营业收入对比（亿元）　　表 1-3-2

企业归口管理的地区或行业	全社会固定资产投资	营业收入	营业收入占比
北京	9167.84	235.26	2.57%
天津	9856.67	31.12	0.32%
河北	45203.88	47.70	0.11%
山西	8436.36	33.39	0.40%
内蒙古	16631.69	25.08	0.15%
辽宁	7617.91	30.70	0.40%
吉林	13280.64	16.85	0.13%
黑龙江	10604.57	16.62	0.16%
上海	10860.80	177.32	1.63%
江苏	68097.69	251.23	0.37%
浙江	49615.87	289.77	0.58%
安徽	44657.63	136.20	0.30%
福建	36253.58	46.05	0.13%
江西	32826.64	57.89	0.18%
山东	63391.44	161.21	0.25%
河南	60842.82	103.21	0.17%
湖北	46191.80	43.60	0.09%
湖南	45543.99	70.04	0.15%
广东	52438.28	232.71	0.44%
广西	23589.29	27.96	0.12%
海南	3778.18	28.55	0.76%
重庆	22838.32	55.73	0.24%
四川	42351.24	182.05	0.43%
贵州	16223.44	20.00	0.12%
云南	24080.79	26.33	0.11%
西藏	2051.59	—	—
陕西	31613.29	80.66	0.26%
甘肃	8148.72	21.16	0.26%
青海	3199.35	7.51	0.23%
宁夏	3348.62	7.17	0.21%
新疆	14616.04	30.70	0.21%
新疆兵团	1739.13	1.43	0.08%

注：①北京、天津、山西、辽宁、吉林、安徽、山东、河南、湖北、湖南、广西、海南、贵州、云南、新疆、新疆兵团全社会固定资产投资不含农户投资；

②西藏自治区未参与 2023 年工程造价咨询统计调查。

统计分析结果表明，2023 年全社会固定资产投资排名前三的地区是江苏、山东、河南，分别为 68097.69 亿元、63391.44 亿元、60842.82 亿元；工程造价咨询行业整体营业收入占当年全社会固定资产投资的比例排前三的为北京、上海、海南，占比分别为 2.57%、1.63%、0.76%（表 1-3-3）。

2019-2023 年工程造价咨询行业整体营业收入占
全社会固定资产投资比重情况对比（%）　　　　　表 1-3-3

企业归口管理的地区或行业	2019 年	2020 年	2021 年	2022 年	2023 年
北京	2.07	2.94	3.57	3.32	2.57
天津	0.16	0.26	0.18	0.39	0.32
河北	0.11	0.13	0.13	0.12	0.11
山西	0.26	0.42	0.36	0.35	0.40
内蒙古	0.16	0.19	0.19	0.14	0.15
辽宁	0.24	0.32	0.38	0.39	0.40
吉林	0.13	0.13	0.13	0.12	0.13
黑龙江	0.10	0.19	0.13	0.13	0.16
上海	1.17	1.55	3.10	2.30	1.63
江苏	0.29	0.37	0.40	0.42	0.37
浙江	0.35	0.61	0.65	0.63	0.58
安徽	0.15	0.21	0.21	0.21	0.30
福建	0.10	0.15	0.14	0.13	0.13
江西	0.07	0.09	0.11	0.30	0.18
山东	0.20	0.23	0.27	0.27	0.25
河南	0.09	0.26	0.20	0.14	0.17
湖北	0.10	0.12	0.13	0.12	0.09
湖南	0.11	0.15	0.17	0.35	0.15
广东	0.28	0.51	0.46	0.67	0.44
广西	0.10	0.12	0.12	0.13	0.12
海南	0.15	0.16	0.15	0.27	0.76
重庆	0.18	0.18	0.19	0.23	0.24
四川	0.40	0.41	0.45	0.46	0.43
贵州	0.10	0.13	0.11	0.11	0.12

续表

企业归口管理的地区或行业	2019 年	2020 年	2021 年	2022 年	2023 年
云南	0.12	0.18	0.13	0.10	0.11
西藏	0.01	0.01	0.07	0.03	—
陕西	0.20	0.24	0.27	0.25	0.26
甘肃	0.29	0.33	0.25	0.27	0.26
青海	0.13	0.16	0.14	0.15	0.23
宁夏	0.20	0.21	0.35	0.32	0.21
新疆	0.14	0.21	1.30	0.15	0.21
新疆兵团	—	0.08	0.09	0.05	0.08

注：①新疆兵团为 2020 年新列入统计对象；

②西藏自治区未参与 2023 年工程造价咨询统计调查。

进一步分析 2019-2023 年各地整体营业收入占全社会固定资产投资比重情况可知，北京连续 5 年行业营业收入占全社会固定资产投资比重均超过 2%，上海连续 5 年均超过 1%，该项指标充分体现了工程造价咨询领域的总部经济作用。

二、行业企业平均整体营业收入降幅收窄

2019-2023 年，企业平均整体营业收入统计如表 1-3-4 所示，企业平均整体营业收入变化如图 1-3-3 所示。

分析统计结果及图示信息可知：

1. 2023 年全国企业平均整体营业收入呈下降趋势

分析全国企业平均整体营业收入总体变化趋势，2019~2023 年企业平均整体营业收入呈现先上升、后下降的趋势，近 5 年平均增长 1.06%，整体呈细微增长态势。2023 年企业平均整体营业收入为 2186.16 万元 / 家，与 2022 年同期相比下降 9.25 个百分点，2022 年企业平均整体营业收入为 2409.12 万元 / 家，与 2021 年同期相比下降 10.17 个百分点，尽管 2023 年延续了前一年度的下降趋势，但总体降幅收窄了 0.92%。

2019—2023 年工程造价咨询企业平均整体营业收入

表 1-3-4

企业归口管理的地区或行业	企业平均整体营业收入（万元/家）					增长率（%）					
	2019 年	2020 年	2021 年	2022 年	2023 年	2019 年	2020 年	2021 年	2022 年	2023 年	平均增长
合计	2241.47	2450.80	2681.77	2409.12	2186.16	5.98	9.34	9.42	-10.17	-9.25	1.06
北京	4757.31	6140.78	7467.49	6803.04	7492.36	17.46	29.08	21.60	-8.90	10.13	13.87
天津	2572.37	2300.70	2064.91	2986.93	1920.99	-5.48	-10.56	-10.25	44.65	-35.69	-3.47
河北	1031.19	1107.54	1107.81	914.78	847.25	22.95	7.40	0.02	-17.42	-7.38	1.11
山西	788.46	839.44	760.30	652.61	599.46	24.02	6.47	-9.43	-14.16	-8.14	-0.25
内蒙古	614.04	686.39	650.00	548.19	594.31	10.23	11.78	-5.30	-15.66	8.41	1.89
辽宁	645.93	650.75	718.21	571.03	587.00	19.19	0.74	10.37	-20.49	2.80	2.52
吉林	851.81	887.50	869.70	729.58	821.95	-2.87	4.19	-2.01	-16.11	12.66	-0.83
黑龙江	540.00	851.76	719.20	635.11	493.18	5.16	57.73	-15.56	-11.69	-22.35	2.66
上海	5589.82	6050.88	12979.82	7556.55	6178.40	3.31	8.25	114.51	-41.78	-18.24	13.21
江苏	2387.93	2379.37	2406.77	2215.87	1884.70	13.42	-0.36	1.15	-7.93	-14.95	-1.73
浙江	3099.04	3596.37	3457.65	3495.26	3216.09	26.00	16.05	-3.86	1.09	-7.99	6.26
安徽	1182.78	989.76	1123.50	1047.63	1355.22	10.97	-16.32	13.51	-6.75	29.36	6.15
福建	1673.37	1869.26	1455.35	1329.13	1370.54	-6.10	11.71	-22.14	-8.67	3.12	-4.42
江西	996.89	1292.38	1173.20	1096.65	511.40	-2.27	29.64	-9.22	-6.52	-53.37	-8.35
山东	1567.75	1641.36	1729.39	1363.97	1419.10	19.69	4.70	5.36	-21.13	4.04	2.53
河南	1607.48	3087.16	2396.70	1650.96	1785.64	-11.18	92.05	-22.37	-31.12	8.16	7.11
湖北	1081.36	1038.36	1192.79	1138.39	941.68	-40.01	-3.98	14.87	-4.56	-17.28	-10.19
湖南	1425.36	1693.47	1735.05	3832.64	1621.30	15.09	18.81	2.46	120.90	-57.70	19.91
广东	3069.29	3863.34	4212.50	5073.89	3372.61	22.87	25.87	9.04	20.45	-33.53	8.94

续表

企业归口管理的地区或行业	企业平均整体营业收入（万元/家）					增长率（%）					
	2019年	2020年	2021年	2022年	2023年	2019年	2020年	2021年	2022年	2023年	平均增长
广西	1722.30	1798.81	1762.63	1386.36	1325.12	21.40	4.44	-2.01	-21.35	-4.42	-0.39
海南	767.19	756.76	865.22	338.46	867.78	-1.87	-1.36	14.33	-60.88	156.39	21.32
重庆	1520.96	1549.14	1679.17	1432.86	1114.60	14.41	1.85	8.39	-14.67	-22.21	-2.45
四川	2790.74	2801.40	3097.61	2740.06	2082.95	26.58	0.38	10.57	-11.54	-23.98	0.40
贵州	1740.38	987.65	890.00	771.55	763.36	-28.80	-43.25	-9.89	-13.31	-1.06	-19.26
云南	1583.03	2645.73	2064.60	1493.51	1371.35	11.80	67.13	-21.96	-27.66	-8.18	4.23
西藏	1200.00	1200.00	529.17	1333.33	—	-5.26	0.00	-55.90	151.97	—	18.16
陕西	2111.86	2650.78	2923.72	2512.70	1854.25	7.68	25.52	10.30	-14.06	-26.20	0.65
甘肃	882.20	1244.64	804.65	1091.62	881.67	7.57	41.08	-35.35	35.66	-19.23	5.95
青海	1046.30	910.45	563.44	569.66	834.44	36.68	-12.98	-38.11	1.10	46.48	6.63
宁夏	733.77	638.71	711.89	628.13	348.06	6.65	-12.95	11.46	-11.77	-44.59	-10.24
新疆	789.76	1021.96	1351.59	616.88	872.16	-2.32	29.40	32.25	-54.36	41.38	9.27
新疆兵团	—	1100.00	1533.33	1057.14	1430.00	—	—	39.39	-31.06	35.27	8.72
行业归口	15999.55	16902.69	23036.28	27655.61	40875.36	-10.63	5.64	36.29	20.05	47.80	19.83

注：①新疆兵团为2020年新列入统计对象；
②西藏自治区未参与2023年工程造价咨询统计调查。

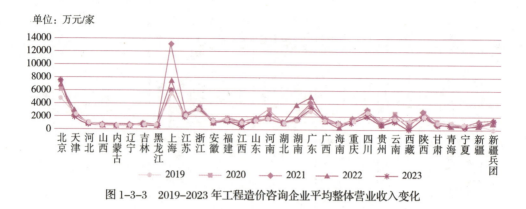

图 1-3-3　2019-2023 年工程造价咨询企业平均整体营业收入变化

2. 北京企业平均整体营业收入领先，安徽、江西、海南出现较大程度波动

2023 年北京企业平均整体营业收入超过上海位居榜首，为 7492.36 万元/家，工程造价咨询行业的企业业务状况及发展水平全国领先。由表 1-3-4 可知，2019-2023 年，全国大部分省、直辖市、自治区企业平均整体营业收入变化总体在小范围内轻微波动，而安徽、江西、海南波动较大。

3. 工程造价咨询业务收入前百名企业表现较好，引领行业前行

2023 年前百名企业工程造价咨询业务收入共计 237.60 亿元，占总收入的 21.18%。前百名企业工程造价咨询业务收入占比与 2022 年基本持平，发展较好。2023 年前百名企业工程造价咨询业务收入占比如图 1-3-4 所示。

三、行业人均整体营业收入小幅下滑

2019-2023 年，工程造价咨询服务从业人员人均整体营业收入统计如表 1-3-5 所示，行业人均整体营业收入变化情况如图 1-3-5 所示。

从以上统计结果及图示信息可知：

1. 行业人均整体营业收入微幅下滑

从全国整体情况分析，2019-2023 年，工程造价咨询行业从业人员人均整体

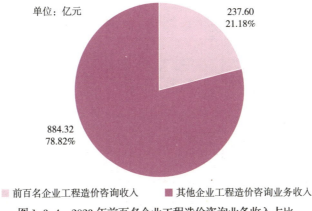

图 1-3-4 2023 年前百名企业工程造价咨询业务收入占比

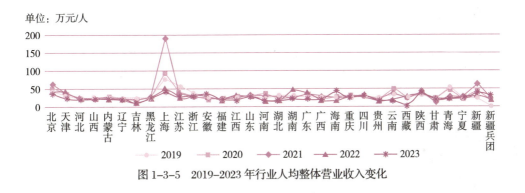

图 1-3-5 2019-2023 年行业人均整体营业收入变化

营业收入分别为 31.31 万元、32.51 万元、35.20 万元、29.60 万元、23.58 万元。与 2022 年相比,2023 年工程造价咨询行业从业人员人均整体营业收入下降 6.02 万元,同比减少了 20.34 个百分点。2021 年工程造价咨询企业资质取消后,新设工程造价咨询企业近两年不断增加,2023 年工程造价咨询行业从业人员数量相比 2022 年增加了约 6.26 万人,工程造价咨询行业竞争进一步增加,从业人员人均整体营业收入受到影响,总体上表现出小幅下滑趋势。

2. 各地区行业人均营业收入情况各异,天津、湖南、海南变化幅度较大

2023 年海南人均整体营业收入位居全国首位,人均整体营业收入由 2022 年的 15.73 万元 / 人增加至 2023 年的 43.3 万元 / 人,增加了 27.57 万元 / 人。

表 1-3-5

2019—2023 年行业人均整体营业收入

企业归口管理的地区或行业	从业人员人均整体营业收入（万元/人）					增长率（%）					
	2019年	2020年	2021年	2022年	2023年	2019年	2020年	2021年	2022年	2023年	平均增长
合计	31.31	32.51	35.20	29.60	23.58	-2.33	3.83	8.27	-15.90	-20.34	-5.29
北京	40.79	49.20	60.64	40.75	35.19	1.07	20.62	23.25	-32.79	-13.64	-0.30
天津	30.07	35.34	34.09	40.51	22.42	-11.75	17.53	-3.54	18.82	-44.66	-4.72
河北	22.48	23.59	22.65	20.94	19.43	5.49	4.94	-3.98	-7.55	-7.21	-1.66
山西	24.81	21.44	20.71	22.86	22.05	20.04	-13.58	-3.40	10.37	-3.54	1.98
内蒙古	26.19	25.08	21.70	18.47	22.01	16.71	-4.24	-13.48	-14.91	19.17	0.65
辽宁	22.78	20.31	19.16	17.51	19.24	13.07	-10.84	-5.66	-8.63	9.88	-0.44
吉林	20.78	19.62	19.28	8.86	9.79	-4.05	-5.58	-1.73	-54.03	10.50	-10.98
黑龙江	20.32	24.08	23.48	22.07	21.56	2.79	18.50	-2.49	-5.98	-2.31	2.10
上海	75.30	93.69	189.96	48.99	38.69	6.29	24.42	102.75	-74.21	-21.02	7.65
江苏	55.76	39.14	35.27	25.36	23.81	2.19	-29.81	-9.89	-28.09	-6.11	-14.34
浙江	35.22	29.27	28.70	28.89	29.14	8.24	-16.89	-1.95	0.66	0.87	-1.82
安徽	25.48	20.60	23.16	25.38	35.11	13.63	-19.15	12.43	9.57	38.34	10.96
福建	16.56	22.24	16.30	15.44	17.14	-12.44	34.30	-26.71	-5.30	11.01	0.17
江西	24.92	28.10	22.89	32.66	16.09	-9.74	12.76	-18.54	42.69	-50.73	-4.71
山东	26.46	27.81	29.55	26.22	27.15	9.83	5.10	6.26	-11.29	3.55	2.69
河南	22.32	36.13	26.43	14.31	16.32	-23.77	61.87	-26.85	-45.86	14.05	-4.11
湖北	28.61	25.39	27.30	15.29	17.36	-40.82	-11.25	7.52	-43.98	13.54	-15.00
湖南	30.49	25.33	23.44	46.69	19.82	3.32	-16.92	-7.46	99.19	-57.55	4.12

续表

企业归口管理的地区或行业	从业人员人均整体营业收入（万元/人）					增长率（%）					
	2019年	2020年	2021年	2022年	2023年	2019年	2020年	2021年	2022年	2023年	平均增长
广东	25.37	32.82	33.96	37.26	19.47	-5.87	29.37	3.47	9.73	-47.75	-2.21
广西	25.10	23.50	23.25	13.26	16.14	13.95	-6.37	-1.06	-42.99	21.72	-2.95
海南	23.04	25.48	24.71	15.73	43.30	3.68	10.59	-3.02	-36.33	175.27	30.04
重庆	28.55	28.21	28.41	24.49	21.56	6.29	-1.19	0.71	-13.78	-11.96	-3.99
四川	26.38	28.56	31.23	30.89	28.94	15.20	8.26	9.35	-1.09	-6.31	5.08
贵州	22.07	20.50	21.22	14.33	15.55	-25.98	-7.11	3.51	-32.48	8.51	-10.71
云南	31.85	49.42	36.66	17.11	16.64	14.30	55.16	-25.82	-53.32	-2.75	-2.48
西藏	24.00	22.64	22.13	27.21	—	-4.00	-5.67	-2.25	22.96	—	2.21
陕西	30.77	35.42	40.85	37.73	35.87	16.81	15.11	15.33	-7.63	-4.93	6.94
甘肃	16.34	20.72	10.92	20.61	15.89	2.01	26.81	-47.30	88.73	-22.90	9.47
青海	49.30	43.85	25.10	17.00	21.15	49.90	-11.05	-42.76	-32.22	24.34	-2.36
宁夏	21.40	21.77	22.94	25.16	18.78	10.45	1.73	5.37	9.69	-25.36	0.38
新疆	23.73	41.00	60.95	30.31	36.10	-13.84	72.78	48.66	-50.27	19.10	15.29
新疆兵团	—	17.81	22.15	15.58	28.83	—	—	24.37	-29.67	85.04	15.95
行业归口	35.47	35.92	47.83	39.57	47.42	-13.33	1.27	33.16	-17.26	19.84	4.74

注：①新疆兵团为2020年新列入统计对象；
②西藏自治区未参与2023年工程造价咨询统计调查。

天津和湖南下降幅度明显，天津人均整体营业收入由 2022 年的 40.51 万元 / 人减少至 2023 年的 22.42 万元 / 人，负增长幅度达 44.66 个百分点；湖南 2023 年人均整体营业收入由 2022 年的 46.69 万元 / 人下降至 2023 年的 19.82 万元 / 人，减少了 26.87 万元 / 人，反映出以上两个地区受行业变革和市场环境影响较大。此外，内蒙古及新疆兵团人均整体营业收入均有所增加，内蒙古人均整体营业收入增长率达 19.17 个百分点，新疆兵团人均整体营业收入则由 2022 年的 15.58 万元 / 人增加至 2023 年的 28.83 万元 / 人，增加了 13.25 万元 / 人。

四、工程造价咨询业务收入呈现稳中略降态势

按业务类别划分，2023 年工程造价咨询行业整体营业收入构成及占比分析如表 1-3-6 所示，构成情况如图 1-3-6 所示。

2023 年工程造价咨询行业整体营业收入构成及占比分析（亿元）　表 1-3-6

企业归口管理的地区或行业	工程造价咨询业务收入		其他业务收入						
	合计	占比（％）	合计	占比（％）	招标代理	项目管理	工程咨询	工程监理	全过程工程咨询
合计	1121.92	33.58	2219.40	66.42	275.97	676.93	258.45	777.26	230.79
北京	146.16	62.13	89.10	37.87	25.15	17.69	19.87	22.19	4.20
天津	13.93	44.76	17.19	55.24	4.26	2.07	5.00	3.99	1.87
河北	19.92	41.76	27.78	58.24	4.86	0.88	3.39	17.94	0.71
山西	16.14	48.34	17.25	51.66	5.49	0.45	0.84	10.43	0.04
内蒙古	12.75	50.84	12.33	49.16	4.21	0.24	1.28	6.41	0.19
辽宁	17.47	56.91	13.23	43.09	4.56	1.10	1.55	5.81	0.21
吉林	7.77	46.11	9.08	53.89	2.27	0.46	0.72	5.10	0.53
黑龙江	8.52	51.26	8.10	48.74	3.30	0.49	0.80	2.57	0.94
上海	63.29	35.69	114.03	64.31	24.14	30.47	8.48	49.06	1.88
江苏	96.59	38.45	154.64	61.55	30.98	15.32	14.08	87.54	6.72

续表

企业归口管理的地区或行业	工程造价咨询业务收入		其他业务收入						
	合计	占比（%）	合计	占比（%）	招标代理	项目管理	工程咨询	工程监理	全过程工程咨询
浙江	109.25	37.70	180.52	62.30	25.13	24.15	10.02	108.77	12.45
安徽	38.38	28.18	97.82	71.82	16.31	47.27	4.17	27.12	2.95
福建	15.41	33.46	30.64	66.54	4.39	4.40	2.32	18.81	0.72
江西	19.02	32.86	38.87	67.14	5.02	9.89	8.12	15.24	0.60
山东	83.21	51.62	78.00	48.38	15.86	9.42	5.86	40.98	5.88
河南	26.87	26.03	76.34	73.97	11.17	12.31	3.33	47.83	1.70
湖北	27.91	64.01	15.69	35.99	6.24	0.43	1.34	6.84	0.84
湖南	24.40	34.84	45.64	65.16	4.88	11.92	6.20	19.65	2.99
广东	96.09	41.29	136.62	58.71	20.61	7.66	15.31	88.60	4.44
广西	8.60	30.76	19.36	69.24	4.44	1.00	2.83	9.95	1.14
海南	5.54	19.40	23.01	80.60	0.30	18.54	1.45	2.59	0.13
重庆	24.20	43.42	31.53	56.58	3.17	0.49	5.00	18.83	4.04
四川	78.51	43.13	103.54	56.87	7.13	20.59	8.19	60.45	7.18
贵州	9.31	46.55	10.69	53.45	2.54	0.43	1.01	5.93	0.78
云南	20.32	77.17	6.01	22.83	1.50	1.13	0.99	2.10	0.29
西藏	—	—	—	—	—	—	—	—	—
陕西	40.52	50.24	40.14	49.76	11.51	0.93	1.93	23.62	2.15
甘肃	7.22	34.12	13.94	65.88	1.41	3.06	1.84	7.44	0.19
青海	2.34	31.16	5.17	68.84	1.08	0.41	1.79	1.59	0.30
宁夏	4.05	56.49	3.12	43.51	1.36	0.15	0.03	1.55	0.03
新疆	12.26	39.93	18.44	60.07	5.34	3.34	1.38	8.16	0.22
新疆兵团	0.97	67.83	0.46	32.17	0.08	0.00	0.00	0.38	0.00
行业归口	65.00	7.68	781.12	92.32	17.28	430.24	119.33	49.79	164.48

注：西藏自治区未参与2023年工程造价咨询统计调查。

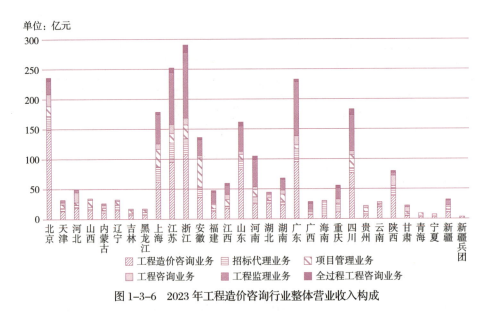

单位：亿元

图例：
- 工程造价咨询业务
- 招标代理业务
- 项目管理业务
- 工程咨询业务
- 工程监理业务
- 全过程工程咨询业务

图 1-3-6　2023 年工程造价咨询行业整体营业收入构成

从以上统计结果及图示信息可知：

1. 工程造价咨询业务收入占比超过三成，呈现稳中略降态势

2023 年全国工程造价咨询行业整体营业收入为 3341.32 亿元，2022 年整体营业收入为 3389.39 亿元，相较于 2022 年减少 48.07 亿元，同比下降 1.42%。其中，工程造价咨询业务收入 1121.92 亿元，占整体营业收入比例为 33.58%。目前整个工程造价咨询行业市场处于分散竞争的状态，造成行业分散的原因包括行业准入门槛低、劳动密集、客户需求定制化、行业以现场作业为主以及工程造价咨询企业资质取消等，未来行业管理部门应引导造价咨询企业规模化、综合化、国际化经营；引导信息技术创新推动企业转型升级，从而引导整个工程造价咨询行业从分散到集中，以形成规模化效应，避免资源的浪费，促进行业健康发展。

其他业务收入 2219.40 亿元中，招标代理业务收入 275.97 亿元，占整体营业收入比例为 8.26%；项目管理业务收入 676.93 亿元，占比 20.26%；工程咨询业务收入 258.45 亿元，占比 7.73%；工程监理业务 777.26 亿元，占比 23.26%，全过程工程咨询业务收入 230.79 亿元，占比 6.91%。

2. 北京、浙江、江苏工程造价咨询业务收入位居前三

2023年，北京、浙江、江苏工程造价咨询业务收入仍位居全国前三，分别为146.16亿元、109.25亿元、96.59亿元。

2023年，全国接近七成省份的其他业务收入占比高于工程造价咨询业务收入占比。北京、内蒙古、辽宁、黑龙江、山东、湖北、云南、陕西、宁夏、新疆兵团等省市工程造价咨询业务收入占整体营业收入的比例均超过50%，而上海、江苏、浙江、安徽、福建、江西、河南、湖南、广西、海南、甘肃、青海、新疆等省市其他业务收入占整体营业收入比例均超过了60%；两种业务类型占比差距最大的是海南，海南其他业务收入占比为80.6%，而工程造价咨询业务收入占比19.4%，其他业务收入占比约为工程造价咨询业务收入占比的4倍。

按业务类别划分，2019-2023年工程造价咨询行业整体营业收入构成分析详见表1-3-7，总体变化分析如图1-3-7所示。

2019-2023年整体营业收入构成分析（亿元）   表 1-3-7

内容		2019 年		2020 年			2021 年			2022 年			2023 年		
		收入	占比（%）	收入	占比（%）	增长率（%）	收入	占比（%）	增长率（%）	收入	占比（%）	增长率（%）	收入	占比（%）	增长率（%）
工程造价咨询业务收入		892.47	48.59	1002.69	39.01	12.35	1143.02	37.39	14.00	1144.98	33.78	0.17	1121.92	33.58	−2.01
其他业务收入	合计	944.19	51.41	1567.95	60.99	66.06	1913.66	62.61	22.05	2244.41	66.22	6.81	2219.40	66.42	8.58
	招标代理	183.85	10.01	285.87	11.12	55.49	263.47	8.62	−7.84	326.10	9.62	23.77	275.97	8.26	−15.37
	项目管理	207.03	11.27	384.69	14.96	85.81	586.03	19.17	52.34	623.23	18.39	6.35	676.93	20.26	8.62
	工程咨询	130.02	7.08	201.29	7.83	54.81	275.70	9.02	36.97	236.51	6.98	−14.21	258.45	7.73	9.28
	工程监理	423.29	23.05	696.10	27.08	64.45	788.46	25.80	13.27	858.12	25.32	8.83	777.26	23.26	−9.42
	全过程工程咨询	—	—	—	—	—	—	—	—	200.45	5.91	—	230.79	6.91	15.14

注："全过程工程咨询业务"为2022年新列入统计对象，缺少2019-2021年数据。

单位：亿元

图 1-3-7　2019-2023 年整体营业收入总体变化

　　从以上统计结果及图示信息可知，2023 年工程造价咨询业务收入略有下滑。2019-2023 年，工程造价咨询业务收入呈现稳中略降趋势，2023 年工程造价咨询业务收入增长率较 2022 年减少了 2.18 个百分点，近 5 年来首次出现负增长；2023 年其他业务收入中，招标代理业务收入由 2022 年 23.77% 正增长转变为 2023 年 -15.37% 的负增长，减少了 39.14 个百分点；项目管理业务收入 2022 年增长率为 6.35%，2023 年增长率为 8.62%，说明整体趋于平稳增长；工程咨询业务收入 2022 年增长率为 -14.21%，呈现负增长，2023 年增长率为 9.28%，表明企业采取了相关措施适应行业发展；工程监理业务收入较 2022 年减少了 80.86 亿元，呈缓慢下降趋势；而全过程工程咨询业务收入则较 2022 年增加了 30.34 亿元，增长率上涨了 9.23 个百分点，呈现稳步上升的发展趋势。

第二节　工程造价咨询业务收入统计分析

一、房屋建筑工程咨询业务收入占比过半，为主要组成部分

　　2023 年，按专业分类的工程造价咨询业务收入汇总如表 1-3-8 所示。

表 1-3-8

2023 年各专业工程造价咨询业务收入分布（亿元）

企业归口管理的地区或行业	工程造价咨询业务收入合计	房屋建筑工程 专业1	市政工程 专业2	公路工程 专业3	铁路工程 专业4	城市轨道交通工程 专业5	航空工程 专业6	航天工程 专业7	火电工程 专业8	水电工程 专业9	核工业工程 专业10	新能源工程 专业11
合计	1121.92	647.34	189.64	53.18	11.06	19.45	2.36	0.39	27.66	17.02	3.26	13.76
北京	146.16	87.22	19.60	5.18	0.85	3.76	1.00	0.11	4.66	1.61	0.98	2.68
天津	13.93	8.49	3.13	0.35	0.09	0.25	0.00	0.00	0.22	0.06	0.00	0.07
河北	19.92	11.54	4.25	0.97	0.05	0.04	0.00	0.00	0.19	0.11	0.15	0.12
山西	16.14	8.95	2.68	1.00	0.08	0.00	0.00	0.00	0.25	0.06	0.00	0.15
内蒙古	12.75	7.86	1.98	0.66	0.07	0.02	0.01	0.00	0.31	0.08	0.00	0.14
辽宁	17.47	9.58	3.85	0.49	0.80	0.35	0.02	0.00	0.38	0.13	0.00	0.10
吉林	7.77	4.16	1.87	0.40	0.03	0.14	0.01	0.00	0.15	0.14	0.00	0.01
黑龙江	8.52	4.95	1.47	0.67	0.01	0.12	0.01	0.00	0.37	0.08	0.00	0.02
上海	63.29	45.16	9.58	0.69	0.25	1.02	0.20	0.01	0.77	0.60	0.01	0.60
江苏	96.59	60.91	14.90	3.99	1.22	1.40	0.20	0.00	4.24	1.44	0.01	0.62
浙江	109.25	74.24	15.53	4.91	0.37	3.05	0.09	0.00	0.67	1.13	0.03	0.39
安徽	38.38	22.38	7.07	2.84	0.25	0.37	0.10	0.00	0.68	0.62	0.00	0.15
福建	15.41	9.24	3.43	0.93	0.02	0.07	0.01	0.00	0.05	0.31	0.01	0.04
江西	19.02	11.27	3.69	0.93	0.02	0.02	0.00	0.00	0.69	0.59	0.00	0.08
山东	83.21	51.50	14.83	3.29	0.17	1.17	0.06	0.03	1.47	0.25	0.10	0.54
河南	26.87	17.13	4.74	1.08	0.07	0.05	0.03	0.01	0.59	0.66	0.02	0.13

续表

企业归口管理的地区或行业	工程造价咨询业务收入合计	房屋建筑工程 专业 1	市政工程 专业 2	公路工程 专业 3	铁路工程 专业 4	城市轨道交通工程 专业 5	航空工程 专业 6	航天工程 专业 7	火电工程 专业 8	水电工程 专业 9	核工业工程 专业 10	新能源工程 专业 11
湖北	27.91	16.80	5.77	1.23	0.17	0.28	0.01	0.00	0.11	0.51	0.00	0.17
湖南	24.40	12.72	3.88	2.34	0.06	0.36	0.08	0.00	0.88	0.93	0.00	0.34
广东	96.09	52.15	20.13	4.14	0.25	2.21	0.02	0.00	2.86	0.84	0.03	0.81
广西	8.60	5.09	1.50	0.43	0.02	0.03	0.00	0.00	0.15	0.23	0.01	0.07
海南	5.54	3.38	1.22	0.29	0.00	0.00	0.00	0.01	0.00	0.03	0.00	0.05
重庆	24.20	12.47	5.99	1.57	0.11	0.64	0.02	0.00	0.05	0.30	0.00	0.02
四川	78.51	44.14	17.67	5.01	0.61	1.85	0.20	0.02	0.14	0.80	0.04	0.46
贵州	9.31	5.47	1.70	0.69	0.05	0.01	0.04	0.00	0.15	0.11	0.00	0.21
云南	20.32	9.03	3.18	3.64	0.14	0.12	0.09	0.00	0.03	0.68	0.00	0.16
西藏	—	—	—	—	—	—	—	—	—	—	—	—
陕西	40.52	24.36	7.95	2.28	0.20	0.65	0.07	0.06	0.95	0.14	0.00	0.29
甘肃	7.22	4.41	1.37	0.28	0.08	0.00	0.03	0.00	0.08	0.02	0.00	0.06
青海	2.34	1.14	0.42	0.15	0.00	0.00	0.00	0.00	0.09	0.01	0.00	0.02
宁夏	4.05	2.22	0.69	0.19	0.00	0.01	0.00	0.00	0.17	0.11	0.00	0.02
新疆	12.26	6.90	1.78	1.26	0.04	0.03	0.03	0.00	0.04	0.08	0.00	0.10
新疆兵团	0.97	0.29	0.07	0.48	0.00	0.00	0.00	0.00	0.00	0.07	0.00	0.00
行业归口	65.00	12.19	3.72	0.82	4.98	1.43	0.03	0.14	6.27	4.29	1.87	5.14

续表

企业归口管理的地区或行业	水利工程 专业 12	水运工程 专业 13	矿山工程 专业 14	冶金工程 专业 15	石油天然气工程 专业 16	石化工程 专业 17	化工医药工程 专业 18	农业工程 专业 19	林业工程 专业 20	电子通信工程 专业 21	广播影视电视工程 专业 22	其他 专业 23
合计	31.47	2.73	8.42	7.31	8.92	10.52	7.49	5.31	2.00	14.01	0.51	38.11
北京	2.65	0.40	1.23	0.78	1.79	0.79	1.41	0.63	0.55	4.51	0.08	3.69
天津	0.12	0.05	0.02	0.00	0.04	0.04	0.22	0.35	0.04	0.03	0.02	0.34
河北	0.59	0.01	0.09	0.21	0.07	0.08	0.18	0.22	0.05	0.15	0.00	0.85
山西	0.31	0.00	1.12	0.02	0.05	0.03	0.34	0.15	0.10	0.06	0.00	0.79
内蒙古	0.28	0.00	0.13	0.22	0.06	0.04	0.14	0.08	0.11	0.06	0.02	0.48
辽宁	0.31	0.06	0.03	0.00	0.24	0.26	0.03	0.16	0.02	0.34	0.00	0.32
吉林	0.23	0.00	0.01	0.00	0.04	0.01	0.01	0.07	0.00	0.30	0.00	0.19
黑龙江	0.27	0.01	0.02	0.00	0.10	0.01	0.02	0.06	0.01	0.02	0.00	0.30
上海	1.39	0.09	0.05	0.43	0.10	0.12	0.34	0.05	0.07	0.54	0.02	1.20
江苏	1.54	0.63	0.07	0.10	0.13	0.47	0.60	0.37	0.04	0.91	0.07	2.73
浙江	2.94	0.34	0.09	0.05	0.22	0.43	0.47	0.12	0.13	0.61	0.06	3.38
安徽	1.20	0.06	0.21	0.14	0.05	0.08	0.08	0.21	0.06	0.25	0.01	1.57
福建	0.58	0.08	0.04	0.13	0.00	0.01	0.03	0.02	0.02	0.11	0.00	0.28
江西	0.46	0.02	0.28	0.03	0.00	0.01	0.12	0.11	0.01	0.17	0.00	0.52
山东	2.39	0.22	0.29	0.31	0.52	2.39	0.92	0.68	0.11	0.35	0.05	1.57
河南	0.64	0.01	0.05	0.00	0.08	0.29	0.08	0.16	0.07	0.12	0.00	0.86
湖北	0.69	0.09	0.10	0.05	0.03	0.06	0.13	0.19	0.04	0.20	0.00	1.28

续表

企业归口管理的地区或行业	水利工程 专业12	水运工程 专业13	矿山工程 专业14	冶金工程 专业15	石油天然气工程 专业16	石化工程 专业17	化工医药工程 专业18	农业工程 专业19	林业工程 专业20	电子通信工程 专业21	广播影视电视工程 专业22	其他 专业23
湖南	0.52	0.09	0.15	0.00	0.06	0.46	0.15	0.12	0.02	0.46	0.03	0.75
广东	4.12	0.27	0.06	0.00	0.11	0.28	0.07	0.20	0.08	2.29	0.06	5.11
广西	0.43	0.04	0.00	0.00	0.00	0.04	0.01	0.03	0.02	0.02	0.00	0.48
海南	0.11	0.03	0.01	0.00	0.00	0.03	0.00	0.04	0.01	0.03	0.00	0.30
重庆	0.87	0.03	0.01	0.06	0.07	0.04	0.10	0.16	0.06	0.15	0.01	1.47
四川	2.39	0.07	0.08	0.04	0.83	0.16	0.45	0.48	0.12	1.05	0.02	1.88
贵州	0.25	0.00	0.04	0.00	0.01	0.01	0.02	0.06	0.02	0.03	0.03	0.41
云南	1.83	0.03	0.12	0.16	0.07	0.05	0.14	0.16	0.05	0.08	0.00	0.56
西藏	—	—	—	—	—	—	—	—	—	—	—	—
陕西	0.80	0.00	0.59	0.09	0.23	0.12	0.30	0.16	0.08	0.39	0.00	0.81
甘肃	0.16	0.00	0.32	0.01	0.04	0.00	0.04	0.04	0.01	0.03	0.00	0.24
青海	0.28	0.00	0.07	0.03	0.00	0.00	0.00	0.03	0.02	0.01	0.00	0.07
宁夏	0.22	0.00	0.05	0.00	0.01	0.01	0.07	0.07	0.05	0.02	0.00	0.14
新疆	0.72	0.01	0.06	0.01	0.10	0.02	0.05	0.12	0.02	0.06	0.02	0.81
新疆兵团	0.04	0.00	0.00	0.00	0.00	0.00	0.00	0.01	0.00	0.00	0.00	0.01
行业归口	2.14	0.09	3.03	4.44	3.87	4.18	0.97	0.00	0.01	0.66	0.01	4.72

注：西藏自治区未参与 2023 年工程造价咨询统计调查。

从下列统计结果及图示信息可知：

1. 房屋建筑工程专业收入仍为工程造价咨询业务收入的重要组成部分

2023 年，工程造价咨询业务收入按所涉及的专业划分，房屋建筑工程收入最高，为 647.34 亿元，占全部工程造价咨询业务收入的 57.7%；市政工程专业收入 189.64 亿元，占比 16.9%；公路工程专业收入 53.18 亿元，占 4.74%；水利工程专业收入 31.47 亿元，占比 2.81%；火电工程专业收入 27.66 亿元，占比 2.47%；其他 18 个专业收入合计 172.63 亿元，占比 15.38%。

2. 北京、浙江、江苏、广东分别占据专业收入前四

2023 年，房屋建筑工程专业工程造价咨询业务收入排名前四的省市为北京、浙江、江苏、广东，其收入分别为 87.22 亿元、74.24 亿元、60.91 亿元和 52.15 亿元。

2023 年，房屋建筑工程、公路工程及火电工程专业收入最高的地区均为北京，其收入分别为 87.22 亿元、5.18 亿元、4.66 亿元；市政工程及水利工程专业收入最高的地区为广东，其收入分别为 20.13 亿元、4.12 亿元。

2019—2023 年，按专业分类的工程造价咨询业务收入如表 1-3-9 所示，2019—2023 年平均占比前 5 的专业为房屋建筑工程、市政工程、公路工程、水利工程和火电工程专业，其工程造价咨询业务收入如图 1-3-8 所示。

从以上统计结果及图示信息可知：

1. 房屋建筑工程、市政工程、公路工程、火电工程、水利工程专业收入平均占比合计近九成

2019—2023 年，在划分的 23 个专业中，房屋建筑工程、市政工程、公路工程、火电工程、水利工程专业收入平均占比分别为 58.78%、17.02%、4.88%、2.41%、2.56%，合计 85.65%，说明这五项专业收入仍为工程造价咨询业务收入的主要来源，构成其业务版图的支柱部分；航天工程、广播影视电视、核工业工程、航空工程专业收入平均占比较为少，分别为 0.03%、0.07%、0.22%、0.23%。

表 1-3-9

2019—2023 年各专业工程造价咨询业务收入（亿元）

专业分类	2019 年		2020 年			2021 年			2022 年			2023 年			平均增长率（%）	平均占比（%）
	收入	占比（%）	收入	占比（%）	增长率（%）	收入	占比（%）	增长率（%）	收入	占比（%）	增长率（%）	收入	占比（%）	增长率（%）		
房屋建筑工程	524.36	58.75	597.85	59.62	14.02	677.53	59.28	13.33	670.50	58.56	-1.04	647.34	57.70	-3.45	5.71	58.78
市政工程	149.48	16.75	170.13	16.97	13.81	197.92	17.32	16.33	196.34	17.15	-0.80	189.64	16.90	-3.41	6.48	17.02
公路工程	43.64	4.89	50.19	5.01	15.01	56.12	4.91	11.82	55.67	4.86	-0.80	53.18	4.74	-4.47	5.39	4.88
铁路工程	8.40	0.94	7.07	0.71	-15.83	8.95	0.78	26.59	10.62	0.93	18.66	11.06	0.99	4.14	8.39	0.87
城市轨道交通工程	15.96	1.79	15.68	1.56	-1.75	19.73	1.73	25.83	21.08	1.84	6.84	19.45	1.73	-7.73	5.80	1.73
航空工程	2.60	0.29	2.25	0.22	-13.46	2.79	0.24	24.00	2.46	0.21	-11.83	2.36	0.21	-4.07	-1.34	0.23
航天工程	0.48	0.05	0.33	0.03	-31.25	0.33	0.03	0.00	0.23	0.02	-30.30	0.39	0.03	69.57	2.00	0.03
火电工程	21.31	2.39	25.62	2.56	20.23	26.21	2.29	2.30	27.01	2.36	3.05	27.66	2.47	2.41	7.00	2.41
水电工程	13.98	1.57	14.85	1.48	6.22	17.4	1.52	17.17	18.02	1.57	3.56	17.02	1.52	-5.55	5.35	1.53
核工业工程	1.04	0.12	2.33	0.23	124.04	1.68	0.15	-27.90	3.32	0.29	97.62	3.26	0.29	-1.81	47.99	0.22
新能源工程	5.33	0.60	6.34	0.63	18.95	8.77	0.77	38.33	11.46	1.00	30.67	13.76	1.23	20.07	27.00	0.85
水利工程	21.46	2.40	24.61	2.45	14.68	28.34	2.48	15.16	30.40	2.66	7.27	31.47	2.81	3.52	10.16	2.56
水运工程	3.42	0.38	3.75	0.37	9.65	2.51	0.22	-33.07	3.36	0.29	33.86	2.73	0.24	-18.75	-2.08	0.30
矿山工程	5.76	0.65	6.11	0.61	6.08	8.11	0.71	32.73	8.43	0.74	3.95	8.42	0.75	-0.12	10.66	0.69
冶金工程	5.63	0.63	4.82	0.48	-14.39	6.21	0.54	28.84	7.52	0.66	21.10	7.31	0.65	-2.79	8.19	0.59

续表

专业分类	2019 年		2020 年			2021 年			2022 年			2023 年			平均增长率（%）	平均占比（%）
	收入	占比（%）	收入	占比（%）	增长率（%）	收入	占比（%）	增长率（%）	收入	占比（%）	增长率（%）	收入	占比（%）	增长率（%）		
石油天然气工程	7.31	0.82	8.3	0.83	13.54	7.77	0.68	-6.39	8.73	0.76	12.36	8.92	0.80	2.18	5.42	0.78
石化工程	6.61	0.74	6.49	0.65	-1.82	7.95	0.70	22.50	9.33	0.81	17.36	10.52	0.94	12.75	12.70	0.77
化工医药工程	5.17	0.58	4.82	0.48	-6.77	5.74	0.50	19.09	6.31	0.55	9.93	7.49	0.67	18.70	10.24	0.56
农业工程	3.73	0.42	4.73	0.47	26.81	5.34	0.47	12.90	5.14	0.45	-3.75	5.31	0.47	3.31	9.82	0.46
林业工程	2.12	0.24	2.22	0.22	4.72	5.37	0.47	141.89	2.05	0.18	-61.82	2.00	0.18	-2.44	20.59	0.26
电子通信工程	11.10	1.24	11.68	1.16	5.23	12.64	1.11	8.22	14.15	1.24	11.95	14.01	1.25	-0.99	6.10	1.20
广播影视电视工程	1.18	0.13	0.71	0.07	-39.83	0.65	0.06	-8.45	0.60	0.05	-7.69	0.51	0.05	-15.00	-17.74	0.07
其他	32.40	3.63	31.81	3.19	-1.82	34.96	3.04	9.90	32.25	2.82	-7.75	38.11	3.38	18.17	4.63	3.21

单位：亿元

图 1-3-8 2019-2023 年平均占比前 5 的专业收入变化

2. 核工业工程、新能源工程及林业工程专业收入平均增长率位居前三

从变化趋势维度分析，2019-2023 年按专业分类的工程造价咨询业务收入除航空工程、水运工程、广播影视电视工程专业等平均增长率表现为负增长，约 90% 的专业平均增长率均表现为正增长。其中核工业工程、新能源工程及林业工程专业的工程造价咨询业务收入平均增长率排名前三，分别为47.99%、27.00%、20.59%。此外，受到新冠疫情、经济放缓和行业数字化转型、结构调整等多重因素共同作用，2021 年至 2023 年专业收入出现负增长的专业逐年增加，由 2021 年的 4 个上升至 2023 年的 13 个，所占比例由17.39% 上升至 56.52%。

二、结（决）算阶段咨询、全过程工程造价咨询收入仍占重要比重

2023 年按工程建设阶段分类的工程造价咨询业务收入及占比统计如表 1-3-10所示，变化情况如图 1-3-9 所示。

从以上统计结果及图示信息可知：

2023 年，工程造价咨询业务收入中前期决策阶段咨询业务收入为 94.5 亿元、实施阶段咨询业务收入 224.02 亿元、结（决）算阶段咨询业务收入为

表 1-3-10

2023 年按工程建设阶段分类的工程造价咨询业务收入情况（亿元）

企业归口管理的地区或行业	合计	前期决策阶段咨询		实施阶段咨询		结（决）算阶段咨询		全过程工程造价咨询		工程造价经济纠纷的鉴定和仲裁的咨询		其他	
		收入	占比（%）	收入	占比（%）	收入	占比（%）	收入	占比（%）	收入	占比（%）	收入	占比（%）
合计	1121.92	94.50	8.42	224.02	19.97	371.66	33.13	359.00	32.00	44.27	3.95	28.47	2.53
北京	146.16	8.90	6.09	22.65	15.50	46.33	31.70	62.64	42.86	3.17	2.17	2.47	1.68
天津	13.93	1.25	8.97	3.19	22.90	3.03	21.75	4.96	35.61	1.21	8.69	0.29	2.08
河北	19.92	1.83	9.19	4.64	23.29	7.56	37.95	4.15	20.83	1.27	6.38	0.47	2.36
山西	16.14	1.57	9.73	2.72	16.85	7.42	45.97	3.22	19.95	0.69	4.28	0.52	3.22
内蒙古	12.75	1.23	9.65	2.40	18.82	6.56	51.45	1.51	11.84	0.76	5.96	0.29	2.28
辽宁	17.47	2.01	11.51	2.33	13.34	6.12	35.03	4.17	23.87	1.39	7.96	1.45	8.29
吉林	7.77	0.74	9.52	1.99	25.61	3.12	40.15	1.26	16.22	0.34	4.38	0.32	4.12
黑龙江	8.52	0.81	9.51	1.70	19.95	3.38	39.67	1.55	18.19	0.72	8.45	0.36	4.23
上海	63.29	2.07	3.27	7.30	11.53	20.68	32.67	31.66	50.02	0.49	0.77	1.09	1.74
江苏	96.59	5.38	5.57	18.09	18.73	39.54	40.94	27.06	28.02	3.57	3.70	2.95	3.04
浙江	109.25	6.71	6.14	20.44	18.71	40.71	37.26	38.09	34.86	1.83	1.68	1.47	1.35
安徽	38.38	4.63	12.06	11.37	29.62	12.33	32.13	6.38	16.62	2.49	6.49	1.18	3.08
福建	15.41	1.94	12.59	5.40	35.04	5.12	33.23	2.01	13.04	0.58	3.76	0.36	2.34
江西	19.02	1.62	8.52	4.30	22.61	7.64	40.17	3.94	20.72	1.24	6.52	0.28	1.46
山东	83.21	4.63	5.56	11.66	14.01	30.37	36.50	31.17	37.46	4.42	5.31	0.96	1.16
河南	26.87	1.45	5.40	6.87	25.57	8.99	33.46	6.43	23.93	2.73	10.16	0.40	1.48
湖北	27.91	2.41	8.63	5.63	20.17	9.53	34.15	8.49	30.42	1.42	5.09	0.43	1.54

续表

企业归口管理的地区或行业	合计	前期决策阶段咨询		实施阶段咨询		结（决）算阶段咨询		全过程工程造价咨询		工程造价经济纠纷的鉴定和仲裁的咨询		其他	
		收入	占比（%）	收入	占比（%）	收入	占比（%）	收入	占比（%）	收入	占比（%）	收入	占比（%）
湖南	24.40	3.39	13.89	4.02	16.48	9.15	37.50	6.11	25.04	1.04	4.26	0.69	2.83
广东	96.09	10.46	10.89	19.13	19.91	22.98	23.92	35.45	36.89	3.47	3.61	4.60	4.78
广西	8.60	0.84	9.77	2.27	26.40	3.46	40.23	1.11	12.91	0.58	6.74	0.34	3.95
海南	5.54	0.88	15.88	0.98	17.69	1.59	28.70	1.21	21.84	0.54	9.75	0.34	6.14
重庆	24.20	3.24	13.39	5.23	21.61	7.23	29.88	6.41	26.49	1.32	5.45	0.77	3.18
四川	78.51	6.11	7.78	21.24	27.05	22.92	29.19	23.17	29.51	3.08	3.92	1.99	2.55
贵州	9.31	0.60	6.44	1.37	14.72	3.45	37.06	2.02	21.70	1.59	17.08	0.28	3.00
云南	20.32	1.93	9.50	2.35	11.56	4.41	21.70	10.27	50.54	0.79	3.89	0.57	2.81
西藏	—	—	—	—	—	—	—	—	—	—	—	—	—
陕西	40.52	2.42	5.97	10.43	25.74	17.47	43.11	8.06	19.89	1.18	2.91	0.96	2.38
甘肃	7.22	0.97	13.43	1.51	20.91	2.75	38.09	1.37	18.98	0.52	7.20	0.10	1.39
青海	2.34	0.47	20.09	0.49	20.94	0.91	38.89	0.36	15.38	0.09	3.85	0.02	0.85
宁夏	4.05	0.34	8.40	1.46	36.05	1.71	42.22	0.15	3.70	0.31	7.65	0.08	1.98
新疆	12.26	1.19	9.71	1.83	14.93	3.96	32.30	4.09	33.36	0.79	6.44	0.40	3.26
新疆兵团	0.97	0.06	6.19	0.55	56.70	0.29	29.90	0.05	5.15	0.01	1.03	0.01	1.03
行业归口	65.00	12.42	19.11	18.48	28.43	10.95	16.85	20.48	31.51	0.64	0.98	2.03	3.12

注：西藏自治区未参与 2023 年工程造价咨询统计调查。

单位：亿元

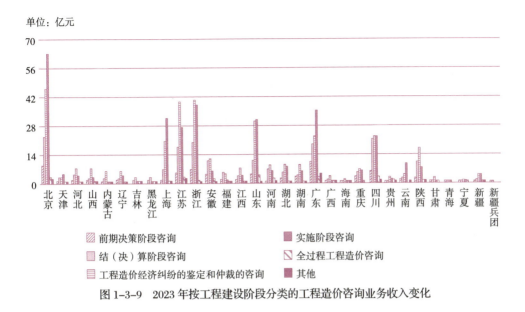

图 1-3-9　2023 年按工程建设阶段分类的工程造价咨询业务收入变化

371.66 亿元、全过程工程造价咨询业务收入 359.00 亿元、工程造价经济纠纷的鉴定和仲裁的咨询业务收入 44.27 亿元，各类业务收入占工程造价咨询业务总收入的比例分别为 8.42%、19.97%、33.13%、32%、3.95%。其他工程造价咨询业务收入 28.47 亿元，占比 2.53%。

　　2023 年，在各阶段分类工程造价咨询业务收入中，结（决）算阶段工程造价咨询业务前三的是北京、浙江、江苏，分别为 46.33 亿元、40.71 亿元、39.54 亿元；全过程工程造价咨询业务收入排列在前的是北京、浙江、广东，分别为 62.64 亿元、38.09 亿元、35.45 亿元。在工程造价咨询业务收入的六个类别中，结（决）算阶段、全过程工程造价咨询收入占比均超 30%。随着全过程工程咨询的发展深入，工程造价咨询企业对于全过程工程造价咨询的重视程度将持续提升，并致力于做好全过程覆盖与集成服务、应用 AI 等数字化技术搭建数字化设计造价一体化平台等措施实现数字化转型以及精细化管理方面的创新提升。

　　2019-2023 年各类工程造价咨询业务收入统计详见表 1-3-11，变化趋势分析详见图 1-3-10。

　　从以上统计结果及图示信息可知：

2019-2023 年各阶段分类工程造价咨询业务收入统计（亿元） 表 1-3-11

阶段分类	2019 年		2020 年			2021 年			2022 年			2023 年			平均增长率（%）	平均占比（%）
	收入	占比（%）	收入	占比（%）	增长（%）	收入	占比（%）	增长（%）	收入	占比（%）	增长（%）	收入	占比（%）	增长（%）		
前期决策阶段咨询	76.43	8.56	83.96	8.37	9.85	91.16	7.98	8.58	98.4	8.59	7.94	94.50	8.42	-3.96	5.60	8.38
实施阶段咨询	184.07	20.62	199.56	19.90	8.42	224.59	19.65	12.54	229.39	20.03	2.14	224.02	19.97	-2.34	5.19	20.03
结（决）算阶段咨询	340.67	38.17	361.35	36.04	6.07	398.34	34.85	10.24	377.45	32.97	-5.24	371.66	33.13	-1.53	2.38	35.03
全过程工程造价咨询	248.96	27.90	308.47	30.76	23.90	371.10	32.47	20.30	375.9	32.83	1.29	359.00	32.00	-4.50	10.25	31.18
工程造价鉴定和仲裁	22.33	2.50	26.68	2.66	19.48	33.46	2.93	25.41	35.78	3.12	6.93	44.27	3.95	23.73	18.89	3.03
其他	20.01	2.25	22.67	2.27	13.29	24.37	2.12	7.50	28.06	2.46	15.14	28.47	2.53	1.46	9.35	2.33

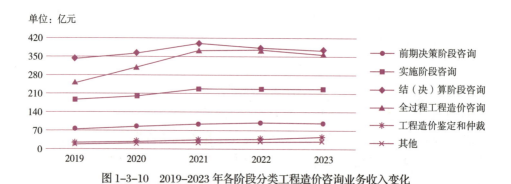

图 1-3-10　2019-2023 年各阶段分类工程造价咨询业务收入变化

1. 结（决）算阶段咨询、全过程工程造价咨询、实施阶段咨询业务收入仍占主要地位

2019-2023 年，各类收入占工程造价咨询业务收入比例前三的均为结（决）算阶段咨询、全过程工程造价咨询、实施阶段咨询；其中全过程工程造价咨询收入平均增长率为 10.25%，平均占比为 31.19%。工程造价经济纠纷的鉴定和仲裁的咨询业务收入占比逐年增加。上述收入高低关系表明，全过程工程造价咨询已逐渐成为工程造价咨询行业的关键发展方向，发展趋势向好。

2. 各类咨询业务收入呈现微幅波动趋势，三类业务出现负增长

2019-2023 年，各类咨询业务收入出现轻微波动趋势。除工程造价经济纠纷的鉴定和仲裁的咨询及其他业务咨询收入逐年增长外，2023 年前期决策阶段咨询、实施阶段咨询以及全过程工程造价咨询相较于 2022 年出现负增长，与 2022 年同期相比，前期决策阶段咨询增长率下降了 11.9 个百分点，降幅较为明显。此外，平均增速最快的为工程造价经济纠纷的鉴定和仲裁的咨询，平均增长率为 18.89%；全过程工程造价咨询平均增速位列第 2，平均增长率为 10.25%，在波动中保持发展上升态势；平均增速最慢的为结（决）算阶段咨询业务，平均增长率为 2.38%。前期决策阶段咨询业务收入相对偏低与价格战压缩利润空间、客户对价值管理认识不足等因素有关，而工程造价经济纠纷的鉴定和仲裁的咨询业务收入比例较低的主要原因是此类业务对执业人员的专业素质和技术水平要求较高。

三、区域发展持续呈现不均衡状态

2019-2023 年，各阶段分类工程造价咨询业务收入（平均占比排名前 4 的省份）如表 1-3-12 所示。

从区域平均占比来看，2019-2023 年，海南省前期决策阶段、工程造价经济纠纷的鉴定和仲裁收入以及其他收入平均占比排名均位列全国前四，咨询收入平均占比分别为 17.75%、7.17%、4.41%，可能得益于其作为自由贸易港的优势，吸引了大量投资项目和复杂工程，进而促进相关咨询需求的增长；实施阶段咨询收入平均占比最高的省份为福建省，平均占比为 38.63%，一定程度上反映了该省工程项目复杂、结算周期长等潜在原因；结（决）算阶段咨询收入平均占比最高的省份为内蒙古，平均占比为 56.47%，其基础设施建设和资源开发项目可能较多，结（决）算阶段涉及资金量大；全过程工程造价咨询收入平均占比最高的省份为云南，平均占比为 50.83%，表明该省在推动工程造价咨询向全过程、

表 1-3-12

2019-2023年各阶段分类工程造价咨询业务收入
（平均占比排名前4的省份）（亿元）

地区	2019年		2020年			2021年			2022年			2023年			平均占比(%)
	收入	占比(%)	收入	占比(%)	增长率(%)	收入	占比(%)	增长率(%)	收入	占比(%)	增长率(%)	收入	占比(%)	增长率(%)	
前期决策阶段咨询收入															
海南	0.59	17.00	0.99	21.85	67.80	0.72	16.00	-27.27	0.98	18.01	36.11	0.88	15.88	-10.20	17.75
青海	0.26	12.68	0.27	13.37	3.85	0.23	11.00	-14.81	0.50	27.32	117.39	0.47	20.09	-6.00	16.89
黑龙江	1.15	14.36	1.30	13.27	13.04	1.58	15.66	21.54	1.38	15.33	-12.66	0.81	9.51	-41.30	13.62
甘肃	0.63	10.21	0.79	12.34	25.40	0.59	8.12	-25.32	0.94	15.91	59.32	0.97	13.43	3.19	12.00
实施阶段咨询收入															
福建	5.34	39.91	5.78	39.48	8.24	6.89	40.70	19.20	6.43	38.00	-6.68	5.40	35.04	-16.02	38.63
宁夏	1.52	38.10	1.22	29.40	-19.74	1.22	27.29	0.00	1.23	32.71	0.82	1.46	36.05	18.70	32.71
安徽	6.53	26.57	7.22	26.65	10.57	8.89	27.70	23.13	11.78	31.46	32.51	11.37	29.62	-3.48	28.40
河南	7.29	31.56	7.52	29.44	3.16	8.15	27.29	8.38	6.71	25.93	-17.67	6.87	25.57	2.38	27.86
结（决）算阶段咨询收入															
内蒙古	8.02	60.85	7.59	61.36	-5.36	7.08	56.01	-6.72	5.40	52.68	-23.73	6.56	51.45	21.48	56.47
山西	6.36	52.26	7.92	53.15	24.53	8.08	50.95	2.02	7.00	47.33	-13.37	7.42	45.97	6.00	49.93
吉林	3.75	48.14	3.51	45.29	-6.40	3.47	41.41	-1.14	3.22	42.65	-7.20	3.12	40.15	-3.11	43.53
陕西	12.27	47.47	15.74	45.29	28.28	17.20	40.10	9.28	17.57	41.42	2.15	17.47	43.11	-0.57	43.48

续表

地区	2019年 收入	2019年 占比（%）	2020年 收入	2020年 占比（%）	2020年 增长率（%）	2021年 收入	2021年 占比（%）	2021年 增长率（%）	2022年 收入	2022年 占比（%）	2022年 增长率（%）	2023年 收入	2023年 占比（%）	2023年 增长率（%）	平均占比（%）
全过程工程造价咨询收入															
云南	9.49	44.00	12.15	53.22	28.03	12.34	51.52	1.56	11.48	54.85	-6.97	10.27	50.54	-10.54	50.83
上海	24.16	44.27	29.19	49.27	20.82	34.05	52.65	16.65	31.89	52.20	-6.34	31.66	50.02	-0.72	49.68
天津	4.23	37.94	5.16	46.03	21.99	5.29	44.83	2.52	5.45	44.06	3.02	4.96	35.61	-8.99	41.69
北京	44.00	34.71	57.53	39.79	30.75	69.03	41.45	19.99	74.87	44.22	8.46	62.64	42.86	-16.33	40.61
工程造价经济纠纷的鉴定和仲裁咨询收入															
贵州	0.42	4.65	0.76	7.31	80.95	0.95	9.85	25.00	1.32	14.57	38.95	1.59	17.08	20.45	10.69
海南	0.12	3.46	0.25	5.52	108.33	0.48	10.67	92.00	0.35	6.43	-27.08	0.54	9.75	54.29	7.17
河南	0.92	3.98	1.34	5.25	45.65	1.64	5.49	22.39	2.20	8.50	34.15	2.73	10.16	24.09	6.68
宁夏	0.22	5.51	0.25	6.02	13.64	0.36	8.05	44.00	0.23	6.12	-36.11	0.31	7.65	34.78	6.67
其他收入															
黑龙江	0.73	9.11	0.26	2.65	-64.38	0.29	2.87	11.54	0.36	4.00	24.14	0.36	4.23	0.00	4.57
辽宁	0.35	2.72	0.50	3.47	42.86	0.63	3.69	26.00	0.65	4.21	3.17	1.45	8.29	123.08	4.48
海南	0.16	4.61	0.18	3.97	12.50	0.13	2.89	-27.78	0.24	4.41	84.62	0.34	6.14	41.67	4.41
广西	0.15	1.56	0.13	1.24	-13.33	0.56	4.90	330.77	0.78	7.11	39.29	0.34	3.95	-56.41	3.75

注："平均占比"是指各类工程造价咨询业务收入（按工程建设阶段分类）2019—2023年占对应年份工程造价咨询业务收入比重的平均数。

综合性发展方面效果较好，一线城市如北京、天津、上海等平均占比紧随其后，则体现了工程造价咨询服务的专业性和市场需求。

总体而言，由于各区域经济条件、政策扶持、市场需求及企业自身业务能力等多方面因素的交织作用，2019–2023 年工程造价咨询业务区域发展仍持续呈现不均衡状态。

第三节　财务收入统计分析

2023 年各省市工程造价咨询企业财务收入汇总如表 1-3-13 所示。

2023 年各省市工程造价咨询企业财务收入（亿元）　　　表 1-3-13

企业归口管理的地区或行业	营业收入	工程造价咨询营业收入	其他收入	营业利润	所得税
合计	3341.32	1121.92	2219.40	464.46	38.65
北京	235.26	146.16	89.10	11.61	1.81
天津	31.12	13.93	17.19	1.26	0.67
河北	47.70	19.92	27.78	1.48	0.32
山西	33.39	16.14	17.25	2.24	1.45
内蒙古	25.08	12.75	12.33	1.17	0.09
辽宁	30.70	17.47	13.23	9.67	0.07
吉林	16.85	7.77	9.08	1.46	0.24
黑龙江	16.62	8.52	8.10	0.95	0.12
上海	177.32	63.29	114.03	9.39	2.58
江苏	251.23	96.59	154.64	74.00	3.73
浙江	289.77	109.25	180.52	83.28	1.50
安徽	136.20	38.38	97.82	14.10	1.96
福建	46.05	15.41	30.64	5.46	1.15
江西	57.89	19.02	38.87	20.98	0.26
山东	161.21	83.21	78.00	37.29	4.72
河南	103.21	26.87	76.34	31.84	0.57
湖北	43.60	27.91	15.69	18.46	4.36
湖南	70.04	24.40	45.64	26.74	0.69
广东	232.71	96.09	136.62	76.15	3.03
广西	27.96	8.60	19.36	—	—

续表

企业归口管理的地区或行业	营业收入	工程造价咨询营业收入	其他收入	营业利润	所得税
海南	28.55	5.54	23.01	0.48	0.12
重庆	55.73	24.20	31.53	2.61	1.04
四川	182.05	78.51	103.54	9.96	6.49
贵州	20.00	9.31	10.69	1.13	0.18
云南	26.33	20.32	6.01	12.21	0.08
陕西	80.66	40.52	40.14	4.28	0.65
甘肃	21.16	7.22	13.94	1.13	0.18
青海	7.51	2.34	5.17	0.88	0.12
宁夏	7.17	4.05	3.12	2.43	0.10
新疆	30.70	12.26	18.44	1.59	0.35
新疆兵团	1.43	0.97	0.46	0.23	0.02
行业归口	846.12	65.00	781.12	—	—

注：表中为除去勘察设计、会计审计、银行金融等非造价咨询行业主要业务后的数据。

从以上统计结果分析可知：

工程造价咨询企业利润呈现地域性差别，因地区政策和市场环境等存在差异，导致工程造价咨询企业营利能力和发展空间有所不同。其中营业利润前三的省份是浙江、广东、江苏，均为国内经济发达地区，拥有庞大的基础设施建设和投资规模，工程造价咨询行业发展空间广阔。这些省份的企业在业务拓展、技术创新和服务质量提升方面表现突出，能够更好地满足市场需求，赢得客户信赖。

注：本章数据来源于 2023 年工程造价咨询统计调查资料汇编。

第四章

行业发展主要影响因素分析

第一节 政策环境

一、资源环保政策推动建筑节能降碳

建筑领域是我国能源消耗和碳排放的主要领域之一。加快推动建筑领域节能降碳，对实现碳达峰碳中和、推动高质量发展意义重大。2023 年以来，国家发展改革委、住房和城乡建设部等多部门出台一系列绿色低碳的环保政策。

2023 年 2 月，国家发展改革委联合工业和信息化部、财政部、住房和城乡建设部等部门印发《关于统筹节能降碳和回收利用 加快重点领域产品设备更新改造的指导意见》，要求加快发展方式绿色转型，深入实施全面节约战略，扩大有效投资和消费，逐步分类推进重点领域产品设备更新改造，加快构建废弃物循环利用体系，推动废旧产品设备物尽其用，实现生产、使用、更新、淘汰、回收利用产业链循环，推动制造业高端化、智能化、绿色化发展，形成绿色低碳的生产方式和生活方式，为实现碳达峰碳中和目标提供有力支撑。

2023 年 3 月，工业和信息化部、住房和城乡建设部等六部门发布《关于开展 2023 年绿色建材下乡活动的通知》指出，有条件的地区应对绿色建材消费予以适当补贴或贷款贴息。针对农房、基建等不同应用领域，发挥绿色建造解决方案典型示范作用，提供系统化解决方案，方便消费者选材。

2023 年 8 月，国家发展改革委等十部门制定了《绿色低碳先进技术示范工程实施方案》。该实施方案提出开展绿色低碳先进技术示范的总体思路、主要目标、重点方向和保障措施，对加快绿色低碳先进适用技术应用推广、完善支持新产业新业态发展政策环境、推动形成相关产业竞争新优势具有重要作用。

2023 年 8 月，国家发展改革委等部门印发《环境基础设施建设水平提升行动（2023-2025 年）》，对"十四五"固废环境管理的精准施策和科学防控具有重要意义。该文件从系统管控、风险控制、协同发力、达标排放等方面提出了提升我国固体废物处置等环境基础设施建设水平的具体要求，并从开展评估、加强项目谋划、加大政策支持、强化项目管理、创新实施模式等方面提出了具体实施路径，将为我国固废处置设施建设运营水平持续提升、固废资源化利用能力持续增强、生态环境质量持续改善提供重要支撑。

2023 年 10 月，国家发展改革委等部门印发《国家碳达峰试点建设方案》，选择在 15 个省区开展碳达峰试点建设，明确要求试点地区深入分析自身在绿色低碳转型面临的关键制约，围绕能源绿色低碳转型、产业优化升级、节能降碳增效以及工业、建筑、交通等领域清洁低碳转型，谋划部署建设任务，以重点任务、重大工程、重要改革任务为抓手开展碳达峰试点建设。

绿色发展是贯彻中央新发展理念的必然要求，也是落实"双碳"目标的重要举措。资源环保政策在推动行业建筑节能降碳方面必将发挥重要作用，能够有效促进行业的绿色低碳发展。

二、城乡发展政策给予行业机遇和挑战

长期以来，建筑业为保障和改善人民生活发挥了重要作用，圆满完成了一系列关系国计民生的重大基础建设工程，极大地改善了人民住房、出行、通信、教育、医疗条件。国家发展改革委、住房和城乡建设部等部门持续出台城镇乡村发展政策，对建筑行业提出更高要求和期待。

2022 年 12 月，住房和城乡建设部等十一部门印发《农房质量安全提升工程专项推进方案》，要求到 2025 年，农村低收入群体住房安全得到有效保障，农村房屋安全隐患排查整治任务全面完成，存量农房安全隐患基本消除，农房建设管理法规制度体系基本建立，农房建设技术标准体系基本完善，农房建设质量安全水平显著提升，农房功能品质不断提高，传统村落和传统民居保护利用传承取得显著成效，农民群众获得感、幸福感、安全感进一步增强。

2023 年 1 月，国家发展改革委、住房和城乡建设部、生态环境部印发《关于推进建制镇生活污水垃圾处理设施建设和管理的实施方案》，该方案主要针对建制镇建成区范围内生活污水垃圾处理设施的建设和管理，包括提高生活污水收集处理能力，完善生活垃圾收运处置体系，提升资源化利用水平，强化设施运行管理，健全保障措施等。

建筑业在城乡建设中扮演着重要角色，不仅为城乡居民提供物质生产基础，还推动城乡经济社会的协调发展，促进绿色发展和节能减排。随着社会的不断进步和城乡建设的深入发展，建筑业将继续发挥更加重要的作用。城乡发展政策给行业带来了显著的机遇与挑战。未来建筑企业需要抓住发展机遇，积极应对挑战，加强技术创新和人才培养，以推动建筑业的持续健康发展。

三、科技成果加快行业数字化转型

近年来，数字建筑已成为产业转型升级的核心引擎，在政策、技术、产业等多重因素驱动下，建筑业数字化正快速迈向一个全新发展阶段。

2023 年 1 月，工业和信息化部、住房和城乡建设部等十七部门印发《"机器人+"应用行动实施方案》，提出到 2025 年，制造业机器人密度较 2020 年实现翻番，服务机器人、特种机器人行业应用深度和广度显著提升，机器人促进经济社会高质量发展的能力明显增强。聚焦 10 大应用重点领域，突破 100 种以上机器人创新应用技术及解决方案，推广 200 个以上具有较高技术水平、创新应用模式和显著应用成效的机器人典型应用场景，打造一批"机器人+"应用标杆企业，建设一批应用体验中心和试验验证中心。

2023 年 2 月，中共中央、国务院印发了《数字中国建设整体布局规划》，提出数字中国建设按照"2522"的整体框架进行布局，即夯实数字基础设施和数据资源体系"两大基础"，推进数字技术与经济、政治、文化、社会、生态文明建设"五位一体"深度融合，强化数字技术创新体系和数字安全屏障"两大能力"，优化数字化发展国内国际"两个环境"。

2023 年 4 月，科技部、国家发展改革委、工业和信息化部等部门印发《关于进一步支持西部科学城加快建设的意见》的通知，指出集中布局重大科技基础设施集群，加快建设成渝综合性科学中心，构建高水平实验室体系。落实中央决策部署，支持优势科技力量参与国家实验室"核心＋基地＋网络"建设，做好服务保障工作。聚焦重点优势领域，支持在西部科学城新建一批全国重点实验室。支持川渝共建联合实验室，谋划建设一批省（市）级实验室。

2023 年 10 月，住房和城乡建设部办公厅发布《关于开展工程建设项目全生命周期数字化管理改革试点工作的通知》，加快建立工程建设项目全生命周期数据汇聚融合、业务协同的工作机制，打通工程建设项目设计、施工、验收、运维全生命周期审批监管数据链条，推动管理流程再造、制度重塑，形成可复制推广的管理模式、实施路径和政策标准体系，为全面推进工程建设项目全生命周期数字化管理、促进工程建设领域高质量发展发挥示范引领作用。

2023 年 12 月，住房和城乡建设部办公厅印发《住房城乡建设领域科技成果评价导则（试行）》，该导则规定了住房城乡建设领域科技成果评价工作应遵循的基本原则、程序以及评价工作的要素与要求，适用于住房城乡建设领域科技成果评价工作实施、组织管理。发挥科技成果评价导向作用，完善住房城乡建设领域科技成果评价体系，推动住房城乡建设领域科技成果推广转化，依据科学技术进步促进科技成果转化。

当前，我国正加快部署推进新基建，培育壮大数字经济新动能，中国建筑业迎来战略发展机遇期。在此背景下，如何抓住数字化转型的发展机遇，在新技术、新制造、新基建和新业态等方面取得突破，成为建筑业抢占未来发展制高点的必然选择。鼓励建筑业数字化转型，营造"产业＋数字"的安全健康新生态是关键。基于上述原因，目前，国家已出台一系列相关政策，保障行业数字化转型行稳致远。

第二节　经济环境

一、宏观经济环境回升向好

1. 经济转型升级持续推进

2023 年国内生产总值 1260582 亿元，比上年增长 5.2%。其中，第一产业增加值 89755 亿元，比上年增长 4.1%；第二产业增加值 482589 亿元，增长

4.7%；第三产业增加值 688238 亿元，增长 5.8%。第一产业增加值占国内生产总值比重为 7.1%，第二产业增加值比重为 38.3%，第三产业增加值比重为 54.6%。全年最终消费支出拉动国内生产总值增长 4.3 个百分点，资本形成总额拉动国内生产总值增长 1.5 个百分点，货物和服务净出口拉动国内生产总值增长 0.6 个百分点。全年人均国内生产总值 89358 元，比上年增长 5.4%。国民总收入 1251297 亿元，比上年增长 5.6%。全员劳动生产率为 161615 元 / 人，比上年提高 5.7%。

2014-2023 年国内生产总值及其增长速度情况如图 1-4-1 所示，2014-2023 年国内生产总值呈现稳步增长的趋势，增长速度呈现波动状态，2014-2019 年整体呈波动上升的趋势，2020-2023 年国内生产总值增长速度起伏较大，表明近些年来我国经济受国内外经济形势、政策调整、疫情等多种因素的影响，国内生产总值增速有所波动。

图 1-4-1　2014-2023 年国内生产总值及其增长速度

（数据来源：中华人民共和国 2014-2023 年国民经济和社会发展统计公报）

2. 固定资产投资平稳增长，投资结构不断优化

2023 年全年全社会固定资产投资 509708 亿元，比上年增长 2.8%。其中，固定资产投资（不含农户）503036 亿元，增长 3.0%。在固定资产投资（不含农户）中，分区域看，东部地区投资增长 4.4%，中部地区投资增长 0.3%，西部地区投资增长 0.1%，东北地区投资下降 1.8%。

在固定资产投资（不含农户）中，分产业看，第一产业投资 10085 亿元，占全年固定资产投资（不含农户）2.0%，比上年下降 0.1%；第二产业投资 162136 亿元，占全年固定资产投资（不含农户）32.2%，增长 9.0%；第三产业投资 330815 亿元，占全年固定资产投资（不含农户）65.8%，增长 0.4%，三方面综合拉动全国固定资产投资平稳运行。民间固定资产投资 253544 亿元，下降 0.4%。基础设施投资增长 14.2%。社会领域投资增长 2.8%。其中，基础设施及房地产开发固定投资（不含农户）对经济及建筑业发展的增加值影响作用较为明显。2019-2023 年全国基础设施及房地产开发固定资产投资（不含农户）增速如图 1-4-2 所示。

由图 1-4-2 可知，近 5 年基础设施固定资产投资（不含农户）呈波动增长趋势，2019-2021 年受到全球经济不确定性增加、国内政策调整、新冠疫情等影

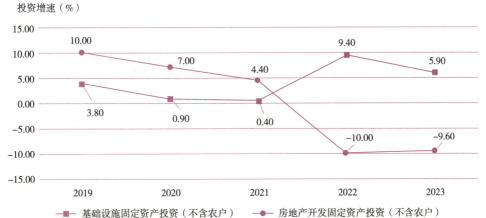

图 1-4-2 2019-2023 年全国基础设施及房地产开发固定资产投资（不含农产）增速情况

（数据来源：国家统计局）

响,投资增速由 3.8% 放缓至 0.4%；2022 年国家在逆周期调节中加大基础设施建设投入,以刺激疫情后经济恢复和扩大内需,增速上升至 9.4%；经历短期调整后,2023 年保持 5.9% 的正增长。而房地产开发固定资产投资（不含农户）受到政策调控收紧、市场需求疲软及部分企业资金链紧张等多重因素影响,投资增速出现较大程度的下滑,2022 年及 2023 年均为负增长,未来还需经历一段时间的市场调整及逐步优化。

2019-2023 年分行业固定资产投资（不含农户）增速情况如表 1-4-1 所示。

2019-2023 年分行业固定资产投资（不含农户）增长速度　表 1-4-1

行业	较上年增长（%）				
	2019 年	2020 年	2021 年	2022 年	2023 年
第一产业					
农、林、牧、渔业	0.70	19.10	9.30	4.20	1.20
第二产业					
采矿业	24.10	−14.10	10.90	4.50	2.10
制造业	3.10	−2.20	13.50	9.10	6.50
电力、热力、燃气及水生产和供应业	4.50	17.60	1.10	19.30	23.00
建筑业	−19.80	9.20	1.60	2.00	22.50
第三产业					
批发和零售业	−15.90	−21.50	−5.90	5.30	−0.40
交通运输、仓储和邮政业	3.40	1.40	1.60	9.10	10.50
住宿和餐饮业	−1.20	−5.50	6.60	7.50	8.20
信息传输、软件和信息技术服务业	8.60	18.70	−12.10	21.80	13.80
金融业	10.40	−13.30	1.90	10.50	−11.90
房地产业	9.10	5.00	5.00	−8.40	−8.10
租赁和商务服务业	15.80	5.00	13.60	14.50	9.90
科学研究和技术服务业	17.90	3.40	14.50	21.00	18.10
水利、环境和公共设施管理业	2.90	0.20	−1.20	10.30	0.10
居民服务、修理和其他服务业	−9.10	−2.90	−10.30	21.80	15.80

续表

行业	较上年增长（%）				
	2019 年	2020 年	2021 年	2022 年	2023 年
教育	17.70	12.30	11.70	5.40	2.80
卫生和社会工作	5.30	26.80	19.50	26.10	-3.80
文化、体育和娱乐业	13.90	1.00	1.60	3.50	2.60
公共管理、社会保障和社会组织	-15.60	-6.40	-38.20	42.10	-37.00
合计	5.40	2.90	4.90	5.10	3.00

（数据来源：中华人民共和国 2019-2023 年国民经济和社会发展统计公报）

　　综合分析可知，2023 年固定资产投资（不含农户）仍在增长，但增长速度与上年相比有所下滑。增速较高的五个行业为"电力、热力、燃气及水生产和供应业""建筑业""科学研究和技术服务业""居民服务、修理和其他服务业"及"信息传输、软件和信息技术服务业"。其中电力、热力、燃气及水生产和供应业增幅最大，相比于去年增长 23%，建筑业增幅为 22.5%，科学研究和技术服务业增幅为 18.1%，居民服务、修理和其他服务业增幅为 15.8%，信息传输、软件和信息技术服务业增幅为 13.8%。公共管理、社会保障和社会组织投资由 2022 年的增幅 42.1% 变为 2023 年的 -37%，变化幅度最大，房地产业固定资产投资（不含农户）增长速度相较去年变化不大，降幅为 -8.1%，房地产市场整体处于调整期。此外与造价行业相关度较大的建筑业增幅为 22.5%，相较于去年增长了 20.5 个百分点，处于增长状态。

　　受到市场需求变化和结构升级、居民消费观念转变、疫情及政策发布的影响，2019-2023 年各行业固定资产投资（不含农户）增速出现了不同程度的波动，如第二产业中的"电力、热力、燃气及水生产和供应业"及"建筑业"投资增速先降后增，经过 2021 年和 2022 年两年处理疫情带来的影响，二者投资增长率回升幅度较大，有明显的复苏迹象；在限购限贷政策以及宏观经济压力的作用下，房地产业固定资产投资增速逐年下降，由 2019 年的 9.10% 正增长转为 2023 年 -8.10% 的负增长；而"租赁和商务服务业"及"科学研究和技术服务业"投资增速先降后增再降，但总体上 5 年投资增速均为正增长，呈现稳步增长的发展趋势。

二、建筑业总体延续稳中趋缓态势

2023 年，全国建筑业企业（指具有资质等级的总承包和专业承包建筑业，不含劳务分包建筑业企业，下同）完成建筑业总产值 315911.85 亿元，同比 2022 年增长 1.26%。全国建筑业企业利润合计 8326 亿元，比上年下降 0.51%，其中国有控股企业实现利润 4019 亿元，增长 4.3%。

近十年，建筑业总产值及其增速如图 1-4-3 所示，从图中可以看出建筑业总产值近十年来一直呈增长趋势，而建筑业总产值增速则呈现波动趋势，在经历高位增长率之后往往会迎来一个下滑调整，调整之后又会迎来一个快速增长，总体来看，近五年建筑业总产值增速整体处于平稳波动状态。

图 1-4-3　2014—2023 年建筑业总产值及其增速

（数据来源：中国建筑业协会《2023 年建筑业发展统计分析》）

三、房地产业步入转型关键期

2023 年，房地产开发投资 110913 亿元，比上年下降 9.6%。其中住宅投资 83820 亿元，下降 9.3%；办公楼投资 4531 亿元，下降 9.4%；商业营业用房投资 8055 亿元，下降 16.9%。近十年的房地产开发投资额和增长率如图 1-4-4 所示，

图 1-4-4　2014—2023 年房地产开发投资额和增长率

（数据来源：中华人民共和国 2023 年国民经济和社会发展统计公报）

从图中可知，2014-2021 年来房地产开发投资额呈现增长趋势，从 2022 年开始已连续两年出现负增长，房地产开发投资额进一步降低，2023 年开发投资额与上年相比跌幅为 9.6%。

2023 年，商品房销售面积 111735 万平方米，比上年下降 8.5%，其中住宅销售面积下降 8.2%；办公楼销售面积下降 9.0%；商业营业用房销售面积下降 12.0%。商品房销售额 116622 亿元，下降 6.5%，其中住宅销售额下降 6.0%；办公楼销售额下降 12.9%；商业营业用房销售额下降 9.3%。

2023 年，房地产开发企业房屋施工面积 838364 万平方米，比上年下降 7.2%。其中，住宅施工面积 589884 万平方米，下降 7.7%。房屋新开工面积 95376 万平方米，下降 20.4%。其中，住宅新开工面积 69286 万平方米，下降 20.9%。房屋竣工面积 99831 万平方米，增长 17.0%。其中，住宅竣工面积 72433 万平方米，增长 17.2%。

2023 年，房地产开发企业到位资金 127459 亿元，比上年下降 13.6%。其中，国内贷款 15595 亿元，下降 9.9%；利用外资 47 亿元，下降 39.1%；自筹资金 41989 亿元，下降 19.1%；定金及预收款 43202 亿元，下降 11.9%；个人按揭贷款 21489 亿元，下降 9.1%。

2022 年 12 月–2023 年 12 月房地产开发景气指数如图 1–4–5 所示。

从房地产投资、房地产销售、开工面积、房地产开发企业到位资金、房地产开发景气指数等房地产领域指标综合来看，2023 年市场大环境遇冷背景下，市场持续低迷，全年房地产业景气指数在 1~4 月经历一个小幅增长之后又呈下降趋势，整体处于较低景气水平。

图 1–4–5　2022 年 12 月–2023 年 12 月房地产开发景气指数

（数据来源：国家统计局 2023 年全国房地产开发投资和销售情况）

第三节　技术环境

在市场化和数字化的双重背景下，工程造价咨询行业数字化转型，实质上是利用市场化数据驱动造价智能化管理。这就要求全行业紧密围绕建设领域深化改革的一系列政策规划和要求，立足国家信息化发展战略，依托云计算、大数据、人工智能、元宇宙等新一代数字化技术。通过深入挖掘造价资源的巨大潜能，确保其在建设监管和项目管理中发挥更加有力的支撑作用，从而在建设项目实施过程中扮演更加重要的角色。这不仅有助于提升工程造价咨询行业核心竞争力，更是实现行业高质量发展的必由之路。

一、云计算＋大数据技术加速工程造价咨询行业数字化转型新进程

云计算和大数据技术的应用正在加速工程造价咨询行业的数字化转型进程，为行业带来前所未有的机遇和变革。主要体现在以下几个方面：一是提升数据处理能力，通过云计算＋大数据技术，企业可以快速处理和分析大量工程数据，实现数据的实时更新和共享，大大提高工作效率，缩短项目周期，降低管理成本；二是数据分析能力的提升，通过云计算＋大数据技术对历史数据的学习和分析，不仅可以预测未来的市场趋势，为决策提供更有力的支持，还可以帮助工程造价咨询企业发现隐藏在数据中的规律和模式，从而优化服务流程，提高工作质量；三是增强客户体验，通过云计算＋大数据技术，工程造价咨询企业可以更好地与客户沟通，提供更加个性化的服务，从而提升客户满意度。总的来说，在工程造价咨询行业数字化转型过程中，云计算＋大数据技术发挥了重要作用，可以帮助工程造价咨询企业更好地管理和分析数据，提高决策效率和客户体验。

云计算和大数据技术在工程造价咨询行业的应用可以归纳为数据收集和存储、数据处理和分析以及应用和决策三个阶段。

1. 数据收集与存储

工程造价咨询行业涉及大量数据，包括项目信息、材料价格、劳务费用、市场行情等。这些数据可能来自多个渠道，如企业内部系统、外部数据库、市场调研等。利用大数据技术，可以有效地收集这些数据，并将其整合到一个统一的数据平台。收集到的数据需要存储在安全可靠的地方，以便后续分析和应用。云计算提供了高效、弹性且安全的存储解决方案。

2. 数据处理和分析

原始数据往往需要进行清洗、转换和格式化等处理，以便后续的分析。云计算平台提供了强大的计算能力，可以高效地处理这些数据。同时，大数据技术中的数据挖掘技术也可以用于从海量数据中提取有价值的信息。经过处理的数据可以通过各种算法和模型进行分析，以揭示数据背后的规律和趋势。这些分析可以帮助工程造价咨询企业更准确地预测工程造价、优化成本管理、提升市场竞争力。

3. 应用与决策

基于数据分析的精准洞察，企业能够制定更为科学合理的决策方案，进一步优化业务流程，进而显著提升服务质量，为客户提供更加精准、高效的专业咨询服务。

一批行业领先企业开发了企业级 OA+ 业务管理系统和造价指标数据库，搭建了全国分支机构在线协同办公平台，实现了造价咨询业务全流程信息化管理。企业基于"端＋云＋大数据"的平台生态，以数据自动沉淀和企业数据库为项目全过程咨询服务应用管理的主要目标，按地区、工程类型、建筑结构等对历史以往典型咨询成果分类入库，分析其人工、材料、项目等造价指标指数，建立起企业工程造价指标数据库和材料价格库。同时，数据库平台与公司业务管理平台相通，实现公司业务备案、立项、签约、现场造价管控、质控检查、成果文件签章和数据整理入库等任务的有效衔接。

二、时空人工智能助力工程造价咨询行业"动起来"

时空人工智能，作为人工智能领域的一种前沿应用技术，以时空为"索引"，实现对多源异构数据的时空化治理与融合。将地理空间智能、城市空间智能以及时空大数据智能等多个技术领域融为一体，为智慧城市、智能交通、智能园区等众多领域注入强大技术动力。工程造价咨询行业为政府和业主提供覆盖全过程的工程造价咨询服务，确保项目投资合理。传统的工程造价咨询工作往往依赖大量人力进行数据收集、处理和分析，这种方式不仅效率低下，而且容易因人为因素产生误差，进而影响决策的准确性。时空人工智能的引入，为工程造价咨询行业带来了前所未有的活力和深刻的变革。

一是时空人工智能实现了对工程造价数据的动态监测和实时分析。传统工程造价咨询工作往往依赖静态数据和模型，难以应对快速变化的市场环境和项目需求。而时空人工智能可以实时收集和处理各种时空数据，包括地理位置、时间变化、市场趋势等，从而为工程造价提供更为精准和及时的决策支持。

二是时空人工智能让工程造价咨询行业能够更好地预测和应对风险。通过对历史数据和当前市场趋势的深度学习，时空人工智能可以预测工程造价的变化趋势，帮助咨询人员及时发现潜在风险，并制定应对策略。这不仅可以降低项目的风险水平，还可以提高项目的投资回报率。

三是时空人工智能还可促进工程造价咨询行业数字化转型。通过构建数字化平台和应用，时空人工智能使得工程造价咨询工作更加高效、便捷和智能化。咨询人员可以通过平台快速获取所需数据和信息，进行自动化算量、计价和询价等操作，大大提高了工作效率和准确性。

四是时空人工智能还可推动工程造价咨询行业的创新和发展。随着技术的不断进步和应用场景的不断拓展，时空人工智能将为工程造价咨询行业带来更多可能性和机遇。咨询人员可以利用时空人工智能开发新的服务模式和应用场景，为客户提供更加全面和优质的服务。

综上，时空人工智能为工程造价咨询行业带来了更为精准、高效和智能的决策支持和服务。随着技术的不断发展，时空人工智能在工程造价咨询行业中的应用将更加广泛和深入，为行业的未来发展注入新的活力和动力。然而，虽然时空人工智能为工程造价咨询行业带来了诸多机遇，但其在行业的应用还处于起步阶段，仍需要进一步的探索和实践。此外，随着技术的不断发展，工程造价咨询人员也需要不断学习和更新自己的知识体系，以适应新的技术环境。

三、生成式人工智能开启工程造价咨询行业智慧化升级新篇章

生成式人工智能是指通过对话、问答等语言交互方式体现出来的智能行为。它涵盖了语义理解、知识表示、逻辑与推理、语言生成等各个方面，是人工智能最具挑战性、综合性的技术。通常，智能系统通过与用户或环境进行交互，并在交互中实现学习与建模。生成式人工智能正以其独特的交流方式和智能化特性，为工程造价咨询行业带来前所未有的智慧化升级。通过深度整合自然语言处理、语音识别、机器学习等技术，生成式人工智能不仅能够理解并回应咨询者的需求，还能根据历史数据和专业知识，提供精准、高效的工程造价咨询服务。

在工程造价咨询行业，智慧化升级意味着更高效的信息处理、更准确的成本预测以及更优化的决策支持。生成式人工智能通过自动化和智能化的方式，大幅提升了数据处理和分析的能力，从而帮助企业更好地应对市场变化和客户

需求。生成式人工智能还能够实现与咨询者的实时互动，提供个性化的服务体验。无论是对于工程造价的疑难解答，还是对于项目成本的控制建议，生成式人工智能都能够根据咨询者的具体需求，提供针对性的解决方案。此外，生成式人工智能还能够与工程造价软件等工具进行深度集成，实现数据的互联互通和信息的共享。不仅提高了工程造价咨询的效率和质量，还为行业未来发展奠定了坚实基础。

总的来说，生成式人工智能的赋能将推动工程造价咨询行业实现智慧化升级，提升行业的整体竞争力和服务水平。随着技术的不断进步和应用场景的不断拓展，生成式人工智能将在工程造价咨询行业中发挥越来越重要的作用，引领行业走向更加智能、高效的未来。

四、元宇宙开启工程造价咨询行业智慧化新纪元

元宇宙，这一由多个虚拟世界组成的综合性平台，近年来在科技、游戏、社交等多个领域引发了广泛讨论。元宇宙是一个空间维度上虚拟而时间维度上真实的数字世界，具有多方面的特点。从时空性来看，它提供了与现实世界不同的体验，让用户能够在一个全新的维度上进行活动和交互。从真实性角度来看，元宇宙既有现实世界的数字化复制物，也有虚拟世界的创造物，为用户提供了丰富的视觉和感官体验。而工程造价咨询行业，作为一个专注于提供工程造价预测、控制、审核、评估等服务的领域，正面临着行业升级和转型的迫切需求。将元宇宙技术应用于工程造价咨询行业，开启了工程造价咨询行业智慧化的新纪元。

在元宇宙的框架下，工程造价咨询行业可以实现更高效的数据处理和更直观的信息展示。利用元宇宙的虚拟现实技术，造价工程师可以创建出三维立体的工程模型，实现对工程项目全方位、多角度观察和分析。这不仅可以提高咨询的准确性和专业性，还能为客户提供更加直观、生动的咨询体验。同时，元宇宙的社交属性也为工程造价咨询行业带来了新的可能。在元宇宙中，造价工程师和客户可以建立虚拟的交互空间，进行实时的沟通和讨论。这种沉浸式的社交体验可以打破时间和空间的限制，使得双方能够更加便捷地进行合作和交流。此外，元宇宙的智能化特性也为工程造价咨询行业的智慧化转型提供有力支持。通过引入

人工智能、大数据等先进技术，元宇宙可以实现对工程造价咨询行业的智能化管理。例如，通过智能算法对工程项目进行自动化分析和预测，提高咨询的效率和质量；通过大数据分析对市场趋势进行精准把握，为咨询提供更加科学的决策依据。

元宇宙的崛起为工程造价咨询行业带来了前所未有的机遇和挑战。随着技术的不断进步和应用场景的不断拓展，元宇宙将开启工程造价咨询行业智慧化新纪元，推动行业向更高水平、更广阔领域发展。

第五章

行业存在的主要问题、对策及展望

第一节　行业存在的主要问题

一、低价恶性竞争仍然存在

近年来，由于工程造价咨询企业的数量增长迅速，企业间的业务量却相对不足，导致工程造价咨询行业市场集中度低、服务同质化竞争格局依旧未变。为了能够在激烈的市场竞争中获得一席之地，部分企业不得不采取低价恶性竞争的手段来争夺中标资格。这种做法不仅使得一些综合实力较强的企业在低价竞争中处于不利地位，更让他们缺乏技术创新和人才培养的动力，进而影响企业的长远发展。

同时，低价恶性竞争也暴露出部分企业诚信经营意识和自律意识的不足。这些企业为了赢得业务，往往忽视合同履行的重要性，不按照合同约定履行责任与义务。这类行为不仅导致咨询服务效率低下，工程项目的完成质量也大打折扣。不仅不利于公共资源的优化配置，更对工程造价咨询行业健康发展造成了不小的阻碍。长此以往，整个行业的声誉和形象都将受到严重损害，不利于行业的可持续发展。

二、市场公平竞争环境亟待改善

部分项目在招标时未能明确界定服务范围，导致投标单位在报价时存在模糊性，难以形成有效的价格竞争。这不仅增加了后期合同执行的风险，也影响了市场的公平竞争。招标信息的发布渠道有限或发布时间不合理，使得部分潜在投标单位无法及时获取招标信息，从而失去了参与竞争的机会。信息不透明还可能导致"暗箱操作"，损害市场的公平竞争。部分招标文件在编制时存在倾向性或歧视性条款，限制了某些投标单位的参与。此外，招标文件中的评分标准、技术要求等也可能存在不合理之处，导致评标结果难以反映投标单位的真实实力。

另外，部分工程造价咨询服务的评标仍过分依赖价格因素，忽视了投标单位的技术实力、服务质量、信誉度等非价格因素。这种单一的评标标准容易导致"低价中标"现象，损害市场的公平竞争。评标过程中存在信息不对称、专家意见不公开等问题，使得投标单位难以了解评标的具体过程和结果。这不仅影响了投标单位的积极性，也降低了评标结果的公信力。评标专家的专业水平和职业道德直接影响评标结果的公正性。部分评标专家在评标过程中可能存在主观偏见或利益输送等问题，导致评标结果偏离客观实际。

此外，采购中普遍采用最低价中标方式，虽然在一定程度上降低了采购成本，但也带来了诸多风险。低价中标可能导致中标单位在履行合同过程中偷工减料、降低服务质量等，损害政府利益和公共利益。

三、数字化转型举步维艰

工程造价咨询行业在新技术应用和数字化转型方面面临诸多难题，这些难题既源于技术本身的复杂性和行业特点，也受限于企业的资金人才和管理水平等因素，新技术应用的困难主要体现在技术门槛高、成本投入大、人才储备不足等方面。工程造价咨询行业数字化转型涉及的技术种类繁多，这些技术不仅要求造价咨询人员具备扎实的专业知识，还需要掌握相关的技术技能。然而，目前行业内的人才结构并不完全适应这种技术变革，导致新技术难以得到有效应用。新技术的引入和应用往往需要较大的资金投入，对于一些规模较小或资金有限的企业来说可能是一个沉重的负担。

工程数据获取通道尚不畅通且各地数据来源缺少上位法支持。数据来源多样化但分散，工程造价涉及的数据种类繁多，包括市场价格、工程量、施工进度、材料消耗等，这些数据往往分散在不同的单位、部门或系统中，难以实现有效整合和共享。标准化程度低，不同项目、不同单位之间的数据格式、标准不统一，导致数据交换和共享存在障碍，增加了数据整合的难度和成本。在工程造价领域，关于数据收集、处理、共享等方面的法律法规尚不完善，缺乏统一的标准和规范，导致数据来源的合法性和权威性难以保障。不同地区的政策环境、市场情况存在差异，导致数据来源的获取难度和成本也各不相同。

数字化的分析方法和指标发布方法尚待研究。工程造价数据的分析尚未形成一套科学、系统、高效的分析方法体系。不同分析方法之间的适用性、准确性等方面存在差异，影响了数据分析结果的可靠性和实用性。同时，工程造价行业缺乏统一的指标发布机制，导致不同单位、不同项目之间的指标难以进行比较和评估。而且，指标发布的时效性、准确性等方面也存在一定问题，影响了行业内的数据共享和交流。在数据分析方法和指标发布技术的研究方面，目前还存在一定的滞后性。随着大数据、人工智能等技术的不断发展，需要加强对这些技术在工程造价领域的应用研究，以推动行业的数字化转型。

数字化转型困难还体现在缺乏明确的转型战略、数据整合和处理能力有限、标准和规范不完善等方面。数字化转型不仅是技术层面的变革，更是涉及企业运营模式、组织架构、文化等多方面的全面转型。然而，目前很多工程造价咨询企业对于数字化转型的认识还不够深刻，缺乏明确的转型战略和规划。同时，由于行业内数据整合和处理能力有限，缺乏统一的数据标准和规范，导致数字化转型的进程受到阻碍。此外，新技术应用和数字化转型还面临着行业接受度低、风险高等问题。受传统执业习惯的影响以及对新技术的信任度不足，一些企业和个人可能对新技术的接受度不高，导致新技术难以在行业内得到广泛应用。当然，新技术和数字化转型带来的风险也不容忽视，如数据安全风险、技术风险等，需要企业加强风险管理和防范。

四、新兴市场开拓不足

在当前的工程造价咨询行业中，传统业务如投资估算、清单编制、招标投标报价等占据了较大的市场份额。因为这些业务是工程造价咨询行业的基础和核心，也是客户关注的焦点。同时，由于这些业务的标准化程度较高，易于操作和掌握，企业也乐于从事这类业务。然而，随着工程建设项目规模的增大和复杂性的增加，仅仅依靠传统的业务已经无法满足客户的需求。在这种情况下，全过程工程咨询作为一种新型的业务模式，受到了越来越多的关注。

尽管全过程工程咨询具有很大的潜力和市场前景，但在目前的工程造价咨询行业中，其市场份额仍然较小，在某些地区的占比更低。这主要有以下几个原因：一是全过程工程咨询涉及的业务范围广，需要造价工程师具备更高的专业素养和实践经验；二是全过程工程咨询的服务周期长，需要投入更多的人力和物力；三是全过程工程咨询的价格较高，客户接受度有限。这些问题的存在，使得工程造价咨询企业在全过程工程咨询市场中的竞争力不足，难以有效开拓新的业务领域。

第二节　行业应对策略

一、建立全国统一的信用评价标准

当前，我国信用评级体系面临全国与地方层面交叉运行、标准参差不齐的困境，部分地区利用地方信用评级壁垒实施区域保护主义，阻碍了市场的公平竞争与资源的自由流动。建立全国统一信用评级机制，确保信息的透明度和一致性。在此基础上，丰富信用评级的层级设置，通过细化评价标准，拉大评级级次，以更精准地反映企业的信用状况与综合实力。这不仅能净化行业环境，还能为委托方提供更加清晰、可靠的参考依据。长远来看，统一的信用评级体系将成为衡量造价咨询企业专业水平和服务质量的重要标尺，引导行业向规范化、专业化、高质量方向发展，最终促进造价行业的理性竞争与整体健康繁荣。

二、完善收费标准和招标模式

当前，造价咨询行业在收费标准方面缺乏全国性的指导文件。部分省市虽已尝试制定区域性的收费指导标准，但这些标准往往覆盖范围有限，细节不够详尽，难以全面指导行业实践，更无法形成全国性的统一标准。建议由行业协会制定一套全面、科学、合理的行业收费参考性标准，或发布企业成本构成清单等，充分考虑不同服务类型、项目规模、复杂程度等因素，确保内容详尽、覆盖面广，为行业提供清晰、透明的收费依据，促进市场的公平竞争与健康发展。

同时，针对造价咨询服务招标模式，建议公共资源交易及政府采购等市场监管部门应发挥引导作用，解决当前恶意低价中标的现实问题。咨询服务的特殊性在于其标的物多为智力成果，难以量化比较，因此，单纯的价格竞争往往无法真实反映企业的服务质量和专业水平。长此以往，不仅会挫伤优质企业的积极性，损害其合法权益，还会让委托方陷入选择困境，难以获得高质量的咨询服务。影响整个行业的服务水平和声誉。因此，应倡导建立更加科学合理的招标评价体系，综合考虑企业实力、过往业绩、服务质量等多方面因素，确保招标结果既能体现市场规律，又能保障行业健康发展。

三、加强工程造价咨询市场综合监管

为了加强工程造价咨询市场的综合监管，确保市场公平竞争和健康发展，行业需要进一步修订和完善相关法律法规，明确工程造价咨询企业权利、义务和责任，为市场监管提供坚实的法律基础。行业应着重引导建设单位承担起造价管控职责。建设单位提升造价管控能力的关键在于合理设定并分解成本目标、制定详细的合约规划、推行限额设计原则、清晰界定标的物范围、实施限额招标采购策略，以及采用动态方法监控投资变化，这一系列措施更为关键，而非单纯依赖于特定的计算方式或计价依据。此外，还应有效规范建设单位与施工单位的行为，确保双方在造价管理过程中的合作与监督，共同促进项目的经济性与效率。

推行工程造价咨询项目信息公开制度，建立信息共享平台，减少信息不对称，并对发现的工程造价咨询企业及造价从业人员执业、成果文件编制违法违规行为，在国家企业信用信息公示系统向社会公示，提高市场的公平性。鉴于造价咨询服务直接影响项目总投资的特殊性，建议规定一定规模的造价咨询项目信息必须在法定媒体上公开，以增加咨询机构的参与机会，避免项目委托过程中的不公正现象。引导工程造价咨询企业提升综合性、跨阶段、一体化的咨询服务能力，开展以投资管控为核心的全过程工程咨询服务，提升建设项目成本控制和价值管理水平，从而更好地满足市场需求。同时，工程造价咨询企业应加快数字化、信息化、智能化转型，以提升服务的效率和质量。

此外，行业应发挥引领作用，促使施工企业遵循市场秩序，维护市场的公正与透明，坚决抵制虚报工程量以及高估成本等不端行为，共同营造一个基于诚信、追求共赢的行业氛围。同时，鼓励施工企业建立并完善企业定额体系，这一体系是基于企业自身独特的施工技术水平、高效的管理能力以及详尽的工程造价数据而制定的，用于指导企业内部的人工、材料消耗及机械台班使用的标准。企业定额不仅是施工企业在参与投标时制定合理报价的重要参考，也是企业内部进行成本核算与管理的基础。然而，当前现状是，多数施工企业尚未建立起完善的企业定额体系，导致许多高效的管理策略因缺乏这一基础而无法有效实施，进而出现了"以包代管"等管理漏洞。因此，加强企业定额管理不仅是施工企业提升自我竞争力的内在需求，也是顺应行业发展趋势、实现可持续发展的必由之路。

四、创新推动数字化转型战略

在技术创新与应用方面，应鼓励企业与研究机构、高校等合作，共同研发适用于工程造价咨询行业的新技术，如更精确的建模软件、数据分析工具等。设立行业技术研发基金，对在新技术应用方面取得突破的企业或团队给予奖励。加大对工程造价咨询行业人才的培养力度，通过开设专业课程、举办培训班等方式，提高从业人员专业素养和技术水平。引进具有相关经验和技能的人才，尤其是具备新技术应用能力的复合型人才。

行业应制定明确的数字化转型战略，明确转型的目标、路径和时间表，确保转型工作的有序进行。建立数字化转型的评估机制，定期对转型进展进行评估，及时调整策略。建立统一的数据标准和规范，确保数据的准确性和一致性。采用先进的数据整合和处理技术，提高数据处理效率和准确性，根据各个细分行业领域，建立统一的结构化数据标准，便于各方能够基于统一的标准来收集数据，且数据颗粒度、精细化程度能够满足其他项目借鉴的需要，为决策提供有力支持。

修订和完善工程造价咨询行业的规范和标准，完善全国的指标、指数体系，便于对历史的、异地的数据进行修正并借鉴使用，确保新技术和数字化转型的顺利进行。加强行业监管，确保企业遵循相关规范和标准，推动行业的健康发展。鼓励工程造价咨询企业之间加强合作，共同推动新技术应用和数字化转型的进程。

在数字化转型过程中，工程造价咨询行业可以结合其他行业优秀数字化转型策略，并结合自身行业特点，制定符合行业情况的数字化转型战略。鼓励社会力量建立有效的数据运营生态，运用大数据、云计算和人工智能等技术，挖掘数据规律，搭建数据平台，在更大的层面形成数据的分享与互联互通。例如，行业可借鉴金融业利用大数据和人工智能技术，实现精准的风险评估和业务决策的数据驱动策略及云端技术运用，学习利用项目数据、市场价格信息等，进行成本预测、风险评估和决策支持；利用云技术，提高数据处理效率，确保数据安全。抑或借鉴制造业通过引入自动化设备和系统，实现生产流程的优化和效率提升的策略，利用自动化工具实现项目文档的自动生成、成本估算的自动化，提高工作效率。

五、提升企业服务能力，不断拓展服务领域

企业应打破传统业务的局限，开展多元化发展战略，全面拓宽执业广度。不仅要顺应国家发展方针，积极进军轨道交通、能源、航空等新兴市场，以寻求新的收入增长点；还要结合自身优势，将业务从工程实施和竣工结算阶段向前后延伸，提供包括前期决策咨询、项目融资咨询、工程监理和项目管理服务，以及工程造价经济纠纷的鉴定和仲裁咨询等多元化服务。这样的战略调整有助于企业实现业务的多元化布局，满足不同客户的需求。

为拓宽工程造价咨询业务领域，企业应延伸服务链条，形成工程项目全生命周期的一体化服务体系。通过兼并重组或开展战略合作，企业可以充分发挥自身专业优势，拓展项目策划、合同管理、项目运营维护等相关业务，以延伸企业价值链，提高企业核心竞争力。这种全方位、全过程的咨询服务将有助于企业适应国际造价咨询市场的竞争需求，实现可持续发展。

企业应大力发展精细化业务提升执业深度。针对当前低水平、同质化竞争问题，企业应加大创新投入，引入价值管理等先进理念，运用信息化技术手段，凝聚高端人才，以提供差异化服务，满足高端造价咨询业务的咨询精度和深度要求。这种精细化服务不仅有助于提升企业核心竞争力，还能为客户提供更加专

业、高效的服务体验。

　　企业应高度重视综合型、复合型人才的培养与发展。在引导工程造价咨询从业人员时，不仅要强化他们在"算量计价"方面的专业能力，更要鼓励并帮助他们掌握跨学科的知识与技能，包括但不限于管理、经济、法律、工程技术以及信息技术等。同时，还应注重提升这些人才在构建高效投资管控体系、合约管理能力、不同管控模式下的风险控制策略，以及运用数字化、智能化工具进行高效作业的能力。通过这些综合性的培养措施，使工程造价咨询人员能够全面适应并引领现代造价咨询行业的发展趋势。

第三节　行业发展展望

一、AI 赋能的工程造价咨询服务市场前景广阔

1. 智能决策提高工作效率

　　随着 AI 技术的迭代与行业大模型的加持，通过 AI 实现企业赋能和增效降本将会成为未来工程造价咨询服务市场的主流趋势。在建筑工程中，造价及资源管理复杂繁琐，虽然目前对象技术和数据库技术使得工程量及成本信息能够快捷且准确的获得，然而工程管理中有太多的重要决策需要进行大数据分析。利用人工智能对造价信息进行数字化重构、实现数据积累之后通过算法优化实现数据利用价值提升，然后再回到积累增加的反馈过程。通过提炼各种场景中自用和他用数据的价值，实现自动化报价、成本优化、智能决策支持等功能，减少人工操作的时间和错误率，提高工作效率和质量。例如，提出适用于市场行情研判和行业指导的指标模型构建方法，用深度学习模拟预测工程项目成本管控结果，实现基于价值链的工程项目降本增效的目的。

　　未来将人工智能应用在造价信息管理上能加速信息资源利用的效率，能从根本上优化信息资源合理配置的问题。通过智能分析与预测，企业更加清晰地了解项目各阶段、各环节的资源需求，进而实现资源的精准投放与动态调整。这种基于数据的资源配置方式，不仅提高了资源的利用效率，降低了浪费与冗余，还增强了企业对市场变化的响应能力与竞争力。

2. 全过程造价服务模式的优化

随着 AI 算法的不断精进与计算能力的飞跃式提升，其潜力在工程造价的精细化管理及全生命周期造价管理中愈发显著，预示着更为深远的应用前景。这一变革不仅致力于大幅度削减低效劳动，更将人力资源从繁琐任务中解放出来，聚焦于价值创造与战略决策，从而为企业实现质量跃升与效率倍增注入强劲动力。

未来 AI 对工程造价服务模式创新的深远影响将全面覆盖业务链条的每一个环节。从基础数据的高效处理，到自动化预结算流程的精准执行，再到设计方案基于大数据与智能算法的深度优化，乃至风险预测与控制的智能化升级，AI 正逐步构建起一个更加智能、高效、精准的造价服务体系。这一系列变革不仅加速了行业数字化转型的步伐，更为造价咨询行业开辟了一条通往智能化、精细化管理的新路径。

3. 成本管控与"双碳"目标相关联

随着智慧建筑、绿色建筑与智能生活理念的蓬勃兴起，建筑项目的复杂性与持久性显著增强，其影响因素亦呈多元化趋势。传统依赖人工预测与规划推算的成本控制手段，难以应对当前挑战。因此，引入 AI 技术至建设项目全过程的造价管理中，特别是构建成本与碳排放的智能化关联体系，成为破解难题的关键。

利用 AI 技术实现建设项目全过程造价中的成本与碳排放关联，通过将大数据信息化平台深度融合于建筑企业的成本管理体系，不仅可以通过仿真建模等技术对建筑企业的各个环节进行精准的成本预测，省去了之前各种繁琐不精准的人工计算预测管控成本，而且信息共享，大大缩短了成本控制时间，使得工程成本管理更加高效。将"双碳"目标与建筑全生命周期的成本控制和优化联系起来，成本预警动态指标的确定以及相关样本信息分类处理、筛选方法设计，是建筑行业实现"双碳"目标的最佳途径。

4. 利用 AI 技术搭建设计造价一体化平台

未来造价一体化聚焦于优化并整合面向政府端（包括公共资源交易、住建、财政、发改、审计等部门及造价管理机构）的服务体系，核心聚焦于两大关键领域：一是深化在公共资源交易中心的市场监管效能，通过精细化管理与技术创新，提升市场运作的透明度与效率；二是强化各地住房和城乡建设部门在现场的精细化管理能力，确保项目执行过程的合规性与高效性。实现这两类关键主管部门间的数据无缝对接与场景深度融合，可促进信息流通与资源共享，为政府决策提供坚实的数据支撑与智能化辅助，全面提升政府治理能力与公共服务水平。

利用 AI 数字化技术搭建数字化设计造价一体化平台，让造价随设计方案同步完成，AI+ 大数据，可实现实时生成客户档案，利用内容创建个性化体验，联通各渠道，构建造价行业生态等。AI 数字平台的搭建分为三个阶段：第一阶段为数字造价工具，主要提供原始数据；第二阶段为数字造价管理，包括企业造价数据库、数字造价站（定额）、数字交易中心等，经大量的数据沉淀后，形成专业结果数据；第三阶段为大数据 +AI，AI 平台可以为客户提供推荐的方案，增加工具产品和管理系统的价值，推进行业技术革命，从而为整个行业的成本管理提供指导和参考。

二、工程造价市场化改革将加速行业发展步伐

1. 工程造价信息公共服务水平将逐步提升

目前，利用大数据、云计算、人工智能等现代信息技术构建智能化、网络化的工程造价信息平台已成为造价信息化发展的主流。平台将集成海量造价数据，实现数据的快速采集、处理、分析及共享，为行业内外用户提供即时、精准的造价信息服务。未来借助工程造价信息标准化和规范化的不断完善，统一的数据格式、合理的编码规则和精准的分类体系，将有助于提升信息的使用效率和准确性，促进信息在不同主体间的顺畅流通。

同时根据市场需求，工程造价信息公共服务的内容将不断丰富，其功能远不止基础性的材料价格查询与人工费用估算。业务未来将会深度拓展，涵盖政策法规的深度解读，助力企业精准把握行业脉搏；引入造价指标的专业分析，为项目预算提供科学依据；增设风险评估与预警功能，有效防范潜在成本超支风险；并构建丰富的案例库资源，为行业同仁提供可借鉴的案例与指南。这一系列举措旨在全方位、多角度地赋能行业参与者，提供更加全面、深入且前瞻性的决策支持。

2. 工程造价咨询市场综合监管能力将不断提升

工程造价咨询市场的综合监管能力正全面提升，这一转变不仅是对市场规范化发展的积极响应，更是推动行业高质量前行的关键驱动力。随着技术的不断进步和监管体系的日益完善，监管手段正逐步实现智能化、精准化，能够更加高效地识别市场风险、预防违规行为，并及时采取有效措施进行干预。跨部门协作将成为未来主要趋势，多目标管理形成监管合力，确保监管措施的有效执行。此外，行业自律机制的建立，鼓励工程造价咨询企业加强自身管理，将对提升服务质量，共同维护市场的公平竞争秩序起到重要作用。

政府及相关部门逐步提升对工程造价信息公共服务领域的政策引领与支持，通过制定合理的政策框架，为行业明确发展目标。为激发市场活力，政府将采取财政补贴、税收优惠等激励手段，积极动员并鼓励社会资本的广泛参与，构建一个政府有力引导、市场高效驱动、社会各界积极参与的多元化、协同化发展模式，共同推动工程造价信息公共服务向更高质量、更深层次发展。

三、工程造价咨询服务将深度融入工程咨询产业链、创新链和价值链

1. 造价咨询全链条服务创造价值增值

工程造价咨询服务将深度融入工程项目的每一阶段，其核心在于为项目带来组织效能的跃升、管理效率的精进、经济效益的最大化及技术创新的推动，实现建设运营全链条的无缝衔接与价值增值。未来将更加注重服务的个性化与独特性，咨询机构通过打造差异化服务策略，以独特价值赢得市场。

在项目的整个生命周期中，随着项目进程的推进，工程造价咨询的价值将日益显著，成为推动项目成功不可或缺的力量。全过程工程咨询服务则将原本分散、各自为政的咨询环节高效整合，形成一个统一、协同的整体，极大地降低了咨询工作的交界面复杂度与协调成本，为项目量身打造全方位、一体化的解决方案与管理服务。以设计阶段的价值管理为例，它要求咨询机构在策划时即综合考虑施工技术的可实施性与成本效益，同时前瞻性地纳入运维阶段的维护成本，力求在全生命周期内实现成本的最优化控制。此外，借助大数据与价值链分析的前

沿技术，能够精准识别工程造价咨询服务中的关键价值环节，明确各活动对整体价值的贡献，进而精准调配资源，优化作业流程，全面提升价值链的运作效率与整体效能，为项目创造更大价值。

2."三链"融合实现企业绿色转型升级

工程造价咨询服务的产业链、创新链与价值链的深度融合，是一个持续探索与渐进式整合的动态过程。当前，行业各参与主体正积极通过优化资源配置策略、激发创新潜能、强化价值创造能力，稳步迈向工程造价咨询服务的高质量发展之路。这一进程的核心在于"三链"的协同与高效融合，它是企业及其所在产业实现可持续发展的关键驱动力。未来造价咨询企业将依托"三链"融合的战略布局，科学整合创新资源、生产流程与价值创造要素，促进各要素间的优势互补与无缝对接，有效打破传统界限，构建开放共享的新生态。在此过程中，创新链与产业链对知识与技术的高度重视，将共同驱动企业向科技引领、绿色环保、服务卓越的方向转型，形成科技创新型、绿色发展型、服务导向型的全新发展模式。

"三链"融合将不仅深化企业对资源节约与环境保护的认识，激发其绿色转型的内生动力，还将在设计、生产等多个关键环节推动绿色产业链的构建与优化，实现全链条的绿色化升级。同时，这一变革也将促进建筑企业生产流程的精细化管理，促使企业主动调整与优化自身产业链结构，以适应市场变化与可持续发展需求，从而在激烈的市场竞争中占据先机。

四、造价数据治理体系建设与造价数据资产入表，助推行业数字化发展

党的十九届四中全会在明确提出将数据作为一种新型生产要素的同时，要求健全数据由市场评价贡献、按贡献决定报酬的机制。中央全面深化改革委员会第二十六次会议审议通过的《中共中央 国务院关于构建数据基础制度更好发挥数据要素作用的意见》指出，要以促进数据合规高效流通使用、赋能实体经济为主线，以数据产权、流通交易、收益分配、安全治理为重点，有序培育资产评估、风险评估等第三方专业服务机构，提升数据流通和交易全流程服务能力，标志着我国开始探索企业数据资产化的具体路径。

2023年8月，财政部发布的《企业数据资源相关会计处理暂行规定》(财会〔2023〕11号)，首次确定了数据资源的适用范围、会计处理标准以及披露要求等内容。

国家层面关于数据资产系列政策意见的发布，为工程造价咨询企业海量数据资产开发与利用提供了制度保障和发展路径。工程造价咨询业应加快开展造价数据治理体系建设，第一，从战略层面出发制定完整、规范、有效的数据治理体系，明确数据治理战略目标，保障数据治理工作有效实施。数据治理应以"提升数据价值"为目标，以"推动业务发展"为导向，以"持续提升数据质量"为抓手，围绕建设"数字造价"战略目标，在全行业建立起全面覆盖、协调一致、科学规范的数据治理体系。第二，建立统一的数据标准，提升数据质量。数据治理体系作为组织体系，提供统一的数据标准和规范，是确保数据质量的关键。该体系有助于支撑行业数字化转型，为其提供所需数据基础和规范，以适应快速变化的市场环境和客户需求。通过实施数据治理，可以更好地整合和优化数据资源，提高数据处理效率，确保数据的可靠性、一致性和安全性。第三，建立完善的制度体系，为数据治理提供制度保障。制定完善的数据治理制度体系，将数据治理纳入企业治理体系，明确企业相关部门和人员职责任务，将数据治理具体流程和方法纳入内部管理制度。建立完整的数据治理体系，保障数据治理工作有效实施，并建立与之相适应的管理机制。造价咨询企业应建立数据全生命周期管理机制，包括从战略规划到数据资产化管理，到数据质量提升，再到数据价值实现等全流程的管控机制。

工程造价咨询业在加快开展数据治理体系建设的同时，还要尽快开展造价数据资产入表。按照"数据二十条"要求，造价咨询企业应完成造价数据资产成本归集、收入与成本匹配、按成本进行初始计量、后续计量、财务报表列示和提供其他自愿披露的信息等。

数据资产入表是一项复杂的系统工程，需要造价咨询企业各部门通力配合，特别是信息技术部门、造价业务部门和财务部门的协同努力。目前，数据资产入表的理论与实践还在不断探索发展之中，工程造价咨询企业应继续保持开放、创新心态，持续优化数据资产管理和数据资产入表方法与入表流程，使工程造价咨询业在数字经济时代始终占据有利地位，助推工程造价咨询业数字化发展。

第二部分

地方及专业
工程篇

第一章

北京市工程造价咨询发展报告

2023 年，北京市工程造价咨询行业蓬勃发展，业务类型多元并进，市场规模不断扩大。随着城市化进程加快和营商环境的优化，行业聚焦于差异化发展、优化人力资源配置、提升人才综合素养、增强业内外交流，展现出了广阔的发展前景。此外，行业管理逐步迈向规范化，科技创新应用不断提升，为工程造价行业的持续发展注入了源源不断的新动力。

第一节　发展现状

举办了多场研讨会和交流活动，促进了行业内的信息共享和经验借鉴。

组织了丰富的培训课程和研讨会，提升了从业人员的专业素养和综合能力。这些活动不仅涵盖了招标投标、工程造价等核心业务领域，还涉及了行业前沿技术和新兴管理模式，为行业的创新发展注入了新的活力。积极参与国际和地区间的行业交流活动，拓宽了国际视野，引进了先进的行业理念和技术。推动行业标准的制定和完善，提升了行业的整体竞争力。

第二节　发展环境

一、政策及监管环境

为推动行业的健康和可持续发展，2023年政府不仅加大了政策支持力度，还大幅提升了监管效能，为造价咨询行业的繁荣奠定了坚实基础。

1. 政策支持的全面升级

政府高度重视造价咨询行业的战略地位，通过一系列举措全面升级政策支持。首先，完善并修订了相关法律法规，为行业提供了坚实的法律保障，如强化工程造价咨询行业管理办法，明确了行业准入、业务范围和执业规范，保障了咨询服务的专业性和权威性。北京市作为政策实施的先行区，印发了《2023年北京市全面优化营商环境工作要点》，明确提出优化产业发展环境，推进京津冀协同发展，为工程造价咨询企业打开了更广阔的市场空间。通过精简行政审批、优化审批流程，如实现全程网办率超95%，企业注销公告期缩短至20天等，显著降低了企业的制度性交易成本。

同时，政府加大财政扶持力度，设立专项资金，提供税收优惠，鼓励企业加大研发投入，提升技术水平和服务质量。此外，积极推广PPP等模式，吸引社会资本进入工程造价咨询领域，拓宽融资渠道，推动行业多元化发展。

2. 监管力度的显著增强

在政策支持的同时，监管部门对工程造价咨询行业的监管力度也显著增强。

一是加强了对工程造价咨询企业的资质管理和执业监督，通过严格审查企业资质、加强执业人员培训和管理，提升行业整体素质和服务水平。

二是监管部门加强对工程造价咨询市场的监管，打击不正当竞争、查处违法违规行为，规范市场秩序，维护公平竞争。同时，加强对工程造价咨询服务的监督和评估，确保咨询成果的质量和可靠性。

三是北京市在监管体系建设方面的成就尤为突出，建立了完善的市场监管体系，实施以"风险＋信用"为基础的一体化综合监管，有效减少了检查事项，提

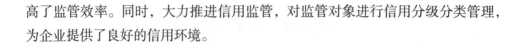

高了监管效率。同时，大力推进信用监管，对监管对象进行信用分级分类管理，为企业提供了良好的信用环境。

二、营商环境

2023 年，工程造价咨询行业的营商环境呈现出了更加优化和活跃的局面。其中，北京市在营商环境优化方面的努力和成果尤为显著，持续优化营商环境，坚持放管结合、优化服务的原则，为企业提供了更加便捷、高效、公平的发展平台。具体而言：

一是推出了一系列"一件事"集成服务，如企业变更、企业注销、餐饮店开办等，通过强化系统集成、业务协同和数据共享，提高了服务效率。特别是为加快恢复和扩大消费，率先推出大型演出、体育赛事、展销活动"一件事"，改革后申请材料平均压减 40%，办理时限平均压减 81%。

二是推进京津冀协同服务，聚焦创新协同、产业协作，与京津冀地区共同推进营商环境优化提升。新增 8 个以上区（市）营业执照异地办理、发放、领取，推出第二批京津冀企业资质资格互认清单，实现 20 个以上事项互认，新增 100 项以上"区域通办"政务服务事项。

对于工程造价咨询企业来说，北京市的营商环境优化带来了诸多利好。首先，政策环境的宽松和稳定，为企业提供了更多的发展机遇和空间。企业可以更加自由地开展业务，探索新的市场领域，提升服务质量和竞争力。

三、技术发展环境

随着大数据、人工智能、云计算和物联网等先进技术的进步，工程造价咨询行业正迎来新的发展机遇。新技术的应用有助于提高咨询服务的效率和质量，推动行业向数字化、智能化转型。

随着 AI 技术的日益成熟，北京市的工程造价咨询企业开始利用人工智能进行风险评估、成本预测和项目监控，极大提高了决策的科学性和项目的管理效率。此外，大数据分析帮助企业深入理解市场动态和成本变化趋势，从而更有效地控制预算和规避风险。

同时，北京市已有部分工程造价咨询企业积极采用云计算技术，致力于实现项目数据的集中化存储与高效协同共享，以推动工作效率与数据管理能力的双重提升。一些先进的工程造价咨询企业也开始引入物联网技术，对工程现场进行实时监控，通过安装传感器和智能设备，企业能够实时收集项目进度、材料使用、施工质量等关键数据，这些数据不仅提高了项目管理的透明度，还使企业能够及时发现并解决潜在问题，提高了项目的响应速度和执行效率。

北京市政府也积极推动技术创新和行业升级，加强与高校和科研机构的合作，鼓励企业增加研发投入，支持新技术在工程造价咨询领域的应用和推广。这些政策有效促进了行业技术进步，提升了整个行业的竞争力，并为企业的可持续发展注入了新动力。

第三节　挑战及机遇

一、主要挑战

随着行业的发展和外部环境的变化，2023年工程造价咨询行业所面临的挑战更加复杂和多元。

1. 外部环境的变动

一是全球经济形势的不确定性。全球贸易紧张局势、地缘政治风险等因素可能导致建设项目的投资计划推迟或取消，从而影响工程造价咨询行业的业务量。

二是环境与可持续性压力。随着全球对环境保护和可持续发展的重视，工程造价咨询行业需要在项目规划和实施过程中更加注重生态平衡和资源节约，这不仅增加了项目的复杂性，也对咨询公司的专业能力和创新思维提出了更高要求。

三是国内政策调整。随着国家对基础设施建设和房地产市场的调控力度加大，工程造价咨询行业的市场环境将进一步变化。政策导向的变化将要求企业更加谨慎地开展业务，并注重提升服务质量、专业水平，保证服务的标准化和规范性。

2. 行业内部的挑战

一是市场竞争加剧。随着工程造价咨询市场的不断开放和竞争加剧，企业之间的价格战和服务战愈演愈烈。如何在保证服务质量的前提下降低成本、提高效率，成为工程造价咨询企业需要重点考虑的问题。

二是业务范围的局限性。我国大多数造价咨询企业的业务范围往往局限于特定行业、特定区域，服务同质化严重，缺乏跨行业、跨区域的业务拓展能力。这在一定程度上限制了企业的成长空间和市场竞争力。

3. 技术革新的挑战

数字化、智能化技术的应用正在逐步改变工程造价咨询行业的业务模式和工作流程。如何紧跟技术发展的步伐，提升企业的技术创新能力和数字化转型能力，成为工程造价咨询企业面临的又一重要挑战。这要求企业必须具备相应的技术能力和人才储备，以应对技术革新带来的挑战。企业还需要加强网络安全和数据保护，确保信息的安全性和完整性。

4. 社会责任和企业治理

社会对企业的社会责任和治理结构有更高的期待，工程造价咨询企业需要在环境、社会和治理（ESG）方面做出表率，这涉及企业运营的各个方面，从供应链管理到员工福利。

面对这些挑战，工程造价咨询企业需要采取积极措施，如加强内部培训、优化人才结构、加大研发投入、提升服务质量、加强风险管理和建立合作伙伴关系等，以确保在竞争激烈的市场中保持领先地位。

二、发展机遇

2023 年，工程造价咨询行业在面临挑战的同时，也将迎接多方面的发展机遇。

1. 政策支持与改革红利释放

政府对建筑业和工程造价咨询行业的持续政策支持，为行业的健康发展注入了强大动力。简化行政审批流程、鼓励行业创新和提升服务质量等措施，为咨询企业创造了良好的经营环境。此外，政府对新型基础设施建设和智能化升级的重视，为工程造价咨询行业开辟了新的业务领域和增长点。

2. 行业标准化与集成服务需求增长

随着行业标准的不断完善和服务质量的提升，客户对一站式、全方位的咨询服务需求日益增强。工程造价咨询企业需要提供从项目策划、设计、施工到后期运营和维护的全过程咨询服务，以满足客户对集成化服务的需求。这有助于企业增强市场竞争力，实现新的增长空间。

3. 数字化与技术创新引领变革

数字化转型为工程造价咨询行业提供了提高效率、降低成本、增强服务质量的机遇。通过采用建筑信息模型（BIM）、虚拟现实（VR）、大数据分析和人工智能等技术，咨询企业能够提供更加精准和高效的服务，满足客户在设计、施工和运营等各个阶段的需求。

4. 新型城镇化与基础设施投资浪潮

随着国家对新型城镇化战略的深入推进，以及对基础设施网络的现代化升级，工程造价咨询行业将迎来大量新的项目机会。城市规划、交通建设、绿色建筑、智能城市等项目对专业咨询服务的需求日益增长，为行业提供了广阔的市场空间。

5. 可持续发展与绿色转型趋势

全球对可持续发展的高度关注，促使工程造价咨询行业向绿色转型迈进。企业和政府部门纷纷寻求专业咨询服务，以实现减排目标、提高能源效率、采用环保材料。这不仅涵盖了传统的环境影响评估，还扩展到绿色金融、清洁能源项目等新兴领域，为行业带来新的增长点。

6. 国际化发展拓展新视野

随着中国企业在全球范围内的基础设施投资和工程建设活动不断增多，工程造价咨询行业也迎来了国际化发展的新机遇。通过积极参与国际竞争和合作,工程造价咨询企业可以拓展业务范围,提升品牌影响力,实现国际化发展。

为了抓住这些发展机遇,工程造价咨询企业需要不断提升自身的专业能力,加大技术研发投入,拓展国际视野,深化与政府、企业和其他专业机构的合作。只有这样,才能确保在行业竞争中保持领先地位,实现可持续发展。

三、发展前景

随着全球经济的持续复苏和各地基础设施建设的不断推进,工程造价咨询行业在 2024 年将继续保持较好的发展势头。

1. 全过程工程咨询占比不断提升

全过程工程咨询业务的比重不断攀升,这一趋势标志着行业正逐步向整合化、专业化方向迈进。全过程工程咨询通过整合行业内顶尖的工程造价咨询能力,不仅增强了企业的核心竞争力,还促进了整个行业向更高质量的发展阶段跃升。因此,全过程工程咨询业务的扩展与优化,不仅是当前行业发展的重点方向,也是实现行业转型升级、提升整体服务水平的必由之路。

2. 市场需求持续增长,行业规模不断扩大

随着城市化进程的加速和基础设施建设的不断完善,工程造价咨询行业将面临持续增长的市场需求。特别是在新兴市场和地区,基础设施建设的需求尤为旺盛,市场竞争的激烈程度也将持续增加。同时,随着技术的不断进步和工程复杂性的增加,客户对专业咨询服务的需求也将不断提升,进一步推动工程造价咨询行业的规模扩大。

3. 技术创新引领行业升级,数字化转型成为趋势

在数字化浪潮的推动下,工程造价咨询行业将加速技术创新和数字化转型。通过引入大数据、云计算、人工智能等先进技术,工程造价咨询企业可以更加高效地进行项目规划、设计、施工和运营,提高项目管理的智能化水平。同时,数字化转型也将促进工程造价咨询企业之间的信息共享和协同合作,提升整个行业的效率和竞争力。

4. 人才培养和知识管理的重视

面对行业的快速发展和市场竞争的加剧，工程造价咨询企业越来越意识到人才培养和知识管理的重要性。预计将有更多的企业投资于员工培训、职业发展和知识共享平台建设，以提升团队的专业能力和服务水平。

5. 绿色发展理念深入人心，环保工程造价咨询需求增加

全球对环境保护和绿色发展的关注日益增加，这为工程造价咨询行业带来了新的增长点。在工程建设领域，越来越多的项目开始注重环保和可持续发展，对环保工程造价咨询的需求也将不断增加。工程造价咨询企业需要紧跟时代潮流，加强环保工程造价咨询业务的研究和开发，为客户提供更加专业、高效的环保工程造价咨询服务。

6. 国际化合作与交流加强，提升行业竞争力

随着全球化的深入发展，工程造价咨询行业将面临更加激烈的国际竞争。为了提升自身的竞争力，工程造价咨询企业需要加强与国际同行的合作与交流，学习借鉴国际先进经验和技术，提升自身的专业水平和国际化水平。同时，积极参与国际工程项目竞争，拓展国际市场，也是工程造价咨询企业提升竞争力的重要途径。

第四节　发展建议

一、关注政策导向与市场需求变化

政策导向和市场需求是影响工程造价咨询行业发展的重要因素。工程造价咨询企业应持续地密切关注政策导向和市场需求的变化，及时调整发展策略和业务方向。通过深入研究政策走向和市场趋势，把握发展机遇，规避潜在风险。同时，加强与政府、行业协会等机构的联系与合作，寻找成长和发展空间，共同推动行业的健康发展。

二、强化风险管理与质量控制

工程造价咨询行业面临着诸多风险和挑战，如技术风险、市场风险、政策风险等。为更好地面对并解决现有问题，工程造价咨询企业应强化风险管理与质量控制，建立健全风险管理体系和质量保证体系。通过制定科学的风险评估方法、加强项目监管和审计、完善质量管理制度等措施，降低项目风险，提高咨询服务的质量和可靠性。同时，加强行业自律和监管，规范市场秩序，促进行业健康发展。

三、拓展多元化服务领域

随着基础设施建设的不断推进和产业升级的加速，工程造价咨询行业正迎来更加广阔的市场空间。着眼未来，工程造价咨询企业应积极拓展多元化服务领域，包括交通、能源、环保、水利、建筑等多个领域。通过提供全方位、一站式的咨询服务，满足客户的多样化需求，提升企业的综合竞争力。同时，积极关注新兴领域，如智慧城市、绿色建筑等，抢占市场先机。

四、加强技术创新与数字化转型

技术创新是推动工程造价咨询行业发展的关键动力。在目前政策导向和行业趋势是数字化的背景下，工程造价咨询企业更应积极引进和应用新技术，如人工智能、大数据、云计算等，提高咨询服务的智能化、精准化水平。同时，加快数字化转型步伐，构建数字化咨询平台，整合行业资源，提高服务效率。通过技术创新和数字化转型，工程造价咨询企业能够为客户提供更加高效、优质的服务，提升市场竞争力。

五、注重人才培养与团队建设

人才是工程造价咨询行业的核心竞争力。当前，工程造价咨询行业对于专业人才的需求日益增加，企业应注重人才培养与团队建设，打造一支高素质、专业化的咨询团队。通过加强员工培训、引进优秀人才、建立激励机制等方式，提高团队的整体素质和创新能力。同时，加强团队协作和沟通，形成合力，共同推动企业的发展。

六、加强国际化合作与交流

在全球经济一体化的背景下，加强国际化合作与交流对于工程造价咨询行业的发展具有重要意义。未来，工程造价咨询企业应积极参与国际市场的竞争与合作，学习借鉴国际先进经验和技术，提升企业的国际化水平。同时，加强与国外企业的合作与交流，共同开发国际市场，推动行业国际化发展。

（**本章供稿：付丽娜、张超、王渊博、芮鹏飞**）

第二章

天津市工程造价咨询发展报告

第一节　发展现状

天津市发展和改革委员会印发了《天津市 2023 年重点建设、重点储备项目安排意见的通知》，其中安排重点建设项目 673 个，重点储备项目 182 个。天津市造价咨询企业积极参与各类重点项目建设，为天津市固定资产投资活动提供造价服务保障。

2023 年天津市造价咨询企业，开展全过程工程咨询业务，大力推进 EPC 项目、PPP、EOD、城市更新、乡村振兴、产城融合、REITS 项目，运用新技术项目，环保项目，不断开拓造价咨询新业态。天津市各工程造价鉴定评估机构提供专业化服务，保障诉讼活动顺利进行。

天津市多家造价咨询企业充分发挥专业优势，参与了国家标准、相关政策研究、行业标准与规范编写、学术研究等。参编了《铸造机械 分类与型号编制方法》GB/T 3155—2023、《铸造机械 通用技术规范》GB/T 25711—2023、《铸造机械 熔模和消失模铸造设备安全技术规范》GB/T 43319—2023、《铸造机械 铸件清理用切割、磨削和精整设备安全技术规范》GB/T 43325—2023 国家标准;《海水淡化建设项目经济评价方法与参数》行业标准;《2018 公路工程概预算编制办法解读及应用》《建筑工程造价的全过程成本控制措施研究》《建筑技术与法律结合的某 EPC 项目合同争议评审咨询服务案例》《基于自然语言处理和样本匹配优化的全过程造价智能化审查关键技术》《天津市建设工程造价指标指数分析采集编制》《家用燃气燃烧器具的通用试验方法》《燃气燃烧器具安全技术条件》《海水环境下钢质管道防腐技术研究》《固化盾构渣土在道路工程中的应用关键技术研究》《软土基坑对临近隧道的影响分析与应用研究》《氢能输配系统关键设备技术研究》《基于云桌面的协同设计办公系统研究》等学术课题。

为推动工程造价咨询行业信息化发展进程，提高内控管理运营效率，天津市造价咨询企业独立研发了《一种测绘数据采集装置》专利。自主研发各类专业系统，并已取得计算机软件著作权。

第二节　发展环境

一、政策环境

产业协作和协同创新成效明显。京津冀共同绘制重点产业链图谱，港产城融合发展深入推进，主动服务雄安新区建设。天津作为我国北方最大的沿海开放城市，是首都北京和雄安新区的"海上门户"，是京津冀协同发展的重要一域，发展潜力巨大、空间广阔。

京津冀三地紧密围绕《京津冀协同发展规划纲要》和各阶段重点任务推动工作，对外承包工程新签合同额 71.51 亿美元，完成营业额 50.99 亿美元，增长 11.1%，深度融入共建"一带一路"。

天津市推动大规模设备更新和消费品以旧换新实施方案。重点任务，实施重点领域设备更新行动，一是推动工业领域设备更新和技术改造；二是推动能源装备更新和技术改造；三是加快建筑领域设备更新。结合新型城镇化建设、城市更新、老旧小区改造等。四是加快市政基础设施领域设备更新。

天津市在全市范围内遴选有代表性的区（园区）组织开展碳达峰试点建设，市发展改革委制定印发《天津市碳达峰试点建设方案》。《天津市碳达峰实施方案》提出"推动节能管理源头化，严格落实固定资产投资项目节能审查制度，对项目用能和碳排放情况进行综合评价，开展节能审查意见落实情况监督检查。"

二、经济环境

2023 年度全市实现地区生产总值 16737.30 亿元，按不变价格计算，比上年增长 4.3%，增速比上年加快 3.3 个百分点。其中，第一产业增加值 268.53 亿元，比上年增长 1.2%；第二产业增加值 5982.62 亿元，增长 3.2%；第三产业增加值 10486.15 亿元，增长 4.9%。三次产业结构为 1.6：35.7：62.7。全市人均地区生产总值 122752 元，比上年增长 4.6%。

京津冀经济总量连跨 5 个万亿元台阶，2023 年京津冀地区生产总值为 10.4 万亿元；三地分别为 43760.7 亿元、16737.3 亿元和 43944.1 亿元。

全年全市工业增加值 5359.01 亿元，比上年增长 3.6%，规模以上工业增加值增长 3.7%。规模以上工业企业利润总额下降 9.4%，营业收入利润率为 6.01%。建筑业发展势头良好。2023 年末全市总承包和专业承包资质建筑业企业 3567 家，全年建筑业总产值 5072.26 亿元，比上年增长 6.8%。全年签订建筑合同额 17504.99 亿元，增长 5.8%。建筑业企业房屋施工面积 17766.37 万平方米，其中新开工面积 3773.58 万平方米。商品房销售较快增长。全市新建商品房销售面积增长 20.9%，其中住宅销售面积增长 23.9%；商品房销售额增长 24.9%，其中住宅销售额增长 27.3%。

受房地产开发投资下降影响，全年固定资产投资比上年下降 16.4%。工业投资增长 5.4%，占全市投资比重为 35.1%，比上年提高 7.3 个百分点；基础设施投资下降 8.1%，占全市投资比重为 26.9%，比上年提高 2.4 个百分点；房地产开发投资下降 42.1%，下拉全市投资 17.0 个百分点。

三、市场环境

天津市发展改革委自 2023 年 8 月 1 日起施行《天津市市级政府投资项目后评价实施办法（试行）》。纳入后评价的项目从重点项目中遴选，列入后评价年度工作计划的项目应已进行竣工验收并投入使用或运营一年后三年内。

积极参与国家计价规范修订。一是为完善工程造价市场化形成机制，进一步统一建设工程计价规则，按照《工程造价改革工作方案》要求，积极参与《建设工程工程量清单计价规范》的修订征求意见工作。二是为贯彻落实国务院"放管服"改革要求，促进建筑业高质量发展，加快推动转型升级，按照建筑法、工程造价改革工作方案精神，积极参与《建筑工程施工发包与承包计价管理办法》修订征求意见工作。

四、人才、技术环境

京津冀三省市在津集中签约人才合作协议，内容涵盖创业项目培育、人才一体化发展示范区建设、金融人才合作等多个领域。

实施20项民心工程人社项目。一是落实就业优先政策。二是稳定重点群体就业。持续做好离校未就业高校毕业生实名制就业帮扶。三是提升劳动者能力素质。大力实施"海河工匠"建设工程。加强京津冀技能人才队伍建设领域协同发展。四是加大就业服务供给。组织"大中城市联合招聘"，强化数字赋能。

根据天津市高级人民法院《关于启动2023年〈天津法院房地产估价、土地估价、建设工程造价、产品质量检验类名录〉申报工作的函》的要求，组织实施了天津市工程造价类推荐《天津法院司法鉴定评估机构名录》入围工作。

第三节　主要问题及对策

一、发展趋势

1. 发展环境及模式

1）以重大项目带动扩大有效投资，推动高质量发展

天津市2024年新一批推介的重点项目分为两大类：第一类是重点谋划储备项目。这些项目包括滨海新区农产品综合批发市场更新改造、南开区天拖片区城市更新、西青国家级车联网先导区的智能网联封闭测试场等。第二类为存量资产盘活项目，涉及工业厂房、存量土地、商务楼宇等多种类型。

天津市释放出以重大项目带动扩大有效投资，推动高质量发展的强烈信号。特别是重点建设项目中，先进制造业、金融、科技、信息服务、现代物流等产业创新领域项目投资规模占比有明显提升。

2）城市更新、城中村改造不断深入，提高对咨询企业的要求

在城市更新、城中村改造不断深入的背景下，工程造价行业的机会与职责愈发凸显。随着城市化进程的加速，老旧城区的改造和城中村的升级成为城市发展的重要任务，这也为工程咨询行业提供了广阔的发展空间。因对咨询企业的要求

比传统城建项目更加全面，咨询企业需在专业技能上有所突破，开展定制化服务，满足客户个性化的需求。更需要在服务质量、创新能力、团队协作等多个方面进行全面提升以适应不断变化的市场需求和技术发展。

3）"城投"向"产投"的转变

中央化债政策落实后，"城投"转"产投"在各地兴起。这是城投公司自我革新和国家经济结构调整的体现。城投公司基于自身特点，寻找新产业发展方向，如新能源、新材料和现代服务业。"城投"向"产投"转变也为工程咨询行业带来了机遇和挑战。工程咨询企业需深入理解"产投"模式是注重产业发展和经济效益的模式，需要加强对产业投资、产业链整合、产业园区建设等领域的研究，提升专业能力，加强团队和信息化建设，拓展业务领域，以适应"产投"模式对项目投资决策、成本管控、效益评估等方面的市场需求和行业变革。

4）康养产业将迎来发展机遇和契机

中共中央、国务院于2016年印发《"健康中国2030"规划纲要》，指导未来15年健康中国建设。当前，大健康产业处于黄金发展期。政府支持社会资本举办大型综合性医院和优质高端医院。同时，康养产业强调产业融合，如"地产+康养+旅游"模式，进行资源整合。大力发展银发经济，推动家政、教育、健康、旅游等行业与养老服务业融合发展，实现多产业协同，促进消费升级和产业升级。项目复杂度高，工程咨询行业需要做好多方面的准备，通过提升数据分析能力、提出有效的成本控制方案、加强跨学科合作、推动技术创新（人工智能、大数据）、关注政策动向等措施来更好地应对康养产业的发展趋势。

5）文旅产业成为新趋势

2024年，文旅产业在经济复苏和消费升级下蓬勃发展。传统旅游与文化深度融合，AI、大数据、云计算不断升级来助力产业创新。新型旅游模式如智慧旅游、虚拟现实旅游等涌现。工程咨询行业需提升专业素质，强化与设计、施工团队的协作，加强对项目环境影响、资源利用等方面的评估能力。关注新技术和新材料，更新知识储备和技术手段，为项目的投资决策提供有力支持，实现项目优化和效益最大化，从而更好地服务于商旅文融合发展的需求。

6）绿色建筑可持续发展

在"双碳"目标背景下，绿色建筑将更加关注可持续性、韧性及节能性。在建筑设计中将更多地利用太阳能、风能、水力发电、地热能等可再生能源技术，减少建筑物对化石燃料的依赖。能源效率评估和成本优化也将成为造价管控的重点。因此，工程咨询企业需更加关注项目的可持续性、节能性、节水性，关注绿色屋顶、建筑隐含碳、零废物建筑、氢能等相关知识，以适应这一新的发展趋势。

2. 智能建造与 AI 大数据

1）智能建造、智慧能源赋能城市未来

天津作为智能建造试点，推动产业现代化，形成示范项目。2024 年 6 月在天津举办的"2024 世界智能产业博览会"中，全面展现了人工智能、智能建造在建筑业的实践应用。随着智能建造技术的发展，工程咨询行业需更新知识体系，掌握 BIM、物联网、大数据、人工智能等先进技术，这不仅是技术革新，更是思维和服务模式的深刻变革。智慧能源是城市可持续发展的关键，造价工程师更需深入研究能源市场趋势，了解各种能源技术的经济性和可行性，为客户提供科学、合理的能源使用方案，并监控优化能源成本。面对这些挑战，工程咨询企业需积极应对变革，加强技术研发和创新，推动智能建造和智慧能源技术的深度融合应用。

2）AI 与大数据革新工程行业

人工智能大数据技术在多个领域得到了广泛应用，工程咨询行业也不例外。AI 不仅可以提高工作效率、降低成本，还可以优化设计方案、提高成果文件的准确性。未来，AI 可能实现分析历史数据，实现精确造价管理，帮助咨询企业掌握市场动态，预测材料价格变化，审核项目的合规性，从而制定科学的管控方案。但应用 AI 也会面临挑战，人工智能的应用需要大量的高质量数据作为训练和支撑模型的基础，工程咨询企业需要采取措施，在保证数据安全性的同时，确保数据的质量和可用性。

二、主要问题与对策

大多数工程咨询企业虽然进行了数字化转型，但智能化程度不高。在竞争加剧和客户需求多样化的趋势下，行业对数字化转型提出了更高的要求。工程咨询企业需充分利用智能平台及自身的数据库思维优势，帮助客户实现数据标准化、数据业务驱动，甚至流程再造。同时，工程咨询企业也要加强创新能力建设，加大研发投入，积极引进和培养人才，提升数字化转型的水平和效果，以实现企业数字化持续健康发展。

随着房地产市场调控收紧和房屋买卖市场降温，房地产市场进入稳定甚至下滑阶段，对建筑行业及工程咨询企业造成较大冲击。同时，咨询行业市场竞争激烈。企业应调整策略，把握重点项目，推进实施，提升团队信心，促进发展。摒弃竞价模式，建立以"品质"为核心的市场机制，提供优质专业咨询服务，确保本土咨询企业持续健康发展。

（本章供稿：沈萍、邓颖、邢玉军、王海娜、田莹、陈锦华、赵民佶、李军、胡俊红、刘畅）

第三章

河北省工程造价咨询发展报告

第一节　发展现状

连续两年接受省高级人民法院委托，开展工程造价鉴定机构推荐工作，推荐了117家造价单位入选河北法院委托鉴定、评估机构备案名单，接受人民法院委托，开展工程造价鉴定工作。根据省高级人民法院《关于商请加强司法鉴定活动监管的函》文件精神，在省高级人民法院技术辅助室的指导下，组织完成了《鉴定收费标准公示书》《鉴定意见书示范文本》《河北省工程造价鉴定执业规范》《河北省工程造价鉴定机构推荐办法（试行）》及评分标准和《工程造价鉴定机构综合评价办法》及评分标准"五个统一"的编制工作。

受河北省注册中心委托，组织完成了《二级注册造价工程师继续教育大纲》编写工作，保障了二级造价工程师继续教育工作的开展；按照河北省住房和城乡建设厅《关于征集建设工程计价专家的通知》要求，整理推荐符合要求的工程造价专家；开展工程造价纠纷调解员推荐工作；增补了20位造价专业专家，成立了由50位工程造价专家组成的工程造价鉴定和纠纷调解专业委员会，制定并印发了《工程造价鉴定和纠纷调解专业委员会管理办法》；开展河北省工程造价咨询行业品牌企业和突出贡献个人推荐工作，树立行业先锋示范作用。

连续两年在河北省高级人民法院、河北省住房和城乡建设厅的支持下成功举办了工程造价司法鉴定培训班。与石家庄仲裁委员会联合开展法律、仲裁业务知识培训，组织造价专业人员参加2023常设中国建设工程法律论坛组织的"建设工程质量纠纷暨司法鉴定专题"培训。

第二节　发展环境

一、政策环境

随着全省建筑业转型升级和建设工程造价市场化改革不断推进，河北省住房和城乡建设厅积极适应建筑市场发展趋势，推动形成适合市场发展的价格机制，组织编制了《建设工程消耗量标准及计算规则》系列标准，包括建筑工程、装饰装修工程、安装工程、市政工程 4 个专业及相关费用费率等，于 2023 年 5 月 1 日起实施。该系列标准依据国家建设工程造价改革要求，坚持"量价分离"原则，取消了预算定额编制，将人工、材料、机械台班以消耗量发布，工程费用、费率、基期价格以附件形式发布，不再显示人工、材料、机械单价；科学划分项目类别，合理调整消耗量标准，使总体工程建设消耗量水平与社会平均水平相一致；补充完善新技术、新材料、新工艺、新设备等项目内容，增强了标准的可操作性、适用性和指导性。

为进一步支持做好雄安新区承接北京非首都功能疏解，2023 年 6 月 26 日，河北省住房和城乡建设厅、北京市住房和城乡建设委员会印发通知，明确自发文之日起，取得北京市二级建造师、二级造价工程师（土木建筑工程、安装工程专业）资格随北京疏解企业到雄安新区工作的人员，符合相关条件后，可申请在雄安新区注册。

河北省住房和城乡建设厅发布公告，决定自 2024 年 6 月 1 日起，将实施的二级造价工程师（土木建筑工程、安装工程专业）执业资格认定行政许可事项，委托各市（含定州、辛集市）、雄安新区、省城乡融合发展试点县、廊坊北三县、渤海新区黄骅市等主管部门组织实施。至此，由省住房城乡建设厅负责实施的 4 项二级执业资格认定（二级注册建筑师、二级注册结构工程师、二级注册建造师、二级造价工程师）行政许可事项已全部委托下放。

二、经济环境

2023 年，河北省生产总值实现 43944.1 亿元，比上年增长 5.5%。其中，第一产业增加值 4466.2 亿元，增长 2.6%；第二产业增加值 16435.3 亿元，增长 6.2%；第三产业增加值 23042.6 亿元，增长 5.5%。三次产业比例为 10.2∶37.4∶52.4。全省人均生产总值为 59332 元，比上年增长 5.8%。

建筑业增加值 2507.1 亿元，比上年增长 9.8%。资质等级以上建筑业企业房屋施工面积 33436.5 万平方米，下降 6.9%；房屋竣工面积 7800.0 万平方米，增长 9.9%。具有资质等级的总承包和专业承包建筑业企业利润 112.1 亿元，比上年增长 27.1%，其中国有控股企业 49.8 亿元，增长 4.7%。

房地产开发投资比上年下降 12.7%。其中，住宅投资下降 10.0%，办公楼投资下降 30.7%，商业营业用房投资下降 28.0%。

三、市场环境

2023 年，河北省抢抓国家全面加强基础设施建设重大机遇，精心谋划实施一批补短板、惠民生、利长远的市政项目，全省市政基础设施投资同比增长 16.2%。省住房城乡建设厅积极组织开展政银企对接，当好企业和金融机构的桥梁纽带，54 个绿色市政项目获得 127.3 亿元绿色金融支持。

大力促进建筑业绿色低碳智能发展，持续扩大被动式超低能耗建筑建设规模，2023 年河北省新开工 201 万平方米，累计建设面积超千万平方米。积极推动绿色金融支持绿色建筑发展，累计 32 个签约项目获得贷款 432.6 亿元。搭建京津冀三地技术产品展示推广和企业对接交流平台，举办 4 次新型建材推广交流活动，累计 58 家企业签订 29 项战略合作框架协议，助力绿色低碳建筑发展。

持续拓展住建领域电子证书应用范围，34 项涉企高频行政许可事项全部实行电子证照。破除二级建造师执业壁垒，实现京津冀区域内互认。在全国首批试用住房公积金个人证明事项"亮码可办"，13 项高频服务事项实现"跨省通办"，支持疏解人员使用北京公积金在雄安新区贷款购房。

持续深化工程建设项目审批制度改革，精准确定联合验收事项，规范联合验收，支持分期联合验收，石家庄、唐山、保定被列为全国工程建设项目全生命周期数字化管理改革试点。

不断规范住建领域执法行为，制定发布全省住建系统行政裁量权基准及适用规则，对行政处罚等 7 类执法种类、953 项执法事项明确了裁量权基准。推行轻微不罚、首违免罚的柔性执法，鼓励当事人主动纠错、自我纠错、消除或减轻社会危害。制定不予实施强制措施清单，对建筑工地继续实行"慎停工"执法，助力加快项目建设。

京津冀三地城市管理综合行政执法主管部门在北京共同签署《京津冀城市管理综合行政执法协作框架协议》，针对跨地域、流动性的违法行为，京津冀三地开展专项联合执法整治，强化执法力量整合和惩戒措施联动，形成联合执法合力。该协议将有助于破解三地交界地带执法难题。

第三节　主要问题及对策

一、全过程咨询发展缓慢

从造价管理层面，无论是从业务的侧重点上，还是从业务覆盖度上，目前的咨询企业的服务范围，还是多以标底编制和预结算审查为主，所谓的全过程一般企业有几个部门，承接全过程几个阶段的业务，并未做到每个项目的全过程参与。项目各个阶段在造价管理上相对割裂，不够连贯。要推行全过程造价管理、全要素造价管理，建立以造价管理为核心的项目管理集成化。

二、行业新技术发展缓慢

工程造价行业新技术运用深度和广度不足。一是工程造价信息发布相关体制尚未形成系统的配套政策支持，数据价值深挖不足，不利于新技术在行业内的推广；二是企业对数字化建设与应用的意识虽逐步加强，但高额的建设费用和后续维护服务费用，使企业对数字化技术投入严重不足，不利于提升行业信息技术发展，推动行业转型升级。应加强创新技术应用标准化建设，加强数据互联互通，促进数据共享，规范造价信息成果数据。

三、行业人才培养进展缓慢

造价人员业务知识单一、技术水平参差不齐，综合性、复合型人才缺乏等问题，在一定程度上制约了行业的高质量发展。应根据市场需求建立高效的人才培养体系，一是加强校企联动，引导高校结合造价专业特点创新教学模式，从基础教育方面提高校内学生对技能、法律等方面的系统化教育。二是充分发挥行业协会的社会资源优势和号召作用，加强构建院校人才培养机制，开展岗前培训、专业分层培训、技能竞赛等。三是引导企业结合自身发展需要，建立有效的人才培养规划和人才管理制度，促进人员团队建设，提高核心竞争力。

（本章供稿：李静文、谢雅雯、吕英浩、康建霞）

第四章

山西省工程造价咨询发展报告

第一节　发展现状

开展了 2023 年度"工程造价咨询业务骨干企业"和"应用创新领先企业"征集活动，经全面审核评选出两类企业分别为 30 家和 22 家，在山西日报、协会网站、微信公众号、《山西工程造价》会刊等媒介向社会推广介绍。举办了以"为热爱，不止步"为主题的 2023 年"山西造价人节"系列活动，通过"一网（网站）一刊（会刊）一公众号（微信公众号）"信息窗口介绍行业优秀企业和先进人物，增进企业信息沟通和交流。

第二节　发展环境

一、政策环境

山西省第十四届人民代表大会第二次会议上所作的《2024 年山西省政府工作报告》指出，在过去的一年，省委、省政府积极推动转型发展，全面落实中部城市群高质量发展 64 项年度重点任务，城市体检工作实现设区城市全覆盖，开工改造老旧小区 1948 个，完成城镇排水管网雨污分流改造 1112 公里，新增城市绿地 840.8 万平方米、"口袋公园" 278 个、绿廊绿道 295.7 公里，新建改扩建 100 所公办幼儿园，新建改造 500 所寄宿制学校。

在 2024 年，将扩大有效益的投资。围绕产业转型、能源革命、科技创新、基础设施、生态环保、社会民生等重点领域，全生命周期抓好重点工程项目建设。加快推进雄忻高铁建设，着力推进黎霍高速公路等 9 个在建项目，新开工大同南环等 6 个高速公路项目。实施一批国省干线县城过境改线项目。新建改建农村公路 4300 公里。新建三个一号旅游公路 2300 公里，实现全线贯通。加快武宿机场三期改扩建。开工建设黄河古贤水利枢纽工程，加快中部引黄等 10 个省级水网重大项目和县域水网配套建设。推动交通、文旅等重点领域 5G 网络深度覆盖。强化政策引导支持，加强重点项目要素保障，放大政府投资带动效应，进一步扩大民间投资。

二、经济环境

2023 年，山西省地区生产总值达 2.57 万亿元，比上年增长 5%。第一产业、第二产业、第三产业增加值分别增长 4.0%、5.1%、5.0%，人均地区生产总值 73984 元，比上年增长 5.2%。

全年全省固定资产投资（不含跨省、农户）比上年下降 6.6%。其中，第一产业投资下降 6.1%，第二产业投资下降 3.9%，第三产业投资下降 8.6%；基础设施投资下降 18.1%；民间投资下降 9.0%。全年全省房地产开发投资 1751.5 亿元，比上年下降 0.7%。其中，住宅投资 1416.5 亿元，增长 1.5%。全年全省在建固定资产投资项目（不含房地产开发项目）15173 个，比上年增加 638 个；其中，亿元以上项目 4155 个，增加 85 个。

一般公共预算收入完成 3479.1 亿元，比上年增长 0.7%；其中，税收收入完成 2556.8 亿元，下降 5.2%；非税收入完成 922.3 亿元，增长 21.8%。一般公共预算支出 6351.2 亿元，比上年增长 8.1%。其中，教育、卫生健康、社会保障和就业、住房保障、交通运输、节能环保、城乡社区等民生支出 3988.1 亿元，增长 6.0%。

三、市场环境

山西省住房和城乡建设厅印发《关于进一步促进房地产市场平稳健康发展的通知》（晋建房字〔2023〕201 号），进一步优化房地产调控政策，支持居民刚性和改善性住房需求，促进房地产市场平稳健康发展；印发《关于推动住房城乡建设科技创新发展的实施意见》（晋建科函〔2023〕857号），落实科技创新发展战略，推动住房城乡建设科技创新发展，培育一批科技创新示范项目，推动城市更新、基础设施提升、和美乡村建设、建筑业转型等领域高质量发展。

四、技术环境

山西省通过组织BIM技术推进会、BIM算量技术路线研究专题讲座，通过推选优秀案例宣传等措施，有效推进造价咨询企业向数字应用转型方向发展。山西省住房和城乡建设厅印发了《推动建筑业工业化、数字化、绿色化发展的实施方案》（晋建科函〔2023〕626号），积极推动建筑业的工业化、数字化、绿色化转型，推动建筑业与先进制造技术、数字技术、绿色低碳技术融合发展，带动形成较为完善的现代化建筑产业链，推动企业生产和建造方式转型，推动建造水平和建筑品质提升。

第三节　主要问题及对策

一、主要问题

一是随着造价咨询企业资质审批的取消，越来越多的竞争者涌入造价咨询行业，大量小规模企业不断涌现，竞争越来越激烈，承接项目愈发困难。在需求不足、供给过剩的市场背景下，部分企业为了承接业务，漠视行业规则，缺乏诚信意识，市场上低价恶性竞争越加明显。

二是企业数字转型困难。数据库及标准体系不成熟，行业工具性软件、大数据服务垄断严重，且技术更新慢、收费过高，咨询企业收效不明显，企业成本居高不下，数字化工作进展缓慢；即便是数据库初具规模也因数据交换标准不统一，存在信息孤岛和信息断层，不利于行业数据共享及转型发展。

三是近年国有投资项目增资降速，房地产、城市基础设施投资放缓，但人工费的提高、造价软件市场的垄断致使造价咨询企业经营成本提高，使企业运营压力剧增。

二、应对措施

在现有的信用评价和行业自律基础上，研究构建行业信用管理新模式，将造价信用信息与信用中国信息平台实施共享联通，构建协同、联合惩戒的监管局面。加大对服务质量的评价力度和造价工程师的执业行为约束力度，增强行业从业人员的契约精神，对优秀案例、优秀企业和优秀从业人员给予一定的表扬和宣传，提升企业品牌影响力，营造诚信健康的市场环境，引导行业良性发展。

鼓励规模以上企业进行信息管理平台建设，推进数据库建立及数据再利用进度。适度干预软件公司、技术研发公司的过度行业垄断、高额收费现象。

（本章供稿：黄峰、李莉、郭明清、王琼、徐美丽）

第五章

内蒙古自治区工程造价咨询发展报告

第一节　发展现状

2023 年，是内蒙古发展史上具有里程碑意义的一年。地区生产总值增长 7.3%、增速居全国第三，创 2010 年以来最好位次，人均地区生产总值突破 10 万元；规模以上工业增加值增长 7.4%、增速居全国第七；固定资产投资增长 19.8%、增速居全国第二；外贸进出口总额增长 30.4%、增速居全国第三。实施重大项目 3155 个，完成投资 8259 亿元，新建续建 42 个投资超百亿元产业项目。住房保障体系日益完善。聚焦满足群众基本住房需求，加快建立多主体供给、多渠道保障、租购并举的住房制度。建设保障性租赁住房 1.12 万套（间），改造城镇棚户区 1.56 万套，发放租赁住房补贴 2.76 万户。实施农村牧区危房改造 4211 户。排查城市危旧房 1.6 万栋、6.8 万套。住房公积金缴存总额 623.16 亿元，提取 462.22 亿元，贷款 298.74 亿元。

建筑业转型升级步伐加快。推动出台并落实《内蒙古自治区建筑业三年倍增行动计划（2023–2025 年）》，全区建筑业总产值、增加值均实现两位数增长。城乡发展质量稳步提升。改造燃气、供水、排水、供热 4 类老旧管网 2220 公里。加强城乡历史文化传承保护，累计划定历史文化街区 25 片，确定历史建筑 491 处，16 个村落入选中国传统村落名录。开展供热管网"冬病夏治"，新建热源厂 4 个、换热站 186 个，新建、改造管道 1380 公里。建成城市公共充电桩 2 万个。改造城镇老旧小区 1639 个、22.9 万户。棚户区 1.56 万套，建成农村牧区户厕 6.2 万个、公路 5106 公里，改造危房 4211 户；铺设边境地区广电光缆 4000 公里；新建扩建集中供水工程 531 处；完成保交楼 7 万套。实施 14 个完整社区建设试点项目，4 个项目列入住房城乡建设部试点名单。开展全区住宅物业全覆盖提品质专项行动等。

第二节　发展环境

一、政策环境

针对营商环境问题，纵深推进"一网通办""一网统管"，强化对企业全生命周期服务。对 12345 热线诉求解决情况每月排名通报、对落后者进行约谈，全年受理各类诉求 641 万件、办结率达到 95% 以上；取消和下放自治区级权力事项 268 项，出让 332 宗工业用地"标准地"，"帮办代办"实现园区和村级全覆盖，"政务＋直播"服务新模式入选国务院提升政务服务效能典型案例。针对民营企业反映强烈的问题，清偿拖欠企业账款 1293 亿元，为企业解决了一批土地厂房产权手续问题，新增减税降费及退税缓费 341 亿元。把防范化解经济领域风险作为重要政治任务，制定落实"1+8"化债方案，通过"四个一批"和化债奖补拿出 206 亿元支持基层化债。房地产市场稳中向好。举办内蒙古房地产业高质量发展展览会，开展现房销售试点工作，着力构建房地产新发展模式。出台"认房不认贷"，大力支持首套住房，合理支持二套住房，推动房地产市场企稳回升。加强商品房预售资金监管，扎实推进保交楼工作，维护购房人合法权益。

二、经济环境

2023 年，全社会固定资产投资比上年增长 19.4%。固定资产投资（不含农户）增长 19.8%。在固定资产投资（不含农户）中，分区域看，东部地区投资比上年增长 14.7%，中部地区投资增长 25.4%，西部地区投资增长 18.6%。全年房地产开发投资 963.4 亿元，比上年下降 1.5%。其中，住宅投资 753.0 亿元，下降 2.3%；办公楼投资 10.7 亿元，增长 45.2%；商业营业用房投资 74.9 亿元，下降 6.4%。商品房销售面积 1511.9 万平方米，增长 9.5%。商品房销售额 993.1 亿元，增长 14.4%。全年建筑业增加值比上年增长 12.1%。

三、技术环境

内蒙古自治区住房和城乡建设厅全面贯彻落实自治区促进建筑业高质量发展20条措施，建筑业高质量发展取得显著成效。采用市场化方式搭建全国首个省级行业平台"内蒙古建筑产业互联网平台"，实现全链条产业聚能发展，累计成交额1600万元。安全发展防线更加坚固。深入推进城镇燃气安全专项整治，持续推进房屋市政工程安全隐患排查整治，扎实推进自建房安全专项整治，有序推进建设工程消防审验遗留项目集中整治。自治区实施的"六个工程"包括政策落地工程、防沙治沙和风电光伏一体化工程、温暖工程、诚信建设工程、科技"突围"工程、自贸区创建工程，这些工程旨在推动内蒙古的经济社会高质量发展。

四、监管环境

落实《内蒙古自治区促进建筑业高质量发展的若干措施》（内政办发〔2022〕58号）等有关精神，紧盯造价咨询市场突出问题和行业乱象，坚持问题导向、标本兼治，强化工程造价咨询行业红线意识和底线思维，扎实开展全区工程造价咨询行业专项整治工作。重点整治成果文件中招标控制价编审、工程结算审核、全过程造价咨询（跟踪审核）3类业务。采取"双随机、一公开"方式，对372家企业开展资质动态核查。印发了《内蒙古自治区房屋建筑和市政基础设施工程招标投标管理办法（试行）》，有469个房屋市政工程实施了远程异地评标。

第三节　主要问题及对策

一、存在的问题

1. 地区造价咨询行业及人才发展较慢

工程造价专业人才更多的是承担传统造价咨询业务的计量计价，核价工作。对承担全过程造价管理，涉及合约管理、合同管理、项目管理、运营管控、成本管理、技术经济分析、风险控制、法律知识、纠纷调解、协调沟通等能力较弱，高端咨询人才培养较慢。

造价咨询机构在产业链中的地位下滑，造价工程师的专业形象没有得到肯定，行业的权威度没有树立，可替代性强，客户黏度不够，行业的自主学习氛围弱，造价工程师的学习意愿不够强烈，企业对知识管理、学习型组织建设的重视和投入总体不足，服务简单化，导致造价咨询行业及人才发展较慢。

2. 造价咨询业务收入缩小，同质化竞争严重

地区造价咨询业务整体收入逐年递减，通过调研地区造价咨询企业，一是主要咨询服务内容围绕后三阶段的传统造价咨询业务为主，即招标投标阶段的工程量清单及控制价编制，实施阶段的过程跟踪审计，竣工阶段的竣工结算审计，体现出造价咨询服务阶段、服务内容单一，缺乏高水平综合性咨询能力，增值咨询服务少，附加值低。二是整体建筑体量规模缩小，地区政府去负债建筑业增速放缓。三是低价竞争长期存在，造价咨询收费价格大打折扣战，收费逐步降低。四是行业内卷严重，同质化竞争愈演愈烈。五是造价咨询企业经营均面临不同程度的经营困难，企业长期发展信心动力不足。

3. 工程造价数字化转型升级发展滞后

工程造价数字化转型升级发展滞后，多数造价企业不能形成数据库，未建立起造价信息库和工程造价指标指数数据库。因建设工程项目建设周期长，各阶段产生的数据不能有效收集、积累，导致造价数据分散、易丢失。工程造价数据技术应用，行业普遍处于二维计量阶段，线下计量计价。BIM及数字技术应用在造价管理中处于认知阶段，成熟的数字化管理模式和工作流程尚未形成。传统建模和计量计价技术仍存在一定瓶颈，大数据、人工智能技术没有充分利用，缺乏统一的数字化工程造价管理平台。

二、发展建议

1. 造价专业人才执业范围和服务价值亟待提升

伴随着竞争加剧，跨界服务、整合服务业务会增加，并逐步形成新的业务模式，需求的行业边界在模糊，造价专业人员需要拓展执业咨询范围。坚持行业人

才建设与经济社会发展相适应，以市场为导向。专业性是造价行业价值的根本体现，更专业是应对行业变革的最好方法，聚焦特定行业、特定领域、小需求大市场，重塑造价师的专业形象和行业地位，逐步从行业层面解决同质化问题。

2. 造价咨询企业需提升业务创新及价值咨询

工程造价咨询企业要紧跟时代的步伐，提升新质工程咨询，不断创新，从宏观经济、行业发展、产业模式、企业品牌、企业家精神等方面引领企业发展。对大企业，发挥企业人才优势、资金优势、组织优势、客户优势、整合优势。对于小企业，发挥创新优势、效率优势、聚焦优势等。造价咨询企业捕捉新需求开拓新市场的能力，将成为竞争的核心。延伸咨询服务链条，从全过程工程咨询、投资决策咨询、乡村振兴项目谋划与落地、专项债申报指导、绩效评价、纠纷调解、造价鉴定、专家辅助人等多个咨询业务方向进行突破，把咨询业务往外拓展，扩宽经济活动的范围，形成咨询业务增长新动能。提升新质工程咨询质量水平，实现工程造价咨询企业真正意义上的转型升级，创造咨询新价值。

3. 工程造价数字化转型的条件

工程造价数字化转型是一项系统工程，涉及管理观念、管理模式、工作流程、技术手段等一系列的改变。对于项目来说，主要是项目的分解、项目的分类和项目的标准化流程。第一步是进行数字化的过程，构成整体协同的一个基础条件；第二步是将这些人和事直接建立一个很好的组织关系，也就是构建流程。这个流程就是让数字驱动，利用物联网、互联网和现在的智能端推动起来，搭建数字化的平台，让整个协同在线化并流程化，通过关键性数字技术、模型计量技术、数据处理技术、造价管理平台技术，让造价数据驱动形成数字化、智能化的过程。

（本章供稿：刘宇珍、张心爱、杨金光、梁杰、徐波、陈杰）

第六章

辽宁省工程造价咨询发展报告

第一节　发展现状

开展"工程造价咨询服务收费"课题，形成了《辽宁省建设工程造价咨询服务收费参考标准（试行）》，基本涵盖了辽宁省工程造价咨询企业涉及的造价咨询业务。

开展 2023 年信用评价工作，共有 6 家单位会员申报，评为 3A 的有 2 家，评为 2A 的有 1 家，评为 A 的有 3 家。截至目前，全省共有 174 家造价咨询企业获得信用评价等级，其中评为 3A 的有 100 家，评为 2A 的有 55 家，评为 A 的有 19 家。

为贯彻落实全面依法治国理念，优化法治化营商环境，与沈阳市中级法院召开工程造价司法鉴定对外委托工作研讨会。研讨会通报了 2022 年度沈阳市中级法院对外委托专业机构年审和质效考核情况，解读沈阳市中级法院制定的《司法鉴定对外委托工作细则》《专业机构监督管理办法》部分条文以及在日常管理中常见和应注意的相关问题，交流了建设工程案件鉴定相关问题。与沈阳市中级法院共同研究解决在优化营商环境中涉及的司法鉴定 4 项问题，草拟了《建设工程造价司法鉴定程序指引》，进一步规范建设工程造价司法鉴定程序，提高建设工程司法鉴定质效。

第二节 发展环境

一、政策环境

2023 年，辽宁省委省政府坚决贯彻党中央、国务院出台的《关于进一步推动新时代东北全面振兴取得新突破若干政策措施的意见》，先后做出实施全面振兴新突破三年行动，打造新时代"国家重大战略支撑地""重大技术创新策源地""具有国际竞争力的先进制造业新高地""现代化大农业发展先行地""高品质文体旅融合发展示范地""东北亚开放合作枢纽地"的六地重大决策。

面对严峻复杂的内外部环境和多重挑战，因时因势出台稳经济 27 条、巩固增势 20 条政策举措。深入推进 15 项重大工程，一批事关国家"五大安全"的高质量项目落地实施。华锦阿美精细化工、徐大堡核电 1 号机组、华晨宝马全新动力电池等一批超百亿项目开工建设。阜奈高速、沈阳地铁 2 号线南延线和 4 号线、大连北站综合交通枢纽等一批重大交通基础设施投入运营。

加快创建区域科技创新中心，高标准建设辽宁实验室，新建、重组全国重点实验室达 11 家。实施"揭榜挂帅"科技攻关项目 120 个。"国和一号"屏蔽电机主泵、"太行 110"重型燃气轮机等大国重器在辽宁问世。

聚力打造现代化产业体系，先进装备制造、石化和精细化工、冶金新材料、优质特色消费品工业 4 个万亿级产业基地和 22 个重点产业集群加快发展。推动传统制造业改造升级，完成重点钢铁企业超低排放改造项目 523 个，制定菱镁行业高质量发展实施意见，高技术制造业投资增长 25.3%。

把优化营商环境作为先手棋、关键仗，召开全省优化营商环境大会，统筹推进"三个万件"行动，全面清理影响振兴发展的障碍。打造高效、规范、智慧的12345 政务服务便民热线平台。

二、经济环境

全年地区生产总值 30209.4 亿元，比上年增长 5.3%，十年来首次超过全国增速，总量突破 3 万亿元。其中，第一产业增加值 2651.0 亿元，增长 4.7%；第二产业增加值11734.5亿元，增长5.0%；第三产业增加值15823.9亿元，增长5.5%。第一产业增加值占地区生产总值的比重为8.8%，第二产业增加值占比为38.8%，第三产业增加值占比为52.4%。

全年固定资产投资（不含农户）比上年增长4.0%。其中，中央项目投资增长29.3%。建设项目14464个，比上年增加1464个，完成投资增长18.3%。其中，亿元以上建设项目4315个，增加476个，完成投资增长23.6%；10亿元以上建设项目503个，增加89个，完成投资增长39.3%。全年新开工建设项目6266个，比上年增加389个，完成投资增长9.5%。其中，亿元以上新开工建设项目1190个，增加84个，完成投资增长13.2%；10亿元以上新开工建设项目129个，增加21个，完成投资增长12.2%。

全年具有建筑业资质等级的总承包和专业承包建筑企业共签订工程合同额8604.7亿元，比上年增长7.8%。其中，本年新签订工程合同额4998.5亿元，增长7.3%。

全年房地产开发投资比上年下降26.1%。全年新建商品房销售面积2071.0万平方米，比上年下降5.1%。其中，住宅销售面积1866.8万平方米，下降5.9%。全年商品房销售额1557.0亿元，比上年下降14.2%。其中，住宅销售额1404.8亿元，下降15.4%。

三、监管环境

为紧扣国家及辽宁省重大战略和重大部署，围绕中央投资方向，抢抓政策红利窗口期，打开思路、创新思维，着力补短板、强功能、提品质、增效益，系统谋划具有全局性、标志性的城乡建设领域重大工程、重点项目，根据《辽宁省深入推进项目和投资工作方案》要求，加快谋划建设高质量城市更新项目，项目化、工程化、清单化推进城市更新工作，辽宁省住房和城乡建设厅制定了《深入推进城市更新工程项目谋划实施工作方案》。

按照党中央、国务院关于碳达峰、碳中和重大战略决策部署，2030年前，全省城乡建设领域碳排放达到峰值，辽宁省住房和城乡建设厅制定了《辽宁省城乡建设碳达峰实施方案》。城乡建设绿色低碳发展体制机制和政策体系基本建立；建设方式绿色低碳转型取得积极进展，"大量建设、大量消耗、大量排放"基本扭转；建筑节能和垃圾资源化利用水平大幅提高，能源利用效率达到国际先进水平，可再生能源应用更加充分，用能结构和方式更加优化；人居环境质量大幅改善，"城市病"问题初步解决，建筑品质和工程质量进一步提高，绿色低碳运行初步实现，绿色生活方式普遍形成。

到 2025 年，城镇新建建筑全面执行绿色建筑标准。全面推动绿色建筑提质增效，绿色建筑建设规模持续扩大，发展质量效益稳步提高，绿色建筑全产业链发展不断成熟，绿色建材得到广泛应用，绿色建造方式全面推广，城乡建设更高质量，人居环境更加优良，不断提升人民群众的获得感和幸福感。建设方式绿色低碳转型取得积极进展，建筑节能水平不断提高，建筑能源利用效率稳步提升，可再生能源应用更加充分，用能结构和方式更加优化。城镇建筑可再生能源替代率达到 8%。

第三节　主要问题及对策

一、主要问题

1. 造价咨询市场竞争加剧，高质量发展前景堪忧

随着工程造价咨询资质放开，门槛降低，在营业范围增加工程造价咨询即可开展业务，导致大量施工、监理、设计等从事工程相关企业进入工程造价领域，行业面临的不稳定、不健康因素日益增多。

随着企业数量逐年激增，企业间的竞争正在偏离合理、正常的竞争范围，工程造价咨询低价、超低价中标频现，甚至出现"零"报价。同时，受低迷房地产市场，以及部分房地产企业暴雷影响，房地产造价咨询业务严重萎缩，部分以房地产造价咨询为主的企业甚至借贷经营。房地产市场低迷，导致部分地方政府土地收入锐减，支付能力不足，大部分工程造价咨询企业应收账款达到企业的一年营业收入以上。

这些不利因素多重叠加，导致遵纪守法、坚守底线、诚信经营的工程造价咨询企业面临严重的生存问题，发展举步维艰，高质量发展前景堪忧。

2. 复合型人才数量不足，业务扩展受限

随着我国建筑业不断发展，新业态、新形式不断出现，以及全过程咨询覆盖

工程项目的前期策划、中期实施、后期运维，涉及的"技术、经济、管理、信息、法律和综合"等方面的要求，造价咨询行业高质量发展十分依赖复合型人才的培养。但目前，大部分的工程造价咨询从业人员集中在算量、计价的传统服务上，拓展知识面动力不足，行业能够承担全过程咨询业务的复合型人才储备不足，行业高质量发展驱动力较弱。

二、发展建议

1. 尽快完善顶层设计，规范执业行为

尽快出台《工程造价咨询行业管理办法》，严格工程造价企业和从业个人执业，加大违法违规打击力度，树立工程造价行业良好形象，促进行业持续健康发展。同时，发挥行业协会自律作用，形成行业监督、企业监督、个人监督的氛围，持续规范企业和个人执业行为。

深度挖掘信用评价体系价值，加快与"事中、事后"监管深度融合，逐步形成以信用评价为基础的差异化分级监管模式，即信用好的不检查或少检查，信用一般的正常检查频次，信用较差或没有参加信用评价的应加大检查频次，提升监管精准度和有效性，进一步完善信用评价体系建设，发挥信用评价重要作用。

2. 持续推进人才体系建设，助力行业高质量发展

加强大国工匠、高技能人才国家战略研究分析，结合工程造价咨询行业实际和行业发展方向，制定我国工程造价咨询领域人才培养战略，提升工程造价咨询从业人员综合能力，持续打破业务边界，拓宽业务范围，做好全过程工程咨询。同时，充分发挥引领重要作用，组织行业顶尖专家开展"基础型、骨干型、复合型领军人才"分类分层级的线上线下在职教育培训及研讨活动，提高人才培养精准度，助力工程造价咨询行业高质量发展。

（本章供稿：梁祥玲、赵振宇、李义、姜坤山、白亚威、郑力豪、程显俊、于海志、倪雪梅、吕胜利、曲玉）

第七章

吉林省工程造价咨询发展报告

第一节　发展现状

　　举办吉林省建设工程结算培训大会，学习、理解吉林省建设工程造价管理站发布的《吉林省建设工程结算工作指导》（吉建造站〔2023〕4 号）文件；举办《建设项目工程总承包计价规范》T/CCEAS 001—2022 培训会，深度解读《建设项目工程总承包计价规范》T/CCEAS 001—2022、《房屋工程总承包工程量计算规范》T/CCEAS 002—2022、《市政工程总承包工程量计算规范》T/CCEAS 003—2022、《城市轨道交通工程总承包工程量计算规范》T/CCEAS 004—2022；举办全过程工程咨询典型案例分享交流会，以近三年征集的《全过程工程咨询典型案例——以投资控制为核心》为基础进行分享；开展 2023 年度造价师继续教育工作，累计开通一级造价工程师继续教育 1945 人次，共计 58350 学时。举办《编制建设项目可行性研究报告》专题讲座，通过专题讲座，快速理解前期可研工作，掌握前期咨询阶段造价管理的重要性；召开 2024 版吉林省建设工程定额修编研讨会，为新定额的修编提供了宝贵的实践经验和参考依据。

　　配合吉林省建设工程造价管理站开展 2022-2023 年度吉林省工程造价咨询企业信用风险分类工作，对申报信用风险分类的企业进行走访调研。开展 2022 年度吉林省优秀造价企业、优秀造价师评选，评选出优秀造价咨询企业 72 家，优秀造价师 177 人；举办吉林省第三届工程造价技能大赛，经过激烈角逐评选出优秀团体一等奖 3 名、优秀团体二等奖 6 名、优秀团体三等奖 9 名、优秀组织奖 19 名、十佳技能标兵奖 10 名、优秀导师奖 10 名；举办吉林省第三届优秀工程造价成果奖评选活动，全过程、投资估算、概预算、工程量清单计价、结算审核、工程造价鉴定六种业务类型，分别评选出一、二、三等奖。

参与编写团体标准《建设项目设计概算编审规范》T/CCEAS 005—2023，此规范是在原《建设项目设计概算编审规程》CECA/GC 2—2015 基础上，结合近几年出台的相关标准，经过广泛征求意见而制定；与吉林建筑大学开展合作，共同培养工程造价专业人才；举办"求实杯"吉林省大学生智慧建设创新创业大赛，加强与高校合作。

第二节 发展环境

一、经济环境

初步核算，全年全省实现地区生产总值 13531.19 亿元，按可比价格计算，比上年增长 6.3%。其中，第一产业增加值 1644.75 亿元，比上年增长 5.0%；第二产业增加值 4585.03 亿元，增长 5.9%；第三产业增加值 7301.40 亿元，增长 6.9%。第一产业增加值占地区生产总值的比重为 12.2%，第二产业增加值比重为 33.9%，第三产业增加值比重为 53.9%。

全省建筑业持续增长，增长速率较往年有所减缓。全年全省实现建筑业增加值 913.68 亿元，比上年增长 2.5%。

全省固定资产投资主要在第一产业，第二产业、第三产业投资额较往年均呈现不同程度的下降，其中房地产开发投资降速明显。全年全省固定资产投资（不含农户）比上年增长 0.3%。其中，第一产业投资增长 62.7%，第二产业投资增长 2.8%，第三产业投资下降 3.9%。基础设施投资增长 4.0%，民间投资下降 19.8%，六大高耗能行业投资增长 21.3%。高技术制造业投资增长 7.0%。全年房地产开发投资 823.82 亿元，比上年下降 18.8%。其中住宅投资 614.19 亿元，下降 23.6%；办公楼投资 16.51 亿元，下降 38.4%；商业营业用房投资 77.9 亿元，同比增长 2.1%。

二、政策环境

吉林省建设工程造价管理站发布《吉林省建设工程结算工作指导》（吉建造

站〔2023〕4号），根据国家有关法律法规和相关规定，结合实际情况，就建设工程结算工作提供指导。旨在加强建设工程造价管理，规范建设工程计价行为，维护发承包双方的合法权益，服务建设行业的高质量发展。

　　吉林省住房和城乡建设厅发布《关于调整民用建筑面积计算规则的通知》（吉建造〔2023〕2号），根据国家标准《民用建筑通用规范》GB 55031—2022强制性条款的有关规定，对《吉林省建筑工程计价定额》JLJD—JZ—2019中建筑面积计算规则进行调整。

　　吉林省住房和城乡建设厅发布吉林省建筑工程质量安全成本指标，按照《吉林省建筑工程质量安全成本管理暂行办法》，对各地市建筑材料市场价格以及为完成建筑安装工程实体而投入的直接费、间接费（含规费）和税金进行动态监测，为质量安全成本造价提供了参考依据，加强建筑工程质量安全监督管理，规范建筑市场行为，保证建筑工程质量安全。

三、监管环境

　　取消工程造价咨询资质后，吉林省为加强工程造价咨询企业事中事后监管的力度，完善工程造价咨询企业诚信长效机制，推行企业信用风险评价分类工作，信用风险分类采用综合评分法，从企业基本条件、企业市场行为和企业不良行为三部分进行评价，分为信用风险低、一般、较高、高四个类别，通过推行企业信用风险评价分类工作，了解全省工程造价咨询企业运营水平和信用情况，促进造价咨询企业健康发展。

第三节　主要问题及对策

一、主要问题

1. 恶性低价竞争严重，影响行业健康发展

　　工程造价咨询企业资质取消，更多企业涌入到造价咨询行业之中，特别是在全过程工程咨询大趋势下，单一业务的建筑企业开始拓展造价业务市场，导致同

质化竞争和市场低价竞争在行业内愈演愈烈，恶性低价竞争使得一些综合实力较强的企业在竞争中处于劣势，严重阻碍了工程造价咨询行业的可持续发展。

2. 企业诚信意识薄弱，行业监管力度不足

资质取消后，造价咨询行业乱象丛生，新成立的造价咨询企业普遍规模较小，企业诚信意识薄弱。面对造价咨询行业的市场竞争日趋加剧，造价咨询企业数量迅速增长、严峻的市场形势，行业监管力度明显不足。

3. 信息化建设缓慢、数字化转型效果不明显

吉林省工程造价咨询企业规模较小，以中小型为主，缺乏高端人才，创新业务发展缓慢，再加上信息化建设投资较大且短期内所带来的效益并不明显，造成企业内部信息化投入和应用水平不高，如今行业内部竞争日益激烈，使很多小企业无暇顾及，从而导致信息化整体建设缓慢，数字化转型效果不明显。

4. 企业管理水平有待提高

大多数造价咨询企业围绕咨询业务为主线开展项目管理工作，而忽略企业运营管理，具体表现在缺乏明确的战略规划和市场定位，组织结构不合理、人力资源管理工作不足、执行力不强等问题，因企业内部机制不健全，管理水平不到位，不利于企业正规化和规模化发展。

5. 项目前期阶段未发挥投资管控作用

工程造价管理贯穿于工程建设全过程，传统的造价缺乏对项目前期投资估算、设计概算的掌控能力，工程造价管理应该发挥在工程建设各个环节中的管控作用，特别是要发挥工程造价在投资决策、设计等前期阶段的作用。受传统造价管理模式的影响，目前大部分从业者在全过程工程造价咨询服务中对投资管控能力不足。

二、应对措施

1. 加大监管力度，推进诚信建设

政府部门应加大对造价咨询行业的监管力度，建立健全行业管理制度、完

善行业诚信体系，规范市场行为，这不仅有助于提高行业整体水平，也能够保障各方合法权益。鼓励造价咨询企业积极参与诚信体系建设，树立良好的行业形象。

2. 改良行业信息化土壤、提高数字化水平

鼓励造价咨询企业使用数字化管理，建立企业数据库，使用先进的智慧办公管理平台，积极参与 BIM 技术推广等手段，加快数字化转型。鼓励大型造价咨询企业参与行业数据库和信息化平台建设，推进造价数据库共享。

3. 培养复合型人才、助力全过程咨询服务

鼓励企业培养复合型人才，以应对全过程咨询的需求。造价咨询企业应高度重视全过程咨询服务项目负责人和相关专业人才的培养，建立和完善相关的人才培养制度，通过校企合作、行业交流的方式打造多层次高水平的复合型咨询人才，为开展全过程咨询服务提供必要的人才支撑。

（本章供稿：龚春杰、柳雨含、全玉淑、曹喜悦）

第八章

黑龙江省工程造价咨询发展报告

第一节　发展现状

　　编写《黑龙江省建设工程其他费计费文件汇编》《黑龙江省建设工程法律法规汇编》《工程造价经济技术指标》；参与黑龙江省二级造价师考前培训教材的编写；编写《黑龙江省造价咨询优秀成果评选管理办法》初稿。举办"黑龙江省工程造价咨询企业转型与发展之路高端论坛"；举办了三期"企业开放日"活动，开放企业七家；组织造价从业人员参加"东北三省全过程工程咨询典型案例分享交流会"；应黑龙江省住房和城乡建设厅工作要求，组织企业观摩数字化项目（BIM 实用案例），并开展了数字化转型的宣贯工作；与黑龙江省寒地建筑科学研究院工程造价研究中心联合举办"黑龙江省 2019 版建设工程计价依据消耗量定额宣贯会"；组织开展 2023 年全国工程造价咨询企业信用评价工作，黑龙江省共29 家企业参加今年评价，其中取得 AAA 级企业 25 家、AA 级企业 2 家、A 级企业 2 家。

第二节　发展环境

一、政策环境

　　印发《黑龙江省住房和城乡建设厅等部门关于推动智能建造与新型建筑工业化协同发展的实施意见》；推广数字技术，印发《黑龙江省房屋建筑工程和市政基础设施工程建筑信息模型技术推广应用三年行动计划（2023-2025）》。

印发《关于在建工程开展建筑市场秩序和工程质量安全专项整治行动的通知》，在全省范围内开展建筑市场秩序和工程质量安全专项整治；开展资质动态核查，整治挂证人员，对存在挂证行为的个人，下发《撤销行政许可意见告知书》；加强招标投标行为管理，印发《关于黑龙江省房屋建筑和市政基础设施工程承发包管理系统直接发包功能升级的通知》；规范房屋和市政工程直接发包行为，严格承包单位具备履行合同的资格能力和相应条件；印发《黑龙江省房屋建筑和市政基础设施工程评标委员会成员评标行为信用评价办法（试行）》；公开征求《黑龙江省房屋建筑和市政基础设施工程标准施工招标文件示范文本（电子招标 2023 版）》修改意见，采用一系列举措，规范招标投标活动。

推动确保《黑龙江省建筑市场管理条例》尽快落实；加快建筑市场信息化建设，印发《关于进一步加强省建筑市场监管公共服务平台工程项目数据管理工作的通知》；推进实名制管理制度全覆盖，印发《黑龙江省房屋建筑和市政基础设施工程施工现场管理人员配备管理办法》；推广工程建设组织新模式，印发《关于征集工程总承包、全过程工程咨询项目典型范例的通知》。

开展了二级造价工程师资格考试，印发《关于开展二级造价工程师执业资格注册管理工作的通知》；编制《黑龙江省房屋加固工程消耗量定额》，并将省行政区域内建筑安装工程的安全生产责任保险保费纳入安全施工费，调整《建筑安装工程费用定额》HLJD—FY—2019 安全文明施工费费用标准。

二、经济环境

黑龙江省地区年生产总值 15901.0 亿元，比上年增加 7.0%。其中，第一产业增加值 3609.8 亿元，增长 4.2%；第二产业增加值 4648.9 亿元，增长 13.7%；第三产业增加值 7642.2 亿元，增长 4.6%。

固定资产投资（不含农户）比上年增长 0.6%。分产业看，全年第一产业投资比上年增长 13.1%；第二产业投资增长 10.6%，其中工业投资增长 11.8%；第三产业投资下降 6.3%。分建设质看，全年新建投资比上年增长 9.3%，扩建投资增长 8.6%，改建和技术改造投资增长 22.5%。

2023 年，黑龙江省完成建筑业产值 1426 亿元，同比增长 0.8%。建筑企业全年共签订合同 3201.6 亿元，比上年增长 7.3%。其中，本年新签订合同额 1584.1 亿元，上涨 0.2%。

全年房地产开发投资比上年下降 32.8%。全年商品房销售面积 925.5 万平方米，比上年下降 31.3%。其中，住宅销售面积 839.5 万平方米，下降 30.3%。全年商品房销售额 569.4 亿元，其中，住宅销售额 506.7 亿元。

第三节　主要问题及对策

一、主要问题

1. 盲目比选低价

随着工程造价咨询资质取消，企业数量逐渐增多。由于业务总量有限，市场逐步向价格竞争趋势发展，现阶段仍有大量业主单位未能充分认识到工程造价咨询的专业性和重要性，仍盲目选择低价，助长了无底线低价中标，导致整体咨询成果文件质量的下降，阻碍了行业的良性发展。

2. 综合性人才数量匮乏

虽然从数据上看行业从业人员不断增加，但却与行业发展、业务整合后市场对人才的需求不对等。当前，市场对全过程咨询业务复合型人才的需求越来越迫切，而目前行业专业人员大多技能单一，一定程度上制约了行业发展。

3. 造价咨询企业业务内容缺乏创新

在工程造价咨询市场竞争日趋激烈，国家近年来推行全过程工程造价咨询业务的背景下，全省企业全过程工程造价咨询业务参与仍然较少。多数企业只开展了传统、单一的工程造价咨询业务，缺乏全过程工程咨询类新业务，业务拓展存在局限性，缺乏竞争优势。

二、发展建议

1. 加强行业监管力度

积极营造诚实守信的市场环境，一是运用"信用＋信息化"手段创新监管方式，推进信用评价和结果应用。二是建立行业自律管理机制，实现行业信用、自律双结合。三是根据工程建设需要，合理确定和有效控制工程造价，完善定额，保障工程造价咨询行业健康有序发展。

2. 构建人才培养体系

政府、协会、高校、企业共同创建人才培育体系。参照市场导向，明确人才培养方向，支持、鼓励企业与高校联动，培养具有全过程咨询综合能力的复合型人才。促进教育与实践相结合，构建人才培养体系，推进行业从业人员适应行业发展要求。

3. 鼓励造价咨询企业发展全过程咨询业务

鼓励企业积极适应工程领域咨询服务供给侧结构性改革及市场转型升级需要。不断调整企业经营策略，培养提供全过程咨询服务的能力，满足市场需求，摆脱业务单一的现状，提升整体竞争力。

（本章供稿：陈光侠、杨雪梅、高欣伦、徐茗馨、刘国艳）

第九章

上海市工程造价咨询发展报告

第一节 发展现状

　　上海市住房和城乡建设管理委员会研究出台了《关于调整本市城市基础设施养护维修工程规费项目设置及费用计算等相关事项的通知》（沪建标定联〔2024〕84号），以推进养护维修工程市场化改革，保障从业人员合法权益。开展建设工程"四新"技术造价数据案例展示工作（试行）。案例展示以互联网共享平台为载体，激发市场各方主体活力，通过数字化手段，加强"四新"技术造价数据在工程计价中的应用。上海市工程建设规范《建设工程造价咨询标准》开展局部修订工作。与香港测量师学会合作备忘录签署仪式在上海举行，这也是继2018年签署双方合作框架协议后又一次合作升级。主编的《建设工程计量与计价实务（土木建筑工程）》和《建设工程计量与计价实务（安装工程）》辅导教材完成出版，这也是上海市第一本正式出版的二级造价师辅导教材。忘录签署后双方将不断加强交流与合作，资源共享，未来将共同举办学术研讨会、培训活动，促进知识共享和技术创新，并推广优秀成果和经验，持续提升会员的专业能力和影响力，共同推进相关领域的发展。

第二节 发展环境

一、政策环境

　　2023年，上海市重大工程计划安排正式项目191项，其中科技产业类77项，社会民生类 27 项，生态文明建设类 17 项，城市基础设施类 62 项，城乡融合与乡村振兴类 8 项；另计划安排预备项目 48 项；全年计划完成投资 2150 亿元，计划新开工项目 15 个，基本建成项目 26 个。至 2023 年底全年完成投资超 2200 亿元，再创投资完成历史新高；全年累计新开工项目共约 37 项，超年初计划约 22 项。

为持续推进上海市住房城乡建设管理行业数字化转型工作，服务上海"五个中心"建设和长三角一体化发展战略，上海市住房和城乡建设管理委员会发布《上海市住房和城乡建设管理行业数字化转型实施方案（2024-2026 年）》。方案总体考虑到 2026 年，基本形成上海"数字住建""4321"整体框架，初步实现住建行业横向打通、纵向贯通、协调有力的"物联＋数联＋智联"发展格局（"4"即加快数字技术与住建行业深度融合，深入推进数字工程、数字住房、数字城市、数字村镇等四大领域发展进步；"3"即强化利企便民服务、高效协同发展和数字智能创新三个导向的数字化布局；"2"即构筑可信可控的信息安全保障体系和先进适用的标准规范保障体系；"1"即构建驱动住建行业全域数字化转型的技术集成、数据融合、业务协作一体化 CIM 平台）。围绕实现"数字住建"发展目标，到 2026 年，重点完成四个方面 36 项具体任务。

为深入推进建筑师负责制试点，指导建筑师负责制试点项目工作开展，上海市住房和城乡建设管理委员会组织编制了《上海市建筑师负责制工作指引（试行）》，并在全市范围内全面推广建筑师负责制试点。试点项目包括上海市行政区域内，新建、改建、扩建房屋建筑和市政基础设施工程，以及既有建筑（非居住类）装饰装修工程。鼓励乡村建设类项目、城市更新类项目以及在五个新城、南北转型等区域内的项目先行先试。"一江一河"沿岸地区（中心城区段）新改扩建项目、文物和历史建筑保护修缮项目、历史风貌保护区域内保留保护项目，以及限额以下项目等建设项目率先推行建筑师负责制试点。同时，为进一步规范上海市建筑师负责制试点项目招标投标活动，修订完成了《上海市建筑师负责制试点项目招标文件示范文本（2024 版）》。

二、监管环境

为深入贯彻党中央、国务院关于全面优化营商环境决策部署，认真落实《上海市坚持对标改革持续打造国际一流营商环境行动方案》，加强打造市场化、法治化、国际化一流营商环境，更好地服务"五个中心"建设和城市核心功能提升，上海市住房和城乡建设管理委员会、上海市发展和改革委员会、上海市规划和自然资源局共同研究制定上海市工程建设领域营商环境改革7.0版行动方案。该方案主要包括6大部分，30项重点任务，持续深化营商环境改革。

为进一步优化建设工程招标投标领域营商环境，促进招标投标活动公平、公正、公开，上海市住房和城乡建设管理委员会印发了《关于进一步深化本市建设工程招投标制度改革工作的实施意见》，并同步修订评标办法等一系列配套文件，以提升建设工程招标投标监管水平，进一步激发建筑市场活力。同时持续深化招标投标全过程电子化改革，完成勘察设计合并招标、材料设备招标投标的全流程电子化，逐步实现建设工程及其相关的服务、货物全流程招标投标电子化，以及探索推行远程分散评标模式，并全面实现房建和市政工程项目施工合同在线签订。

三、技术环境

上海市住房和城乡建设管理委员会与市发展和改革委员会、市经济和信息化委员会、市规划和自然资源局联合印发《上海市全面推进建筑信息模型技术深化应用的实施意见》，对今后五年内上海市建筑信息模型技术深化应用明确了七大项的重点工作任务，并详细规划了时间表、路线图。同时，为配合建筑信息模型技术进一步的应用与推广，上海市工程建设项目审批管理系统中上线了基于建筑信息模型技术的智能辅助审查子系统；另外，《建筑信息模型技术应用统一标准》DG/TJ 08—2201—2023、《建筑信息模型数据交换标准》DG/TJ 08—2443—2023两本标准也已批准发布。

上海市住房和城乡建设管理委员会发布《上海市推动超低能耗建筑发展行动计划（2023-2025年）》，明确超低能耗建筑主要工作任务和职责分工。同时，联合市发展和改革委员会、市规划和自然资源局发布《关于推进本市新建建筑可再生能源应用的实施意见》，提出到2030年，城镇新建建筑可再生能源替代率达到15%，明确新建建筑落实可再生能源应用量和光伏安装面积的双控要求；同时，修订完成《关于推进本市绿色生态城区建设的指导意见》，提出重点区域全域发展要求，推进已建成试点城区的验收工作，力争形成一批可推广、可复制的示范城区。

上海市海绵城市建设工作深入践行人民城市理念，坚持系统化全域推进，提升城市安全韧性，改善城市生态环境，取得了积极成效。2023 年，全市新增 57.7 平方公里海绵城市达标区域，完成海绵示范项目 100 个，涵盖建筑小区、公园绿地、道路广场和水务系统四个类型。同时，发布《上海市海绵城市规划建设管理办法》，指导全市范围内新、改、扩建建设项目的海绵城市规划、设计、建设、运营及管理活动，以及发布《关于进一步加强本市建设工程海绵城市施工图设计审查和竣工验收管理的有关通知》，用以完善海绵城市建设管理机制，形成管理闭环，有序推进本市海绵城市建设。

第三节　主要问题及对策

一、主要问题

1. 监管体系仍不够完善

工程造价行业相关管理尚不具备完善的法律法规，贯彻执行力度较弱，无法做到对造价咨询企业的全面监管和有效协调，导致造价管理中存在不透明的行为，对工程造价行为公平、合理性产生制约。

2. 造价管理人员职业素养有待提高

造价管理人员因自身认识水平和执业能力限制，无法在造价咨询活动中充分发挥作用，与现代化的造价管理需求存在较大差距。随着全过程工程咨询服务的推广深入，以及工程建设标准的提高，对具有高水平综合能力的复合型人才的需求越来越迫切，而当前造价管理人员的专业能力与需求已无法相匹配了。

3. 行业创新发展能力缺乏

工程造价行业创新发展能力较为薄弱，多采用传统方法和思维模式，往往限制了行业的发展。随着科技的不断进步和市场的竞争日益激烈，传统方式将被逐渐替代，新技术的不断涌现，为工程造价行业带来了无限可能，创新思维也成了行业发展的关键。

二、应对措施

1. 进一步完善监管体系

整合监管职能，建立统一的监管体制，着力解决行业监管职能分散、监管缺位等问题。同时加大信息公开力度，畅通投诉渠道，提高投诉处理效率，及时处理行业发展过程中出现的不规范问题；加快信用体系建设，科学制定信用评价指标、标准、方法及模型，建立信用管理体系和激励惩戒机制，确保建设市场的有序竞争；完善监督手段，丰富监管方式，可采用全流程、全方位、全覆盖的数字化监督体系；主管部门和行业协会共同协作，探索打造集智慧监测、信用监管于一体的电子化监管平台，让监管趋于数字化、智能化、精准化。

2. 培养高素质复合型人才

企业应鼓励现有人员加强专业能力学习，建立专业技术证书与职位职级挂钩的人才晋升机制，同时也可以通过引进高端人才方式，促进企业人才结构优化，短期内快速提升人员专业技术水平；未来，行业发展可能还需要更多具有交叉思维、复合能力的创新人才，这也要求企业和高校能打破传统学科壁垒、推动学科专业交叉融合，共同探索未来技术人才培养模式。

3. 强化科技创新意识

面对新质生产力的发展，企业必须积极拥抱科技创新，不断提升自身的竞争力，激发创新意识，探索新的业务模式和技术应用。培养多元化思维，从多个角度、层面和领域思考问题，以寻找更全面的解决方案；鼓励跨界合作与交流，为工程造价行业注入新的活力，借鉴其他领域的成功经验，拓展自身的思维边界；引入新技术与工具，如大数据分析、人工智能、物联网等，可以帮助造价管理人员更准确地预测和评估工程风险，提高造价咨询服务质量和效率。

（本章供稿：徐逢治、施小芹）

第十章

浙江省工程造价咨询发展报告

第一节　发展现状

配合管理部门完成改革试点省份、试点项目工作，坚持市场化改革与数字化改革紧密结合；引领企业主营业务朝向多元化发展，拓展综合咨询，创新"造价＋投融资""造价＋设计优化""造价＋项目管理""造价＋合同采购""造价＋法律""造价＋BIM""造价＋数字化""造价＋AI"等咨询模式，提升工程投资管控成效。

浙江省造价咨询企业积极参与亚运会、亚残运会场馆及配套建设项目的概预算编制及审核、工程招标投标、项目管理、造价咨询、勘察、监理、跟踪审计等工作，有效控制工程造价，为高质量亚运场馆建设贡献造价力量；服务"一带一路"，开展国际咨询，承担了政府对赞比亚、越南、柬埔寨等多个"一带一路"国家和地区援建项目的咨询服务，提升咨询企业服务国际业务市场的能力；参与国家版本馆、之江文化中心等国家和长三角地区重大建设项目，聚焦高水平交通强省建设；聚焦"千万工程"，服务咨询美丽乡村建设。

参与计价依据修编；完善数据信息化、推进工程总承包；配合做好《建筑工程施工发包与承包计价管理办法》《建设项目总投资费用组成》等法律法规、标准的制修订任务；联合举办《建设项目工程总承包计价规范》等4项团体标准宣贯会；与浙江省造价管理总站、浙江省财政项目预算审核中心、浙江省公共资源交易中心共同编制出版《浙江省建设工程造价参考指标（一）房屋建筑与市政工程》；协助法院和仲裁机构做好前期调解工作；参与最高人民法院"总对总"

诉前调解试点工作，联合成立浙江省住房城乡建设领域民事纠纷调解事务联合协调委员会；推荐 27 名专家入驻最高法调解平台，现有中国建设工程造价管理协会调解员 13 名；征集造价司法鉴定案例并编印成册；加强调解员培训，举办模拟法庭、ODR 调解员赋能直播、造价纠纷调解公益培训、最高人民法院司法解释（二）宣贯等公益讲座。

举办企业开放日、技术开放日、造价人进阶讲堂等活动，举办施工过程结算、《工程总承包管理办法》专题宣贯会、定额宣贯暨配套软件培训会、《浙江省建设工程造价咨询成果差额分析工作指引》宣贯会、《工程总承包招标文件示范文本（2022 版）》《造价咨询成果质量评价导则（试行）》法律实务专题研修班等多场技术、管理、法规培训，推动新政落地见效；评选品牌企业、优秀企业、最美造价人；开展"最美折翼造价人"选树、"浙江好人"推荐等活动；发布诚信执业倡议，搭建诚信自律平台，及时处理纠纷投诉；截至 2023 年底，获评信用评价 3A 等级企业 283 家，2A 等级 19 家，1A 等级 4 家。

根据领军、骨干、基础和后备人才四大梯队，分层育才、立德树人；特邀法官、律师、金牌造价师等专家开授多期青年造价师沙龙；为领军和骨干人才举办数据积累讲座、BIM 技术交流会、高层研修班、设计造价创新大会等；为基础和后备人才每年开展造价师线上线下考前培训，累计助力 6000 余人应考；为造价从业人员提供新知识、掌握新技能，构建了"菜单式"网络继续教育课程库，目前开设课程 89 门，超 230 学时；成立联合学院，高效协同育人；举办毕业生招聘会、双选会；在文成职高开设全省第一个中职类造价专业班，并设立奖学金、助学金，推进人才储备工作，实现了政行校企多元联动、同频共振助推共富；开展课题研究，举办技能竞赛；评选、推广优质 BIM 技术案例、造价咨询成果案例、全过程工程咨询案例等；编制本省优秀案例集。

出品行业首部微电影《造就价值》；宣传行业信息，共发布近 9000 余篇动态，阅读量超 270 万次；新闻稿在《建筑时报》《中国建设报》、新浪、澎湃等媒体累计刊发 100 余篇 / 次；利用"一网一微一刊一视频号"等宣传媒介，加强品牌宣传，逐步构建新时代全媒体传播体系。

第二节　发展问题与对策

一、发展问题

进入门槛降低，行业地位降低；市场环境恶化，内卷严重；造价业务深度仍待提升；人才培养体系仍需完善；数字化程度有待提高。

二、对策

（1）既要解决生存问题，也要平衡发展问题，还要关注企业与社会互动问题。

（2）既要在成熟的领域降本增效，也要在新的领域找到成长，还要量力经营。

（3）既要构建组织的稳定性，也要保持组织的灵活性，还要形成组织内外的协同共生性。

（4）既要积累沉淀核心能力，也要构建新能力，还要拥有定力。

（5）既要回归行业本质，也要重新定义行业，还要数字化转型。

（6）既要提供物美价廉的服务，也要增加附加价值，还要快速响应等。

（本章供稿：陈奎、丁燕）

第十一章

安徽省工程造价咨询发展报告

第一节　发展现状

　　截至 2023 年底，安徽省共有 167 家企业参加全国信用评价，其中取得 AAA 级企业 135 家，AA 级企业 15 家，A 级企业 8 家。同时，"安徽省工程造价咨询业信用信息管理系统"共有 43109 家企业参与信用评价，其中省内企业 42717 家，外省进皖企业 392 家。取得信用评级 AAA 级企业 129 家、AA 级企业 111 家，A 级企业 1796 家，不具备经营能力的 B 级企业 41072 家、C 级企业 1 家。

　　成功举办第三届建设工程造价技能竞赛。全省 6000 余人报名参赛，带动超过 3 万人进行了"岗位大练兵"，2 人分别被省总工会授予"省五一劳动奖章"和"省金牌职工"称号。首次举办工程造价咨询企业负责人综合能力提升培训班，开设 9 堂主题课程，同时还组织了参观学习、实践演习和交流沙龙活动。

第二节　发展环境

一、全省经济概况

　　2023 年，安徽省地区生产总值（GDP）47050.6 亿元，比上年增长 5.8%。全省固定资产投资比上年增长 4.0%，高于全国 1 个百分点。其中，民间固定资产投资下降 1.5%。

　　全省基础设施投资比上年增长 6.3%，高出全国 0.4 个百分点。其中，道路运输业投资增长 15.5%，高出全国 16.2 个百分点；铁路运输业投资增长 103.7%，高出全国 78.5 个百分点；生态保护和环境治理业投资增长 51.2%，高出全国 54.1 个百分点。

全省建筑业实现产值 12466.83 亿元，同比增长 6.53%，总量居全国第 10 位，创造增加值 4881.2 亿元，占全省 GDP 比重达到 10.4%。全年房屋建筑施工面积 59769.3 万平方米，比上年增加 10098.6 万平方米；房屋竣工面积 15465.6 万平方米，增加 608.7 万平方米。房地产开发投资下降 16.4%，全年商品房销售面积 4677.64 万平方米，下降 28.5%。

二、造价咨询业发展环境

安徽省住房和城乡建设厅发布了《安徽省建设工程计价依据动态调整实施规定》，明确动态调整的范围、使用要求、省市两级造价管理机构工作职责，建立计价依据与市场变化联动机制，提高我省计价依据适用性，为工程建设各方提供更好的计价服务。

安徽省住房和城乡建设厅制定了《安徽省建设工程造价咨询招标文件示范文本》，强化招标投标事前事中监督，在合理报价优先原则上，积极引导提高服务质量和服务水平，遏制低价竞标，提前管控合同履约风险，进一步减轻企业经营负担。引导建立公平、公正、充分竞争的工程造价咨询市场秩序。

发布安徽省地方标准《保障性住房工程造价指标指数分析标准》DB34/T 4579—2023，明确了保障性住房工程造价指标指数的分类、分析与测算方法，将进一步促进全省保障性住房造价数据结构化的统一，为实现数据有效分析，形成行业指标指数奠定基础。

长三角区域工程造价咨询企业信用信息共享工作持续推进。根据上海市住房城乡建设管理委、江苏省住房和城乡建设厅、浙江省住房和城乡建设厅、安徽省住房和城乡建设厅联合印发的《长三角区域工程造价管理一体化发展工作方案》要求，完成"长三角区域工程造价咨询业信用信息共享平台"初步建设，设置"三省一市信用信息查询"和"双随机、一公开结果查询"版块，实现与浙江、江苏的信用信息对接，归集我省和沪苏浙造价管理部门近三年来"双随机、一公开"监督检查结果信息 49 项，并向社会公开。

第三节　主要问题及对策

一、主要问题

1. 造价咨询市场增速放缓，企业经营承压

安徽省多数造价咨询企业业务单一、规模较小、管理粗放，抵御风险能力不足。在房地产业深度调整、建筑业高质量发展变革、造价行业改革深入推进的背景下，企业转型艰难，经营压力较以往增大。

2. 数字化转型进展缓慢，数据价值有待挖掘

一是行业系统化的数字建设标准不够完善，数据结构与格式繁杂多样；二是行业统一的大数据平台尚未建立，数据孤岛打通、数据交换增值的规则和机制尚不成熟；三是企业数字化建设成本高，数字人才短缺，数据价值体现不够，企业变革内驱力不足。

3. 异常低价竞争现象屡发，影响行业健康发展

同质化竞争依然激烈，部分企业采取低于成本收费的方式竞标，履约中无法保证咨询质量，造成委托方资产流失，影响了市场公平竞争和行业健康持续发展。

二、发展对策

1. 推动行政监管和行业自律共发力

一方面，针对低于成本收费的不正当竞争行为和执业过程中的违规行为，由行政管理部门依法进行处罚；另一方面，完善行业收费自律管理制度，建立可能影响合同履约的异常低价提醒、曝光和跟踪机制。

2. 加快建立统一的市场价格信息平台

按照工程造价改革工作方案要求，搭建统一的市场价格信息平台，明确信息发布标准和规则，引导企业通过信息平台发布各自市场价格信息，供市场主

体选择。

3.鼓励企业差异化发展

鼓励和帮助企业通过放大特色、做精做专或综合化发展的方式差异化经营，提升创新能力和市场竞争力。

（本章供稿：王磊、洪梅）

第十二章

福建省工程造价咨询发展报告

第一节　发展现状

2023 年，福建省工程造价咨询从业人员规模和业务收入等数据与 2022 年比均有下滑，企业规模、平均企业业务收入和人均产值仍较低，发展水平不高。全过程工程咨询项目收入占比仍偏低，还有待进一步加快提升发展，行业龙头企业数量少。随着市场需求的增长，越来越多的企业进入工程造价咨询行业，竞争日益激烈。

一些工程造价咨询企业开始探索服务模式创新，通过举办各类培育、培训活动和造价技能竞赛，开展政策宣贯会，提供定额问题解答及造价纠纷调解等服务，聚焦企业发展需求，助推企业高质量发展。总的来说，福建省工程造价咨询行业竞争较为激烈。

第二节　发展环境

一、经济环境

2023 年，福建省地区生产总值 54355 亿元，同比增长 4.5%。供给侧结构性改革进一步深化，省内经济结构不断优化，全省加快城乡区域协调发展。建筑业总产值达到 17383.36 亿元，同比增长 1.8%。企业数量在不断增加，市场竞争日益激烈，呈现出集约化和专业化发展的趋势。建筑企业通过推进工程承包、管理服务等形式提高生产效率和竞争力，并逐渐形成了建筑设计、施工、装饰装修等不同专业领域的竞争优势。

2023年，福建省房地产开发投资比上年下降12.7%。在政策托底和高基数效应减弱的影响下，房地产市场逐步平稳但整体仍面临调整压力。

二、政策环境

随着工程造价咨询企业资质审批的取消，福建省住房和城乡建设厅及各级住建主管部门加强了对工程造价咨询企业和执业人员的事中事后监管，包括对企业的资质条件、执业行为、咨询成果文件质量等方面进行监督检查，确保行业健康发展。福建省住房和城乡建设厅定期组织开展建设工程造价咨询行业专项治理检查，检查范围包括工程造价咨询成果文件编制质量、企业内部管理情况、企业咨询服务行为以及注册造价工程师执业行为等方面，不断优化营商环境，完善企业诚信体系建设，提高工程造价咨询成果文件质量。

此外，为扎实推进绿色建筑、绿色建造、建筑低碳运行，提高建筑的安全性、舒适性和健康性，大力发展绿色低碳建筑，进一步推动绿色建造产业和绿色建材产业健康发展。

随着大数据、云计算、人工智能等技术的广泛应用，福建省工程造价咨询行业正逐步实现全面数字化和智能化发展。政府通过出台相关政策措施，支持企业采用新技术、新手段提高工程造价的准确性和效率，为项目管理提供更加科学和可靠的决策依据。

三、技术环境

随着大数据、云计算、人工智能等技术的广泛应用，工程造价行业正逐步实现数字化和智能化转型。"福建省建设工程造价数据库平台"——端云大数据一体化解决方案，利用BIM、云、大数据、人工智能等技术，注重利用信息技术和网络大数据辅助，实现智能化审核和自动化预警分析，推动可数据化评审实施，使评审更加科学、规范、透明。

为推进建筑产业现代化，福建省大力推进装配式建筑高质量发展，合理确定装配式建筑工程造价，保障工程质量安全。此外，为进一步规范装配式建筑评价，在《福建省装配式建筑评价管理办法（试行）》（闽建〔2020〕4号）基础上制定了《福建省装配式建筑和装配式内装修工程评价管理办法（试行）》，涵盖装配式建筑和装配式内装修的评价和管理，进一步适应装配式建筑发展新形势，推动装配式产业链进一步发展。

为鼓励造价咨询企业转型升级，以适应多种形式的全过程工程咨询业务，福建省建设工程造价管理协会组织多场主题研讨交流会，积极推进"造价+"行业升级发展模式的布局，积极探索"造价+"服务开发行业蓝海。

四、监管环境

福建省为加强工程造价管理工作，印发了《福建省工程造价咨询企业信用评价办法》（闽建〔2023〕13号），对福建省行政区域内从事房屋建筑和市政基础设施工程建设项目造价咨询活动的工程造价咨询企业的进行信用评价，进一步规范工程造价咨询市场秩序，服务建筑业高质量发展。

同时，为规范福建省建筑市场行为监督检查工作，加强事中事后监管，福建省住房和城乡建设厅下发《关于印发〈福建省房屋建筑和市政基础设施工程建筑市场行为监督检查办法〉的通知》（闽建筑〔2024〕23号），对工程各方主体包括建设单位、勘察设计单位、施工单位、监理单位、造价咨询企业的各类建筑市场活动实施每年不少于两次的监督检查。通过与工程质量安全监督检查同步开展的方式或者通过"双随机"系统（包含工程项目库、造价咨询成果库、检查人员库）抽查的方式开展全省建筑市场行为监督检查，要求劳务实名制信息化管理，对违法收取保证金、违法发包等违法行为进行严格管控并处罚，对省内行业市场实施更加严格的监管，净化市场环境，保障市场规范、有序。

第三节　主要问题及对策

一、行业存在的主要问题

1. 行业竞争激烈、低价竞争严重，企业利润空间压缩、经营面临困难

随着市场准入门槛的降低，福建省工程造价咨询行业的竞争愈发激烈。部分企业无视行业诚信自律公约，恶意低价承揽业务，在造价咨询项目的招标投标中，即使招标文件有约定低于成本价的报价属于废标，但招标文件也没有相应的法律依据或政策作为支撑，无法明确成本价如何计算和界定的条款。市场正常的业务量的急剧萎缩，致使咨询质量难以保证，造价行业高质量发展难以实现。不仅损害了客户的利益，也影响了行业的整体形象和声誉。

2. 复合型专业技术人才短缺、职业化程度仍待提高

工程造价咨询的工作是具有创造性的，造价咨询单位要在全咨中做牵头单位或发挥更重要的作用，需要有一定数量的复合型人才，除具有估算、概算、预算、结算的造价咨询能力外，还应熟悉政府建设法规政策、财务等具有项目建设全过程的勘察设计、施工、采购等策划、组织、管理能力以及相应的专业知识和较强的协调沟通能力。省内造价行业通晓项目管理、金融、法律、设计、工程、经济等多学科大融合的复合型人才严重短缺，很难适应市场经济进一步发展的要求。

3. 计价依据体系不完善、造价基础数据缺乏

目前，项目清单计价招标中的招标控制价是以预算定额为依据编制的，而大部分投标人由于缺乏施工成本数据的系统总结分析，现行预算定额依据施工工艺及其定额消耗社会平均水平进行测算，与市场的关联度不高。定额单价与施工单位成本核算思维的不匹配，使预算价、施工成本之间的比较难以具体分析，造成造价咨询与市场脱节，也不利于施工单位进行指标数据收集。定额消耗量与施工对象实际投入之间常常存在倒挂，出现定额消耗量偏大而人工单价低于市场价的现象，大大降低了定额的公信力。

4. 咨询成果检验时限拉长，费用支付不断延期

传统预结算业务需经历多轮审查，用三审结论衡量造价质量误差，咨询时限拉长，矛盾争议问题直线上升且久拖不决，咨询费用催款难、回款更难，使造价咨询行业发展如无源之水无本之木，企业利润率得不到有效保障。

5. 有效数据积累及共享不足，信息化向数字化转型落地困难

新常态下，企业信息化可以有效降低服务成本，提高服务品质并提供差异化的服务。但多数造价咨询企业没有从根本上认识到信息化的重要性，而且相关应用软件垄断性较强、价格高，阻碍了信息化建设的推进。碍于现有项目数字化管控平台的不成熟、数据信息准确度不足，信息更新不及时、各全咨参建方处于各司其职各负其责的分散状态，且建设单位对全咨项目认识不够、需求不高，咨询服务单位专业能力良莠不齐，致使项目各参建方数据屏蔽、共享不足，且数据库内容庞杂、未能对数据进行深度挖掘和智能分析，信息化向数字化落地转型困难。由于技术和资源的限制，部分企业在技术更新方面存在滞后现象，影响了服务质量和竞争力。

6. 造价咨询企业在全过程咨询中被边缘化

在福建全过程咨询推行早期，建设主管部门有关全过程咨询的文件倡导以设计为核心（牵头单位），福建全咨开展这几年全咨的招标文件，绝大部分明确以设计单位为牵头方，造价咨询单位只能作为联合体的联合方，造价咨询单位在全咨招标阶段就被边缘化，在全咨工作中造价咨询工作也被弱化，有些全咨项目造价咨询工作是被动的配角，造成项目造价失控或参建各方产生争议。

7. 建设领域纠纷调解工作面临复杂性较高、宣传不足等问题

随着社会对非诉讼纠纷解决方式的认可度提高，工程纠纷调解将更加注重构建多元化解决机制，包括但不限于诉前调解、在线调解、行业调解等，以满足不同当事人需求。目前，在纠纷调解的工作中，随着建设项目的规模和复杂度增加，涉及的法律、技术和经济问题更为复杂，对调解的专业性和时效性提出了更高要求。而纠纷调解相关工作的宣传推广不足，并没有通过多途径引导、宣传而在建设行业中逐步树立"有争议先调解"的理念。

二、行业应对策略

1. 强调品牌塑造，实行差异化竞争，全方位开展全过程工程咨询

造价咨询企业不仅要加大人才培养和引进力度，更要做好数字化转型，加快成果数据积累，利用作业技术平台优势适应全过程工程咨询工作需要，实现专业工作有效融合，提高项目管理和沟通效率；要发挥专业特长，明确战略定位，实行差异化竞争，细分领域的产业链优势，聚焦优势市场，建立竞争壁垒，占领细分市场份额，努力塑造专业品牌。

引导造价咨询企业业务升级，从传统单一模块的咨询向全过程项目管理转型，并将业务板块向上下游甚至跨界延伸，将数字化转型融入企业自身战略，在全过程咨询中实现精准控制投资，统筹项目管理，并以成本造价为主线实现精细化管理，以标准化作业、精细化管理、数字化积累来全面提升全过程工程咨询服务水平，完美实现精益化项目管理目标。

2. 完善信用体系，加强信用评价监管，维护公平竞争的市场秩序

加强咨询企业监管与个人的执业信用评价，建立诚信机制，细化行业公约，提高行业的诚信度和公信力，建立以信用管理为核心的事中事后监管体系，探索建立造价咨询服务双方评分制度，完善工程造价咨询成果质量评定标准，探索建立企业信用与执业人员信用挂钩机制。推行优质优价，引导有序竞争。建立以质量为导向的造价咨询服务选用机制，引导业主单位优先采用"质量＋价格＋诚信"的综合评定方式，根据服务类型、内容、深度合理约定酬金，提高行业恶性竞价行为成本。

3. 加强造价依据标准的技术性、市场性，优化行业结构，拓展业务空间

主管部门编制预算定额、施工单位成本核算、咨询单位积累造价指标，都要克服现行造价管理的弊端，以市场化逻辑为导向，以满足不同的应用需求为目的，实现应用价值。造价改革市场化导向不仅要及时适应市场变化，还要形成市场化思维。

相比新建项目，城市更新和改造项目更复杂，涉及旧建筑的拆除、改造、新建等多个环节。造价人员需要具备综合的专业知识和技能，能够应对各种复杂情况，提供全面的造价咨询服务。随着国内市场竞争的加剧，越来越多的工程造价

企业开始将目光投向海外市场。通过参与国际项目可以拓宽业务范围、了解和掌握国际标准和规范，提升企业和个人的国际竞争力。另外，福建省建设领域纠纷调解工作正处于一个快速发展期，企业通过持续的制度创新和科技应用参与调解工作，以实现更加高效、公正和专业的纠纷解决机制，同时达到提升企业形象、拓宽收入来源的效果。

4. 加强数字化转型的顶层设计，实现工程造价信息共建、共享、共管

在这个飞速发展的大环境下，要求造价咨询企业能够提供更加定制化、高质量的服务方案，满足不同客户的特定需求。因此，造价咨询企业应当重视对造价咨询服务产品的研究和开发，全面掌握行业先进的理念和技术，打造有价值的服务。同时，随着数字化趋势的推进，引导头部企业编制数字化团体及企业标准，通过数字化标准建设，助推工程造价咨询行业数字化转型。细化行业数据库指标的颗粒度和前置属性，打通与计量、计价软件的数据交换接口，简化指标库建设程序和难度，做好与各类标准化设计及标准化施工的对接，扩大造价指标库的应用场景和范围。以建设单位为核心，鼓励项目参建各方共同使用项目共享管控平台，消除信息壁垒，节约信息传递时间，及时留存隐蔽信息，项目建设信息共建、共享、共管，使参建各方可以充分进行沟通交圈，以更好地实现项目造价的快速估算、指标查询、全方位数据分析。

5. 加强企业创新能力建设，促进从业人员不断提升执业能力和素质

造价咨询企业应敢于进行工作创新，持续进行各方面执业能力和素质的提升，加强人才队伍建设。新技术的应用和管理创新对人才提出了更高要求，既要有扎实的专业知识，也要具备良好的信息技术应用能力和持续学习的能力。因此，培养和引进具备跨学科知识背景的复合型人才成为企业发展的关键，鼓励企业与高校联动，联合高校师资开展产学研互动，共同设置科研课题，鼓励创新，申请专利，理论与实践相结合，建立人才培养长效机制；开办复合型人才的培训班；邀请国内外行业专家讲座、走出去拓展新眼界，以应对行业竞争加剧和政策变化带来的发展困境。

（本章供稿：金玉山、谢磊、黄启兴、陈政、朱任华、张晓彬、林淑华、薛婷怡）

第十三章

江西省工程造价咨询发展报告

第一节　发展现状

举办第四期"企业开放日"活动，全省 20 余家工程造价咨询企业资深代表参加了活动；刊印了两期《江西工程造价》会刊；与江西建设职业技术学院联合举办了专场招聘会，共有 35 家企业参与，提供了 300 余个就业岗位；开展工程造价学术研究评选活动，共收到论文 196 篇，评选出获奖论文 97 篇，其中一等奖 8 篇、二等奖 30 篇、三等奖 59 篇；参加《房屋工程总承包工程量计算规范》T/CCEAS 002—2022、《建设项目工程总承包计价规范》T/CCEAS 001—2022、《市政工程总承包工程量计算规范》T/CCEAS 003—2022、《城市轨道交通工程总承包工程量计算规范》T/CCEAS 004—2022、《建设项目代建管理标准》等 5 个团体标准的相关编写工作；举办了"新时代数字建筑发展研讨会""中国数字建筑峰会 2023·江西站"，峰会以"系统性数字化数聚跃迁赢未来"为主题，推动建筑产业转型升级；举办了"新形势下咨询企业转型与发展之路"论坛，围绕工程造价改革、造价咨询资质取消、数字经济蓬勃发展等行业新形势，共同探讨造价咨询企业转型发展之路；主办江西省"第五届工程造价技能大赛"，抚州、九江、吉安 3 支代表队分别获得团体冠、亚、季军，11 支代表队获得优秀组织奖，土建安装个人冠、亚、季军各 3 人，16 人获得"金牌造价师"称号，20 人获得"优秀造价从业者"称号；免费举办一期二级造价工程师考前培训班，参加培训考生近 300 人。

第二节　发展环境

一、政策环境

为完善江西省工程定额计价依据体系，满足当前工程计价需要，根据国家有关规范、标准，结合实际，省住房和城乡建设厅编制发布了《江西省园林绿化工程消耗量定额及统一基价表》（2023 年版）、《江西省仿古建筑工程消耗量定额及统一基价表（2023 年版）》《古建筑修缮工程消耗量定额（江西省单位估价表）》《江西省市政工程设施养护维修估算指标（2023 年版）》（试行）。

为进一步推进江西省建筑信息模型（BIM）技术的发展，促进建筑业持续健康发展，发布了《江西省建筑信息模型（BIM）技术服务计费参考依据》。

为进一步规范江西省房屋建筑和市政基础设施项目工程总承包管理，提升工程建设质量和效益，着力推动建筑业高质量发展，依据有关法律法规，省住房和城乡建设厅印发了《江西省房屋建筑和市政基础设施项目工程总承包管理办法（试行）》。

二、经济环境

2023 年，江西省全年地区生产总值 32200.1 亿元，比上年增长 4.1%。其中，第一产业增加值 2450.4 亿元，增长 4.0%；第二产业增加值 13706.5 亿元，增长 4.6%；第三产业增加值 16043.2 亿元，增长 3.6%。三次产业结构为 7.6：42.6：49.8，三次产业对 GDP 增长的贡献率分别为 8.1%、48.7% 和 43.1%。人均地区生产总值 71216 元，增长 4.1%。全年主要经济指标增速不及预期，但经济运行实物量指标和先行指标表现良好、支撑有力，经济发展在全国位势没有改变，经济回升向好态势没有改变。

2023 年，全年江西省固定资产投资比上年下降 5.9%。第一产业投资下降 9.9%，第二产业投资下降 18.0%，第三产业投资增长 5.6%。民间投资下降 18.0%。基础设施投资增长 19.1%。社会领域投资增长 21.4%。

2023 年，全年江西省建筑业增加值 2531.7 亿元，比上年增长 1.5%。具有资质等级的总承包和专业承包建筑业企业 7177 家，比上年增加 1238 家。

全年房地产开发投资比上年下降 7.1%，其中住宅投资下降 5.7%；办公楼投资增长 5.1%；商业营业用房投资下降 23.1%。商品房销售面积 3432.9 万平方米，下降 20.9%，其中住宅销售面积 2911.1 万平方米，下降 21.6%。商品房销售额 2482.4 亿元，下降 20.6%，其中住宅销售额 2100.7 亿元，下降 21.2%。年末商品房待售面积 750.6 万平方米，比上年末增长 5.2%，其中住宅待售面积 372.0 万平方米，下降 0.4%。

三、技术环境

江西省住房和城乡建设厅 2023 年 7 月印发《江西省"数字住建"建设三年行动计划》，建立完善住房和城乡建设领域信息化体系，推进 CIM、BIM、VR、5G、物联网、大数据、云计算、人工智能等新一代信息技术与住建事业深度融合，为实现住房监管数字化、智能建造产业化、城市建设智能化、城市管理精细化、政务服务便捷化等目标提供高质量信息化支撑和保障，加快推进住建领域数字化转型升级与提质增效。

加快数字技术在全省住建领域的广泛应用，着力构建全省"1+2+N"的业务协同、数据共享的"数字住建"平台，即省住建大数据中心，城市信息模型（CIM）基础平台 + 建筑信息模型（BIM）技术应用，大力推进数字工程、数字住房、数字城建、数字城管、数字村镇、数字审管六个主要板块，夯实数据支撑基础，强化信息系统和数据安全，完善长效运行机制，配套一批与"数字住建"相适应的政策、制度和标准，力争到 2023 年底，全省住建领域应用数字技术能力大幅提升；到 2025 年底，夯实开放共享的数据资源体系，构筑可信可控的信息安全保障体系和先进适用的标准规范保障体系，全省住建领域应用数字技术能力达到领先水平，实现全省住建领域各行业"统一平台、数据共享、协同高效"。

行动计划中与工程造价咨询紧密相关的重点内容包括以下三个方面：

一是建设 BIM 全过程应用平台。进一步推动 BIM 正向协同设计，倡导多专业协同、全过程统筹集成设计，优化设计流程，提高设计效率。加快推进 BIM 技术在建筑工程设计、施工、竣工、运维等过程中的深化应用，提升建筑工程的精细化管理水平，推动行业数字化转型，提升发展效能。在建筑领域普及和深化

BIM 应用，提高工程项目全生命期各参与方的工作质量和效率，保障工程建设优质、高效、安全、环保、节能，增强建筑业信息化发展能力。

二是探索 BIM 技术应用激励机制。加大评选 BIM 技术应用示范项目力度，发挥试点示范引领作用。推行装配式建筑深化设计、施工 BIM 技术应用，研发推广 BIM 构件从深化设计、工程建造、现场安装全程信息共享和联动体系，探索基于建筑全生命周期和全流程建造的"机器人"互联智能化建造和管理生产模式。

三是搭建工程造价服务管理平台。建立信息化功能全面的江西省工程造价管理服务平台，对工程造价信息采集发布、造价咨询企业、人员信息、造价依据进行信息化管理。畅通数据采集通道，实现工程造价信息、指标指数的采集、分析、发布等全过程电子化。提升造价咨询行业管理水平，实现工程造价咨询企业、人员执业行为的动态监管。建立计价依据资料库，加强对全省现行的建设工程定额及配套的标准、规范、文件等计价依据材料的管理，实现可追溯、便于查询和统计分析。

四、监管环境

在全省范围内开展了 2023 年度工程造价咨询企业及注册造价工程师执业行为的"双随机、一公开"抽查工作；对社会反映强烈的低价中标企业进行了约谈，并对涉及项目进行跟踪检查以及通报；组织开展 2023 年度一级、二级造价工程师继续教育工作；组织开展两次全国工程造价咨询企业信用评价工作，全省共评出 AAA 企业 14 家，AA 企业 4 家，A 企业 3 家。

第三节　主要问题及对策

一、主要问题

1. 行业层面

工程造价咨询企业资质取消后，从事工程造价咨询业务的企业持续大量增加，但还没有有效的监管制度或办法，部分企业无法纳入监管或服务，其不良行为不能及时发现处理，严重影响行业健康发展。市场低价竞争、恶意竞争等依然普遍，也直接导致部分咨询成果质量低劣。工程建设市场并没有形成统一开放、有序竞争的局面，部分行业（领域）的市场并没有对市场开放。

以造价指标和材料设备数据库为主的信息化建设不足。近年来，行业主管部门指导工程造价行业大力开展了定额规范、工程指标分析数据、材料设备价格信息等信息化建设，也取得了明显发展。但从信息数据的覆盖面、及时性、有效性、可用性等方面，还难以满足工程建设的需要。

2. 企业层面

企业规模偏小，企业业务领域窄，大部分企业只开展房屋建筑及市政工程。业务类型少，大部分只开展了工程实施阶段的控制价编审、结算审核及施工阶段全过程造价咨询，向项目前后两端业务延伸得比较少。

企业管理相对粗放，人才发展、薪酬管理、企业发展战略及员工职业发展规划等决定企业可持续发展的制度简单或者缺失，企业发展从制度上缺乏保障。

企业对人才总体重视，但对于如何引才、育才、用才、留才缺乏系统性、长期性规划，人才队伍的专业能力、职业素养不高，综合能力强的复合人才偏少，企业技术创新乏力、综合技术能力不强、发展动力不足，难以支撑企业可持续高质量发展。

企业信息化建设水平不高。工程造价算量及计价软件基本满足工作需要，但企业电子档案管理、造价数据库建设等还很不足，企业管理平台有部分建立了，但很多只是企业OA（办公自动化）内容，难以支持企业高质量发展。

二、应对措施

1. 加快制度建设，加强行业监管

尽快制定施行有关制度法规，对开展工程造价咨询业务的企业及人员主体进行全面监管覆盖、从业行为事前事中事后全程监管覆盖。通过行业自律规范、企业信用评价、失信通报等，形成监管与服务并重，规范引导工程造价咨询企业和人员严格守法、公正执业。协调各方，积极推动，促进市场统一开放，鼓励企业有序竞争，形成行业良好的发展格局。

2. 推进数字建设，推动技术升级

按照政府颁发的数字建设行动计划，推进 BIM 应用全过程平台建设、工程造价信息化平台建设，完善工程造价数据采集、指标分析、成果应用。提高主管部门监管效率及水平，提升企业技术能力，推动企业通过技术提升转型升级。

3. 增进行业交流，增强行业共识

经常性组织工程造价咨询企业进行交流，如企业开放日、典型工程现场参观、技术研讨、产学研联合等形式。增强企业及从业人员对市场的了解、工程特点的了解，提升企业管理及工程管理的能力，增强对行业发展和企业发展的认识。

4. 提升人才技术，提高管理能力

企业应始终坚持以人为本，做好"引才、育才、用才、留才"工作，努力提升人才队伍的专业能力、职业素养和敬业精神。根据自身发展的需要，找准定位，通过数字赋能，技术创新，提升企业技术核心竞争力，提高工作效率、成果质量和企业效益。找准战略定位，建立符合市场发展的组织模式、管理模式，以提升组织效率和企业管理能力，保障企业良性发展、可持续发展。

三、发展展望

一是随着数字技术发展，如 BIM 技术、AI 大模型等，企业数字化发展速度将越来越快，技术驱动发展的重要性愈发突显，企业发展不是"适者生存"，而是"强者生存"。

二是工程造价咨询业务两端延伸，向工程全过程咨询发展的趋势没变，但企业为业务发展的人才、技术和管理体系抓紧提升。

三是随着"一带一路"及"国内国际双循环"发展格局的推进，国际工程市场会逐步扩大，与之相应，国际工程咨询的能力也需要快速提升。

（**本章供稿：邵重景、花凤萍、胡小明、黎文、王爱萍、陈志**）

第十四章

山东省工程造价咨询发展报告

第一节 发展现状

2023 年共接受法院委派诉前调案件 338 件，其中双方当事人同意调解 187 件，调解成功 94 件，调解成功率 50.27%，标的额 1.5 亿元；自行申请争议评审案件 65 件，其中出具争议评审决定书或专家意见书 59 件，成功率 90.77%，标的额 31.06 亿元。

住房和城乡建设部办公厅和最高人民法院办公厅联合下发了《关于建立住房城乡建设领域民事纠纷"总对总"在线诉调对接机制的通知》，在全国 6 个省市自治区试点。山东省住房和城乡建设厅、山东省高级人民法院下发了《关于在全省住房城乡建设领域落实"总对总"在线诉调对接机制的试点工作方案》和《关于建立健全全省住房城乡建设领域矛盾纠纷多元化解工作机制的指导意见》。由山东省高级人民法院立案庭和山东省住房和城乡建设厅政策法规处牵头成立了"住房城乡建设领域民事纠纷调解事务联合协调委员会（简称省联调委）"，负责建立完善相关管理制度，承担全省住房城乡建设领域调解组织和调解员日常管理。最高人民法院还向住房和城乡建设部发出了第 1 号《司法建议书》，要求修订《工程总承包合同》和《施工总承包合同》示范文本，将调解、评审、仲裁的顺序调整为"评审、调解、仲裁"的顺序，并在合同中明确，争议评审作为仲裁和诉讼的前置程序。

与山东省 10 家仲裁委员会建立了联系，推荐工程造价专业的仲裁员 60 多人，在处理建筑工程合同纠纷中发挥了很好的专业裁判的作用。承接了济南仲裁委员会关于宣传拓展仲裁业务的政府购买服务，获得了走进仲裁的有利条件。2023

年度共接到 2 起关于低价竞争的投诉，对单位法定代表人进行了约谈；接到 3 起关于司法鉴定的投诉，4 起关于二次审计，并恶意压低造价的投诉，通过争议评审进行了处理。

第二节　主要问题及对策

一是计价依据改革出现中央和地方不协调的状态，行业执业标准不能统一。行业要大力营造取消定额的改革氛围，加大对造价工程师继续教育工作，通过线上线下多种培训方式，确保国家和行业的改革成果及时落地。

二是二级造价工程师考试通过率太低，行业无证执业人员比例居高不下。造价咨询企业资质取消以后，对执业人员的管理成为保证行业正确发展的重要手段，在绝大部分从事造价咨询业务的人员都处于无证执业的大环境下，执业管理无法开展。建议修订二级造价工程师的考试大纲，合理确定两级造价工程师的执业能力和责任。

（本章供稿：于振平、孙夏）

第十五章

河南省工程造价咨询发展报告

第一节　发展现状

配合河南省建设工程消防技术中心采集建筑材料价格信息，2023 年共发布价格信息 46260 条。联合举办了河南省第五届工程造价技能大赛，共 21 支代表队、105 名选手参加了决赛。2023 年河南省二级造价师首次开考，组织开展了考前培训工作。推动造价企业参与省建设工程消防技术中心《河南省建设工程人工材料设备机械数据分类及编码规则》DBJ41/T 306—2024、《河南省建设工程经济技术指标采集标准》《建设工程工程造价成果数据交换标准》DBJ41/T 087—2024 标准的编制。举办了"河南省工程造价行业高端人才培训交流会""全面提高工程投资审计质量"等培训讲座，召开了"工程造价行业发展""建设领域工程造价纠纷调解模式""二级造价工程师培训工作"等座谈会。开展了 2023 年第一批信用等级评价，76 家企业获得评级。

第二节　发展环境

一、经济环境

2023 年，全年全省地区生产总值 59132.39 亿元，比上年增长 4.1%。其中，第一产业增加值 5360.15 亿元，增长 1.8%；第二产业增加值 22175.27 亿元，增长 4.7%；第三产业增加值 31596.98 亿元，增长 4.0%。全年人均地区生产总值 60073

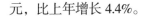

元，比上年增长 4.4%。

2023 年，全省建筑业总产值达到 11477 亿元，比上年增长 7.3%；商品房销售额 4546 亿元，比上年下降 3.1%。商品房销售面积比上年下降 5.5%，房地产开发投资额比上年下降 9.3%，房屋施工面积比上年下降 8.8%，房屋新开工面积比上年下降 33.2%，房屋竣工面积比上年下降 0.1%。2023 年城镇保障性安居工程住房基本建成 28.86 万套，新开工 34.56 万套。

二、技术环境

为促进河南省建设工程信息化数据应用，建立健全建设工程造价基础数据标准体系，河南省建设工程消防技术中心起草了《河南省建设工程工程造价成果数据交换标准（征求意见稿）》。

为满足建筑业发展的新需求，适应工程造价市场化改革的新形势，河南省建设工程消防技术中心印发了《河南省建设工程消防技术中心关于征集建设工程亟需制定、修订计价定额的函》，对建设工程现行定额体系中缺项、缺专业以及不满足城市更新、新型工程、"四新"和科技成果应用、新技术规程规范图集等问题开展深入调查研究。

根据最高人民法院办公厅与住房和城乡建设部办公厅《关于建立住房城乡建设领域民事纠纷"总对总"在线诉调对接机制的通知》精神，成立了工程造价纠纷调解委员会，制定并印发了省协会调解委员会《管理办法》《调解规则》《争议评审规则》《调解员管理办法》等各项制度办法。

三、监管环境

河南省住房和城乡建设厅发布《关于开展 2023 年度工程造价咨询企业随机抽查的通知》，开展全省工程造价咨询企业随机抽查工作，健全监督与管理机制，营造公平竞争、诚信守法的市场环境，促进工程造价咨询企业规范发展。同时开展了河南省 2023 年工程造价咨询企业信用评价工作，将随机抽查的结果应用到信用评价工作中，对随机抽查不合格的企业进行扣分、降级处理。

河南省建设工程消防技术中心发布《关于开展建设工程计价软件 2023 年度

动态考核的通知》，加强建设工程计价软件行业的监督管理，提高计价软件质量和服务水平，规范计价软件行业市场行为，保障计价软件内容符合国家规范及河南省现行计价定额、计价标准等配套要求。

印发《河南省工程造价行业自律公约（试行）》，加强了行业自律，持续规范工程造价咨询市场的行为，促进工程造价咨询企业守法经营。

第三节　主要问题及对策

一、主要问题

1. 从业人员综合业务能力不高，造价咨询企业服务能力不足

随着建设工程行业的不断发展，逐渐出现决策咨询、项目管理、全过程咨询、纠纷调解、造价鉴定、绩效评价等方面的市场需求，但目前大部分造价从业人员的知识结构单一，仅可完成基本的施工图预结算编审工作，缺乏项目决策优化、限额设计、招标投标策划、合同管理、施工方案优化、索赔等复合型技能人才，行业领军人才更是严重缺乏。

2. 缺乏完善的行业理论知识管理机制

工程造价行业的理论知识内容比较分散，未建立统一的理论知识管理与共享平台，限制了行业的创新发展。普通从业人员对理论知识学习的重要性认识不足，企业缺乏激励措施，员工积极性和主动性不高。造价从业人员获取最新的行业规范、政策法规和技术标准不够及时，行业资深专家积累的经验诀窍、谈判技巧、风险判断能力等未能得到有效的传承。

3. 行业数字化推进缓慢

造价行业数据来源多样化，大量造价数据分散在各企业或机构中，难以实现协同共享，降低了数据的利用效率。部分企业在工程造价数据的采集、存储和处理方面仍依赖传统方式，信息化手段应用不足，影响了数据积累的效率和质量。不同的数据格式和标准增加了数据整合的难度，部分数据可能存在不准确、不完

整或更新不及时等情况。数据的深度挖掘和分析应用还不够充分，未能充分发挥数据在决策支持、成本控制、风险预测方面的作用。随着数据的重要性日益凸显，数据安全和隐私方面缺乏有效的保障措施。

4. 企业缺乏长期战略目标，创新能力有待提高

造价咨询行业的发展历史不长，企业提供的咨询服务内容基本相同，没有形成自己的特色，根源在于企业管理和战略意识落后，没有意识到品牌和核心竞争力的作用，不能在宏观上把握企业乃至行业的发展方向，也不能明确本企业的长期战略重点。

5. 市场竞争激烈，咨询费回款难，企业利润压缩

目前建筑行业面临下行趋势，工程造价行业竞争激烈，为了生存和发展，部分企业采用低价竞争策略。由于建设资金紧张、合同约定不清晰、服务质量争议、市场竞争压力、宏观经济环境影响等因素，委托方拖欠咨询费现象普遍。市场持续萎缩，项目数量减少，建设单位咨询合同服务范围无限度增加，导致咨询企业更多的成本投入，企业利润率持续下降甚至亏损。

6. 造价鉴定业务不规范，行业执业投诉多

建筑行业的高速发展，部分施工企业管理能力不足，加上疫情及经济环境的影响，工程造价纠纷逐渐增多，诉讼、仲裁案件不断。工程造价鉴定机构或鉴定人在从事鉴定业务时，因部分企业专业技术人员的综合能力不足，造成鉴定程序不规范、鉴定周期长、鉴定意见表述不清、鉴定意见存在遗漏或错误等众多问题，难以为公正、高效地解决建设工程纠纷案件提供有力的技术支持和保障。

二、应对措施

1. 加强人才梯队建设，培育复合型人才，发掘领军人才

在现有从业人员结构的基础上，鼓励产学研合作，强化实践教学，跨学科培养。制定和完善标准体系，建立学术交流平台，搭建以工程技术为基础，兼有经

济、法律、管理等方面知识的复合型人才梯队。组织多渠道、多形式的行业培训，通过企业股权、绩效、晋升等激励措施提高人才的凝聚力，打造具有核心竞争力的管理型、专家型、操作型人才培养模式。

2. 建立行业理论知识归纳与传播机制

建立对造价行业理论知识分类、整理的标准化收集流程，建立统一的理论知识数据库，实现理论知识的数字化管理，制定行业内各类典型案例的分析、归纳、总结和经验分享的传播机制。企业应建立明确的理论知识学习绩效指标，鼓励员工进行系统的学习培训，并及时评估效果，提高从业人员的综合服务能力和水平，提升企业的核心竞争力。

3. 借助数字化赋能，实现数据共享与协同

制定统一的数据标准，构建行业级的信息共享平台，借助建筑信息模型（BIM）、云计算、物联网、人工智能等数字化技术，实现数据的实时更新、分析、共享和互通。收集和整理历史数据，整合数据资源建立统一的数据库，加强对积累数据的深度挖掘和分析，在成本控制、风险预测、市场趋势分析、资源优化配置等方面为企业和项目提供更全面的决策支持。采取更严格的安全措施和技术手段，确保工程造价数据在存储、传输和使用过程中的安全性和保密性。

4. 制定创新服务战略，培育核心竞争力

造价咨询企业要敏锐洞察市场，及时掌握国家前沿发展动态，学习和借鉴头部企业的先进管理经验，掌握信息化决策的先机。咨询方案、技术应用、服务模式等方面进行创新，适应不断变化的市场需求和行业发展趋势。要加强人力资源战略管理，结合自身业务水平和外部的环境确立主营领域、特色经营业务，有效地整合企业资源，开展多元化的经营模式，培育企业生存和发展的核心竞争能力。

5. 加强政府监管和行业自律，提高企业法律意识

加强行业自律和信用体系建设，引导企业遵守行业规范，避免恶性竞争。造价咨询企业应注重合同管理，通过明确服务内容、费用、支付方式和时间等条款，保障自身权益。通过提高专业水平和服务质量，与委托方保持密切沟通，及时解决服务过程中的问题，增进双方的理解与信任，减少业主因服务质量问题导致的回款阻碍。建立完善的项目管理和财务跟踪机制，对回款情况进行实时监控和预警，减少对单一类型项目的依赖，降低因单一类型项目回款问题对企业经营造成的重大影响。

6. 加强鉴定从业人员业务培训，提高鉴定成果质量

加强对鉴定从业人员的专业培训和继续教育，增强鉴定从业人员知识和技能水平，提高鉴定结果的一致性和权威性。建立健全监督机制，加强对鉴定机构和鉴定人的资格审查及鉴定过程和成果的监督。成立专家评审委员会，建立对鉴定意见书出现重大错误和疏漏的技术评审制度，为司法审判提供专业的意见和建议。

三、发展建议

1. 积极探索发掘工程造价数据的价值

加快建立数据产权制度，开展数据资产计价研究。工程造价咨询企业应利用自身优势，将工程造价行业数据作为新的生产要素，充分发掘数据的价值和潜力。从驱动经济增长、提升决策效率、优化资源配置、促进科技创新等方面，积极探索工程造价行业数据商业化的新模式，通过造价数据服务和产品创造新的收入来源。

2. 扩宽业务领域，推动行业高质量发展

地方经济发展需要不断地谋划新项目，引进优质企业，解决建设资金，快速建设和有效运营项目。工程造价咨询企业应利用专业优势，拓展开放合作的新空间和新领域，制定开放合作的战略和合作机制，向综合顾问服务机构转型，从项目谋划、产业导入、资金落实、项目建设和运营管理等方面，协助地方政府和平台公司开发和建设重大工程和民生项目，助力地方政府扩大有效投资。

3. 破除传统模式壁垒，面向全周期管理

传统工程咨询业务以阶段性、单项服务供给为主，存在管理分散低效、信息孤岛等问题。"1+N+X"等模式的全过程工程咨询可有效地将项目策划、咨询、勘察、监理、成本等方面充分融合，运用全过程项目管理思维，实现项目投资的价值。

（本章供稿：康增斌、金志刚、徐佩莹、魏冬梅、詹杨、周勇、马晨霞 ）

第十六章

湖北省工程造价咨询发展报告

第一节　发展现状

举办地方标准《建设项目工程总承包计价规程》DB42/T 2071—2023 宣贯会暨工程造价数字转型公益讲座，学习工程造价行业及企业数字化转型、智慧赋能、降本增效、合作共赢相关举措；举办"2023 招投标全过程业务及相关法律风险控制、招标实务中常见的问题以及承发包双方如何规避风险"知识讲座；主办"2023 智慧城市与智能建造高端论坛——工程咨询企业数字化转型论坛"，展示全过程数字化管理及工程咨询企业数字化转型最前沿的新理念、新技术、新产品、新应用；举办"2023 年数字化应用全过程咨询助力建筑行业高质量发展研讨会"，探索造价咨询企业数字化转型的路径、方法与思路。

第二节　发展环境

一、政策环境

建筑业一直是湖北省重要的支柱产业，产业规模大，2023 年总产值 2.13 万亿元，同比增长 6.1%，位居全国第 4；税收贡献高，建筑业企业全年纳税额超400 亿元；就业人口多，常年从业人员超 260 万。行业发展迅速，但部分企业在项目承接、结算回款、转型升级、融资贷款等方面还面临诸多难题。2023 年 4 月，湖北省人民政府办公厅印发《关于支持建筑业企业稳发展促转型的若干措施》的通知，从优化行政服务、培育市场主体、税收金融支持、降低企业成本、加快转型升级、坚持"走出去"发展等六大方面提出 16 条硬举措，在松绑减负中提振企业信心，为企业健康发展、转型升级、"走出去"鼓劲加油，持续发挥建筑业稳增长和保就业的重要作用。

近年来，湖北省级重点项目提质扩容，充分发挥了强预期、促投资、稳增长作用。2023 年，湖北省级重点项目共 555 个，其中新开工和续建项目 461 个，总投资 18405.1 亿元，年度计划投资 3247.2 亿元。主要分为重大产业发展、重大基础设施、生态文明建设、社会民生保障四大类。截至 2023 年 12 月底，省级重点项目完成投资 3550.8 亿元，超额完成年度目标任务。在省级重点项目"加速快跑"的带动下，湖北省投资逆势上扬，投资增速居中部第一、经济大省前列。

为进一步规范建筑市场秩序，充分发挥信用体系在市场监管中的作用，提高湖北省建筑行业现代化治理体系和治理能力、监管能力水平，2023 年 7 月湖北省住房和城乡建设厅修订发布《湖北省建筑市场信用管理办法（试行）》，按照省级统筹，市（州）主体，分级负责的原则对建筑市场各方主体和从业人员进行统一管理，统一了信用评分标准和信用信息采集程序，覆盖了全省工程项目中从事工程建设活动的企业及人员。同步，湖北省住房和城乡建设厅印发《湖北省工程造价咨询企业信用评价管理办法（试行）》，建立和完善了全省工程造价咨询企业信用体系，通过信用评价，引导企业和从业人员诚实守信、公平竞争，营造良好的市场环境，推动工程造价咨询业高质量发展，评价结果依托"湖北省建筑市场监督与诚信一体化平台"，通过省厅"湖北信用住建"汇集发布。

湖北省作为全国工程造价改革试点省份，历时三年，在推进国有资金投资项目造价改革试点、构建工程造价数据标准体系、搭建工程造价信息化平台、改革建筑工程价款结算方式等方面取得了阶段性成果。一是按照转变政府职能的要求，厘清政府和市场的边界，完善市场计价规则，减少对市场形成造价的干预，发挥市场主体定价能力；二是加强全过程造价管理，特别是在投资概算审批、合同价签订和履约、工程结算阶段，加强各个部门的协同管理，做好工程造价的有效控制；三是制定工程造价数据标准，建立数据库，利用大数据、互联网等新技术提升传统的管理方式，逐步实现工程造价的数字化管理；省标准定额总站将持续完善改革思路和措施，推进工程造价改革试点落地见效。深入推进造价市场化、国际化、信息化改革，努力打造一个转型升级、高质量发展的造价行业。

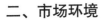

二、市场环境

为进一步提升全省工程造价咨询行业服务质量，维护公平、有序的执业环境，保障工程造价咨询市场各方权益，促进行业健康发展。针对政府投资项目决策缺乏工程造价咨询费用参考依据、咨询市场恶性低价竞争激烈的现状，2023年9月，湖北省住房和城乡建设厅印发《湖北省建设工程造价咨询服务收费参考标准（试行）》，通过制定针对性、参考性、全面性的收费参考标准，引导企业结合市场实际情况合理竞争，在咨询服务过程中投入充足的资源，减少或杜绝腐败事件隐患，稳定行业人才队伍，筑牢服务质量防线，提高行业公信力，维护建筑业各参与方合法的权益。

湖北省住房和城乡建设厅印发《湖北省工程造价咨询企业信用评价管理办法（试行）》，建立和完善全省工程造价咨询企业信用体系，通过信用评价，引导企业和从业人员诚实守信、公平竞争，营造良好的市场环境，推动工程造价咨询业高质量发展。

为进一步落实"放管服"要求，压实造价咨询企业责任，通过"双随机、一公开"等行业专项检查，强化事中事后监管，全面整治市场人员挂靠行业乱象，切实维护健康的市场环境，引导企业诚信经营、行业良性发展。其中，2023年8月至10月，省建设厅组织开展了全省工程造价咨询企业不良行为飞行检查；2023年10月，省住房和城乡建设厅联合省发展改革委开展2023年度工程造价咨询企业监督检查，通过对工程造价咨询企业开展监督检查，发现并归类行业主要问题，公布不良行为检查结果，督促受检企业针对问题整改，警示各咨询企业及从业人员强化规范意识、信用意识，进一步规范本省工程造价咨询企业及其从业人员执业行为，加强诚信建设，促进工程造价咨询业高质量发展。

三、技术环境

2023年，为深入推进工程建设组织实施方式改革、进一步规范湖北省全过程工程咨询市场，提供指导原则和参考依据。省住房和城乡建设厅及省建设工程造价定额总站等主管部门先后组织编制并发布行业标准规范、计价依据，材料价格等。其中，2023年4月，省建设工程标准定额总站发布《湖北省建设工程计价依据解释及造价争议调解实施细则》，促进高效解决市场主体在执行计价依据过程中的纠纷问题，维护社会稳定，服务建筑行业高质量发展。2023 年 8 月发布湖北省地方标准《建设项目工程总承包计价规程》DB42/T2071—2023，规定了建设项目工程总承包费用项目的计价基本原则、组成以及项目清单、最高投标限价和投标报价的编制要求，明确了合同价款的确定与调整的方式。2023 年 10 月，为全面贯彻落实以上改革试点工作，省造价协会协办"《EPC 工程总承包计价及结算争议解决》前沿实务论坛"活动，通过与会各方深入探讨，有效运用市场定价机制及有关成果，妥善化解工程造价纠纷发挥试点引领作用。形成计价取费更加合理，内容更加完善，具有湖北特色的计价体系，为行业进一步发展打下坚实基础。

为了适应工程造价领域数字化这一新形势，满足工程造价市场化改革的要求，2023 年，相关监管部门一直持续推动湖北建筑工程造价行业数字化改革发展。一是建立工程造价信息化标准。出台《建设工程造价应用软件数据交换和测评规范》DB42/T 749—2023、《湖北省房屋和市政工程造价数据采集规范（征求意见稿）》，通过全面规范和协调各类工程造价信息标准，以确保信息的精准、规范、安全、互通互联、有效地传输和利用。二是统一全省建设工程工料机分类及编码。编写《湖北省建设工程人工材料设备机械数据标准》《建设工程人工材料设备机械数据分类和编码规范》，实现工料机数据计算机系统智能化识别、转换、分析、归类等应用及管理；三是及时总结经验，促进行业交流。

第三节　主要问题及对策

一、主要问题

工程造价是以专业技术为建筑工程进行投资管控，从而为社会创造价值的高智慧附加值经营活动。造价咨询企业作为独立的第三方机构，与工程项目的建设方、监理方、投资方均无利益关联，为"以最低的成本，实现最高的社会经济效益"目标的实现发挥重要的作用。目前，工程造价咨询行业处于转型发展期，低价竞争、业主缺乏约束、综合人才匮乏、数字化转型难等问题仍然普遍存在。

1. 低价、恶性竞争日趋严重

工程造价咨询企业资质取消以后，行业失去准入门槛，加上房地产、城市基础设施投资放缓，建筑业发展降速，工程造价市场成为买方市场，并呈相对无序的恶性竞争态势。大部分工程造价企业的实际收费还得在规定的基础上打二至八折，甚至屡屡出现 0 元中标现象，"技术战"演变成了"价格战"。长此以往，收费的下降造成工程造价人才薪酬待遇落后于行业其他板块，人才流失严重。同时，在低廉的"市场价"压迫下，工程造价企业必然以牺牲质量为代价，也难以有更多资金投入研发，有效开展"高水平、高质量、全管控"的咨询服务。工程造价人才队伍质量和技术积淀将难以保持，甚至造成"劣币驱逐良币"的恶性倒退。

2. 业主不规范行为缺乏约束机制

《中华人民共和国价格法》发布以来，国家规定工程造价收费实行各省市区负责管理的政府指导价，但政府投资项目建设管理单位等对造价咨询收费一直不按《中华人民共和国价格法》设下限，不少业主与建设单位存在着"咨询收费低等于为建设投资省钱"的不正确认知，建设项目投资管控质量被严重制约。2015年国家放开工程造价咨询价格以来，虽然工程造价行业不断进步，新基建、海绵城市等新型城市化内容和各种建设模式不断增多，造价工作向前后延伸，甚至涵盖了前期投资策划和后期运维数据咨询。但由于现行地方规定仍采用按劳动时间量定价，无法体现咨询价值，这些新增专项内容都找不到收费依据，造成大量为提升项目投资管控价值的成果反而得不到相应的收费。工程造价咨询费率近 20 年来基本没有增长，甚至有所降低，与国民经济的高速发展严重脱节，与建筑工程行业也存在较大程度脱节。

3. 企业综合服务能力不足，复合型咨询人才短缺

当前，湖北省工程造价咨询企业综合服务能力薄弱，局限于传统清单与预结算等基础服务，未拓展至设计优化、投资控制等深层领域，导致咨询产业链狭窄。多数企业缺乏全局视角与统筹管理能力，难以满足建设单位多元化、高质量需求。同时咨询从业者受限于单一的业务知识体系，全过程管理能力弱，尤其前期概算估算不足，成本控制被动，管理协调能力欠缺，复合型人才匮乏。

4. 信息化程度低，数据标准体系不成熟

工程造价行业还面临着信息化程度低的严峻挑战，这直接制约了行业的数字化转型进程。尽管在部分领先企业中，已经开始尝试利用大数据、云计算、人工智能等先进技术来优化造价管理流程，提升工作效率，但行业整体的信息化水平仍然滞后。一方面，行业内缺乏统一的数据标准和交换协议，导致不同企业、不同项目之间的造价数据难以实现无缝对接和共享，形成了信息孤岛。这不仅增加了数据整合的难度，也限制了数据价值的充分挖掘和利用。另一方面，部分企业对信息化建设的重视程度不够，投入不足，缺乏专业的技术人才和完善的系统架构，使得信息化改造和升级的步伐缓慢。

二、应对措施

1. 树立咨询行业地位，助力项目投资见效

全面重视造价咨询机构在投资项目成本管理与控制中的地位作用，不论是采取全过程工程咨询模式还是其他模式，应将造价咨询单独分立出来，全程跟踪项目投资，节约成本，避免浪费，并充分发挥第三方造价咨询机构的独立性作用。

2. 优化收费标准，杜绝恶性竞争

一是不断完善优化收费参考标准，研究建设项目的全过程全阶段的咨询需求和跨阶段管理协调的工作价值，都需要明确收费标准；二是合理计算工作量，应考虑新基建、BIM、海绵城市等近年来新增内容，同时考虑由业主原因造成的多次返工等工作量；三是动态调整费率，定期征集市场情况，按新工具、新技术、人工、经营成本等因素调整费率，使造价工作价值得到有效体现。

3. 将工程造价企业的综合实力纳入收费参考标准考虑

咨询企业发展包括科研人才、质量管理、技术创新等多方面的生产要素与资源投入，体现的是一家咨询企业的综合服务能力，与为业主单位解决高等级难题的智慧水平直接相关。而单维度的收费标准无法体现其中的价值，间接等于不引导咨询企业持续投入资源提升综合实力，不利于行业迭代发展。因此建议收费参

考标准与企业的综合实力进行必要的挂钩。

4. 解决数据瓶颈，加快行业数字化转型

加强顶层设计，构建完善的数据标准体系，推动数据的规范化、标准化和共享化。同时，应加大对信息化建设的投入力度，鼓励企业引入先进的信息化技术和工具，提升整个行业的信息化水平。此外，还应加强人才培养和引进，建立一支既懂造价又懂信息技术的复合型人才队伍，为行业的数字化转型提供有力的人才支撑。

5. 加强行业自律，加快造价咨询 +N 模式相结合

加强行业自律，加快造价咨询 +N 模式相结合。其中 N 可以是管理、纠纷调解等，过硬的专业和自律才能使企业健康稳步发展。随着的人们对法律意识的增强，把咨询引进法律，以法律作为强支撑，可使造价成果更加得到强保障。

（本章供稿：邵振芳、恽其鋆、汤志芳、徐松蕤、成国栋）

第十七章

湖南省工程造价咨询发展报告

第一节　发展现状

采取"线上 + 线下"相结合的模式开展多形式培训，全年共组织一级造价工程师网络培训共计 4711 人次，二级造价工程师网络培训人员共有 650 人次；先后举办 2023 年度二级造价工程师职业资格考试考前冲刺班和一级造价工程师业务能力提升面授培训，共有 280 名学员参加；举办"造价工程师能力标准探析研讨会""市场化国际化的全过程控制方法及应用""推进全过程工程咨询服务模式的践行""人际关系与沟通艺术"4 次专题讲座；组织论文征集评选，评选出一等奖 2 篇、二等奖 6 篇、三等奖 11 篇、优秀奖 21 篇，另评选出组织奖 5 个，印刷论文集共计 500 余本；全年编印和发行《定额与造价》共计 6 期，配合省建设工程造价管理总站完成审核各地市材料信息价格 18000 余条，经筛选后发布12000 余条。

第二节　发展环境

一、政策环境

《湖南省政府投资建设工程造价管理若干规定》经湖南省十四届人大常委会第九次会议审议通过并向社会发布，为进一步强化造价咨询法定权威、减少政府管理成本、提升政府投资绩效奠定了基础。

根据《湖南省住房和城乡建设厅关于印发〈湖南省建设工程材料价格信息管理办法〉的通知》要求，进一步促进建设工程造价信息标准的规范化管理，湖南省住房和城乡建设厅组织制定了《湖南省建设工程材料价格信息采集发布目录清单（2023版）》。

为贯彻落实《住房和城乡建设部办公厅关于印发工程造价改革工作方案的通知》精神，推动建立湖南省多层级工程造价指标体系，湖南省建设工程造价管理总站组织编制了《湖南省房屋建筑工程造价指标指数测算标准》。

二、经济环境

2023年，全年地区生产总值迈上新台阶，总量突破5万亿元、增长4.6%，两年平均增速高于全国0.3个百分点。地方一般公共预算收入增长8.3%。全体居民人均可支配收入增长5.5%，持续跑赢经济增速。规模以上工业增加值增长5.1%，高于全国0.5个百分点。高新技术产业增加值1.1万亿元、增长8.9%，先进制造业增加值增长6.8%、占制造业比重达51.3%。数字经济增长15%、总量突破1.7万亿元，占地区生产总值的34%。工业税收增长15.7%。5G基站总数达13.3万个、总算力超5200PF。新增电力装机1245万千瓦，其中新型储能装机达266万千瓦、居全国第2位。集中开工1158个重大项目，实际完成投资2197.6亿元，带动在建亿元以上项目7693个，完成投资1.5万亿元。地区建筑业总产值达到15176.07亿元，同比增长4.9%，其中，建筑工程同比增长5%。

三、技术环境

湖南省住房和城乡建设厅组织编制了《湖南省建设工程总承包计价规则》，发布了《湖南省装配式内装修工程消耗量标准》和《湖南省浅层地热能建筑应用工程消耗量标准》。

随着2023湖南省绿色建筑（建造）适宜技术、绿色建材产品目录库的落地，湖南省建设工程造价管理总站组织编制了《改性聚苯颗粒混凝土保温补充子目》，填补了计价子目空缺。

湖南省建设工程造价管理总站组织编制了《湖南省房屋建设项目设计概算编

制办法》《湖南省房屋建设项目设计概算工程建设其他费用标准》《湖南省房屋建筑与装饰工程概算消耗量标准》，并完成了公开征求意见。

四、监管环境

湖南省建设工程造价总站持续组织开展"2023年湖南省造价咨询行业诚信服务精神文明示范企业创建"活动，授予22家企业为2023年度湖南省造价咨询行业诚信服务精神文明示范企业。

积极开展工程造价咨询成果文件质量评价工作，2023年累计抽检造价咨询公司200家。从企业管理制度健全、内部管理规范、工作流程清晰、咨询成果文件质量等方面进行全面检查。

2023年，湖南省共有76家工程造价咨询企业申报了中国建设工程造价管理协会信用等级评定，其中63家评为AAA级企业，12家评为AA级企业，1家评为A级企业。截至2023年12月31日止，湖南省共有248家工程造价咨询企业申报了中国建设工程造价管理协会信用等级评定，其中130家评为AAA级企业，107家评为AA级企业，11家评为A级企业。

第三节　主要问题及对策

一、主要问题

1. 工程造价数字化革新推动缓慢

造价行业长期以来依赖于传统的手工操作和经验判断，且新技术发展时间不长，行业内对新技术的接受程度不高，从业人员缺乏转型升级所需的技能和意识。造价行业存在信息闭塞、数据保护、隐私怕外漏的现状，数据包含敏感信息，企业担心泄露商业机密，所以对数字化工具持谨慎态度。

2. 工程造价行业转型升级迫在眉睫

当前，工程造价市场表面展现为健康平稳发展，实际上传统的算量计价技术

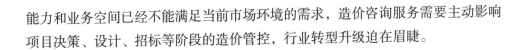

能力和业务空间已经不能满足当前市场环境的需求，造价咨询服务需要主动影响项目决策、设计、招标等阶段的造价管控，行业转型升级迫在眉睫。

3. 工程造价复合型人才短缺依然存在

受行业传统业务的长期影响，造价技术人员普遍存在知识面窄、综合素质缺乏的问题，难以满足当前全过程工程咨询、项目管理牵引下的造价管控需求，复合型人才培养成为行业发展急需破除的瓶颈。

二、对策建议

1. 加强数字化建设，促进企业转型升级

企业加快数字化升级之路，是当前经济环境的一种趋势，发展数字信息平台，利用 BIM 智能建模集成工程模型，利用云计算储存相关数据信息。信息平台能有效破除各专业之间的壁垒，推动和提升各管理单位间的信息交流和数据交互工作，不断提升工作效率。加快企业专有数据库构建，充分利用企业开展咨询服务时得到的详实数据资源，充实和完善业务过程数据库、造价指标库、综合单价库、技术方案库等资源。

2. 研究行业新质生产力，助推行业高质量发展

研究造价咨询工程建设全周期投资控制中的价值和发力点，逐步构建以造价管理为核心，开展基于造价管理整体解决方案的前期方案比选、设计经济性评审、限额设计指标、目标成本体系、招标和合同策划等一系列高质量、高价值的造价全过程管理咨询服务。

3. 拓展业务服务内容，鼓励企业多元化发展

企业应结合自身发展和市场需求变化，积极开展附加值较高，技术水平高的高层次业务。在发展传统算量计价业务的基础上，应该不断扩展全过程造价咨询业务，逐渐向提供技术经济分析、价值管理、项目投资管控等高附加值业务转变。

4. 加强复合型人才培养，规范从业人员行业准则

现阶段行业内综合实力人才短缺，普通从业人才水平又参差不齐，综合素质低，要从机制发力，激发企业培养和引进复合型人才的主动性，灵活运用产学融合和课题研究、行业论坛、技术研讨、企业交流等形式，帮助企业快速完成复合型人才培养。同时，搭建满足行业能力标准的制度体系，做好工程造价人才从源头的培养到社会的衔接，加快建立和完善普通从业人员准入制度，推动行业人才选拔制度的完善。

5. 加强市场监管力度，营造良好的市场环境

针对当前行业突出问题，相关职能部门要加强对咨询企业人证合一的监督管理作用，确保咨询企业的基本服务能力，摸索贴合市场需求的收费模式，引导高价值高回报的服务方式，防范投标和实施不一致的现象，持续推进造价成果文件的检查和评价。

（本章供稿：谭平均、关艳、卓葵、李一）

第十八章

广东省工程造价咨询发展报告

第一节　发展现状

举办专家证人培训班两期，开展建设工程领域的仲裁、调解员培训班，承办广东省住房城乡建设领域"总对总"在线诉调对接调解员初入培训班，举办全省注册造价工程师继续教育线上线下学习班 6 期；组织参加香港第八届"一带一路高峰论坛"、粤港"高质量城市发展"专题论坛、第 14 届"国际基础设施投资与建设高峰论坛"、第四届"粤港澳大湾区大型基建项目管理创新交流会"。

组织开展《横琴粤澳深度合作区工程造价改革试点研究服务》《粤港工程造价结算机制研究》等课题；精选"广东省工程造价纠纷处理系统"处理的部分造价纠纷案例汇编而成《建设工程计价纠纷调解案例——广东省数字造价管理成果（2022 年）》；出版工程造价改革系列丛书《工程造价指标指数案例分析》；上线"元造价"工程造价价格信息平台，聚合查价、询价、采购、选材、指数指标一站式解决工程材料和工程计价问题，为建设行业供需各方搭建一个市场化、高质量、可监管的共享平台。

组织开展 2023 年度工程造价咨询企业信用评价工作，共 44 家企业获得信用评级，其中为 AAA 级 23 家、AA 级 13 家，A 级 8 家。联合举办"广东省第五届 BIM 应用大赛"。开展征集 2022 年度"广东省工程造价特色企业和特色团队"活动，评选出品牌造价咨询企业 137 家、先进造价咨询企业党支部 42 家、造价改革骨干团队 42 家、造价大数据应用研究团队 44 家、专业领域造价咨询骨干企业 92 家。

建立全省造价企业景气信息收集网络，依据国家统计局行业景气调查工作方法实施造价咨询企业景气指数调查分析工作，2023 年发布 7 期省造价咨询行业景气指数分析报告，内容包含企业景气指数、新订单指数、从业人员指数等。

第二节　发展环境

一、政策环境

为积极响应国家《加快建设交通强国五年行动计划（2023-2027 年）》，广东省公路水路和省管铁路建设 2023 年完成投资约 3469 亿元，同比增长 10.2%。广汕高铁开通运营，粤东地区加速融入大湾区"一小时交通圈"；广州白云站建成启用，再添一个世界级综合交通枢纽；新一代全自动化集装箱码头广州港南沙港区四期工程（一期）投入运营。

广东交通运输系统以"绿美广东 生态建设"为引领，推进绿色公路建设和干线公路绿化品质提升工作，营造绿色和谐的出行环境。并将该建设理念贯穿建设项目前期、设计、施工、养护运营等各阶段全过程，做到立项阶段提前谋划、设计阶段审查方案、施工阶段抓好落实。

广东省通过一系列政策文件确立智能建造的发展蓝图，将智能建造纳入《广东省国民经济和社会发展第十四个五年规划和 2035 年远景目标纲要》，发布《广东省促进建筑业高质量发展的若干措施》，明确智能建造应用场景建设的具体措施；《广东省建筑业"十四五"发展规划》将智能建造任务融入行业核心指标；住房和城乡建设厅联合教育和自然资源等 15 个部门共同发布《关于推进智能建造与建筑工业化协同发展的实施意见》，构建较完整的智能建造政策体系。

2023 年，广东省发布第一批 42 个省级智能建造试点项目和 74 个省级智能建造新技术新产品创新服务范例，其中有 3 个试点项目、17 个典型案例入选全国智能建造试点项目和典型案例，30 项做法入选全国第一、二批可复制经验做法。

2022 年 12 月，广东省实施"百县千镇万村高质量发展工程"。纵观 2023 年，完成省"十件民生实事"农村公路建设任务，新改建农村公路6958公里，改造危桥288座，完成安全防护工程3539公里，建设美丽农村路3300公里。省住房和城乡建设厅按照"1+4+7+9+N"建设要求，重点聚焦典型镇建设，实现生活垃圾收运处置体系、生活污水处理设施、公共厕所全覆盖。全省102个典型镇已编制建设规划，230家建筑业企业已结对110个典型镇，确定帮扶项目187个，帮扶金额达1.55亿元，已谋划储备投资100万元以上的建设项目1632个，总投资额超1999.53亿元。全省1238家建筑业企业与1123个乡镇结对帮扶，实现乡镇结对帮扶全覆盖，帮扶金额超5.1亿元。

广东省坚定推进住房保障体系的完善，出台一系列加强保障性住房建设的政策措施，特别是在保障性租赁住房的筹建方面，新增筹建数量超过22万套（间）。2023年，广东省着力推动广州、深圳、佛山、东莞等超大特大城市的城中村改造工作，以期实现城市面貌的焕新和生活品质的提升。为促进老旧小区的改造，放宽住宅专项维修资金的使用范围，使其能够覆盖老旧小区的改造和老旧住宅电梯的更新改造。同时，政策还支持城镇老旧小区居民使用住房公积金为父母或配偶父母的自住房加装电梯等改造项目，超过1100个城镇老旧小区迎来新生的契机。

二、经济环境

2023年，广东地区生产总值为135673.16亿元，同比增长4.8%。其中，第一产业增加值为5540.70亿元，同比增长4.8%；第二产业增加值为54437.26亿元，同比增长4.8%；第三产业增加值为75695.21亿元，同比增长4.7%。全产业增速较2022年对比有明显增速。

2023年，广东固定资产投资同比增长2.5%。工业投资增长22.2%，占全部投资比重33.3%，同比提高5.4个百分点，其中，制造业投资增长20.7%。新动能投资力度加大，高技术制造业、先进制造业投资分别增长22.2%、18.2%。基础设施投资增长4.2%，其中，电力、热力生产和供应业投资增长24.3%，燃气生产和供应业增长32.3%，铁路运输业增长4.8%。房地产开发投资下降10.0%，商品房销售面积下降9.2%。

2023年，广东省安排省重点建设项目1530个，年度计划投资1万亿元，实际完成投资 12027 亿元，比 2022 年增加 1133 亿元。全省高速公路通车总里程超过 1.15 万公里。铁路总里程达 5672 公里，其中高速铁路总里程达 2764 公里。

三、技术环境

为提升试点项目成效，广东省发文引导试点项目创新计价方式、改进工程计量和计价规则、创新工程计价依据发布机制、强化建设单位造价管控责任、严格施工合同履约管理、探索工程造价纠纷的市场化解决途径、完善协同监管机制共七项改革任务，借鉴香港管理模式细化为 20 个子项工作，覆盖项目建设的全过程。坚持样板引路、试点先行的推进策略，两批次遴选造价改革试点项目共 61 个，通过在试点项目中试行清单计量、市场询价、自主报价、竞争定价的计价方式，不断总结，共同探索完善工程造价市场竞价机制。

广东省对标港澳做法，规范建设项目全过程造价管理的内容范围、要求和质量标准，发布《广东省建设项目全过程造价管理规范》DBJ/T 15—153—2019，引导试点项目建立工作模块化、流程标准化、过程可监控、质量可评价的造价咨询业务体系，实施以造价控制为核心的全过程管理模式，有效带动造价咨询企业转型升级创新发展。广东省共有 24 个试点项目试行全过程造价咨询服务模式，通过主动的、连续性的工程造价控制模式改变了过去分段管理、责权不清的现象，工程造价管控由静态转为动态、事后转为事前，由粗放转为精细。同时，项目通过规范的全过程造价强化主动控制与过程管理，引导施工单位通过全面市场调研、分析，采用公开招标方式进行采购，实现了实际成交价控制在中标价内。

为构建多元化工程造价信息服务方式，落实《工程造价价格信息发布平台技术指南》课题成果，推动"互联网＋数字造价服务"，推出了"元造价"工程造价价格信息平台。该平台秉承"规则统一，共建共享"的原则，鼓励和支持有条件的企事业单位及行业组织发布企业（团体）市场价格信息和工程造价指标指数，为市场参与者提供宝贵的参考信息。平台还引入市场主流信息服务商，促进询价服务的竞争，降低询价成本，提高询价的质量。

为有效缓解工程建设过程中的矛盾冲突，推动工程建设领域纠纷解决机制的多元化发展，广东省积极寻求与司法机构的合作，针对工程经济类纠纷案件，建立起了一套融合司法调解与行业协会调解优势的矛盾纠纷处理机制。为推进"一网通办"纠纷化解工作的实施，把线下争议化解工作搬至线上，省站集结了一支由行业专家组成的团队，通过在线平台解答并处理各类计价争议。

广东省正以科技创新为引擎，加速推进智能建造技术的发展。在应用关键技术产品的打造上，鼓励发展数字化设计，推动施工图的三维电子辅助审查和 AI 人工智能辅助审查的应用，促进了国产自主可控的数字化设计软件的涌现。省内部分领先企业积极与国际企业合作，改造升级智能生产线，实现了远程云端调控和生产过程的自动化。大力支持建筑机器人的研发应用，部分省内企业在建筑机器人研发等领域走在了全国前列。

四、监管环境

为推广符合国际通行规则的指数计价法，促进形成粤港澳三地认同的"湾区通"规则，广东省发布《广东省建设工程人工价格指数编制规则（试行）》，出台价格指数测算规则与应用规则，在全国率先推行与港澳规则相衔接的指数计价法。另外，省站搭建了一套建材价格和劳务用工价格监测平台，依靠覆盖全省的 140 多个监测点，每月收集市场价格信息，测算和发布房建、市政工程人工价格指数、材料价格指数以及机具台班价格指数、工程造价指数，明确价格指数应用规则，引导各方利用反映市场实际价格水平的指数法计价。

根据《广东省建设工程主要材料询价规则（试行）》，通过将询价流程分为询价准备、发起询价、报价分析、评审定价、归档入库五个环节，明确询价、比选、评审的流程和要求，推动询价规范化，强化询价成果的效力性，夯实工程造价市场形成基础，杜绝撒网问价的"假询价"问题，引导造价咨询企业不断提供深化服务，形成科学流畅的全过程管理体系。从业人员要改变过去的定价方式，将询价作为常态，不断充实和完善市场价格数据库，审核审计方式也将是用自己掌握的市场数据与报送数据进行核实，大幅减少恶意压价、随意砍价等情况。

第三节　主要问题及对策

一、行业存在的主要问题

1. 市场竞争激烈，价格竞争压力大

随着资质的取消，门槛降低，处于行业上下游企业相继增加并开展造价业务板块，其他（如会计、律师）行业也纷纷跨界涉足，抢占市场，分流业务份额。造价企业数量激增，而业务份额却在缩减，同行无序竞争，低价中标行为屡见不鲜。加上企业同质化竞争严重，缺乏创新和高附加值服务，个性化竞争力不足，加剧市场竞争。

近几年国内经济增速放缓，房地产、城市基础设施投资放缓，造价业务总体呈现下降趋势，营收下滑，但人工成本提升以及造价软件的价格垄断致使企业经营成本提高，加大运营压力。在上述环境叠加下，造价企业承接项目愈发困难，部分为了承接业务，漠视行业规则，缺乏诚信意识，超低价服务现象凸显，市场低价恶性竞争明显。

2. 人才短缺，技术、管理类人才供不应求

造价投入以人力资本为主，整体人员水平与行业发展对人才的需求不对等。造价从业人员专业能力参差不齐，行业收入趋低，较难吸引复合型人才。而全过程造价管理模式对人员能力要求较高，熟悉法律与投资、工程技术经济等具有综合能力的高素质人才仍呈现稀缺态势。

3. 信息化应用不足

工程造价数据管理和共享平台未能充分应用，导致各平台数据利用整合率不高，影响行业管理的流畅性。企业方面信息化建设投入资金有限，信息化管理系统价格较昂贵，中小企业难以承受。许多企业仍沿用传统的造价管理模式，信息化意识较弱。大数据、BIM 技术等应用有限，缺乏广泛性、成熟性，未能在项目管理中发挥优势。

二、应对措施

要尽量避免低价恶性竞争，需要全行业的共同努力。一方面，加强监管和引导，建立统一的信息化标准，促进不同系统间的互联互通，加强大数据、云计算、人工智能、BIM 技术等在工程造价领域的应用，推动行业向更加健康、有序的方向发展。另一方面，企业要树立正确的发展理念，加强内部管理和人才培养，提高风险控制能力，并通过强化技术创新、提升服务质量、拓宽服务领域等方式，增强专业实力和品牌影响力，以摆脱低价竞争的困境。

三、发展建议

1. 数字化转型

鼓励企业加大对信息化、数字化的资金投入，提升企业更新管理理念。推动建筑信息模型（BIM）技术的应用，提高成本估算的精确性和项目管理的效率。利用大数据分析工具，实时监控项目进度和成本，发现潜在问题并及时解决。

2. 技能提升与人才培养

鼓励造价人员获取相关的执业认证，提升专业素养和行业认可度。加强与高校、企业合作，逐步形成多位一体的行业人才培养组织保障体系。探索构建分类分级分层教育培训机制，以专业人才分层、执业资格分级、知识结构和执业能力分类为基础，逐步完善注重实效的行业人才教育学习模式。

3. 信息共享与合作

完善行业信息共享平台，方便各方获取最新的市场价格和技术动态。加强与设计、承包商、供应商等合作，确保信息沟通顺畅，提高成本控制的整体效果。

4. 可持续发展

推广绿色建筑理念。选用环保材料和节能技术，降低项目生命周期内的总成本。倡导生命周期成本分析，关注初期投资和项目全生命周期的经济性，综合评估长期成本效益。

5. 持续推进国际化

利用粤港澳大湾区建设的政策优势，积极参与基础设施、城际交通、生态环保等重点领域建设。加强粤港澳在工程造价领域的交流合作，实现资源共享，优势互补，推动区域一体化发展。借助粤港澳大湾区的国际化平台，与国际工程造价机构进行交流合作，提升国际竞争力。

（本章供稿：许锡雁、王巍、黄士显、蔡堉）

第十九章

广西壮族自治区工程造价咨询发展报告

第一节　发展现状

通过对造价咨询企业开展动态管理信用评价工作，以及制定《广西建设工程造价管理协会优秀工程造价成果等级评定办法》，开展 2023 年度优秀工程造价成果等级评定活动；举办广西壮族自治区第七届"八桂杯"BIM 技术应用大赛，提高造价从业人员综合素质；举办了"建设工程施工合同造价纠纷及热点问题""用数据思维重塑成本管控新场景"等增强造价从业人员专业素养的线上公益讲座；在多地市召开《广西壮族自治区市政工程消耗量及费用定额》《广西壮族自治区园林绿化及仿古建筑工程消耗量定额》宣贯会共 8 期，帮助从业人员对新定额的内容有了全面的认识和了解；举办 2023 年造价鉴定工作交流论坛，总结交流了工程造价鉴定工作的做法及经验。

第二节　发展环境

一、政策环境

2023 年，首届中国—东盟建设部长圆桌会议在南宁举行。会议建立了中国—东盟建设部长圆桌会议长效机制，通过了成果性文件《南宁倡议》。《南宁倡议》提出，中国和东盟将探索建立住房城乡建设领域广泛的合作交流机制；携手应对全球性挑战，推动宜居和高质量城市建设；加强住房合作，实现住有所居；加强建筑领域沟通协调和信息共享，提高工程建设国际合作水平；促进科技创新与产业变革，加快绿色低碳转型，实现碳中和目标；拓展青年合作渠道，推动人才交流，促进建筑领域专业人员培训。会议加深了中国与东盟各国在住房城乡建设领域的合作，助力构建更为紧密的中国—东盟命运共同体。

自治区人民政府办公厅印发《关于支持建筑业企业增信心稳增长促转型若干措施》的通知，以推动互跨专业承接业务等十项措施帮助自治区建筑业企业增强发展信心，鼓励建筑业企业做大做强做优，持续推动全区建筑业高质量发展，助力全区经济持续稳定增长；推行"建设贷""助建贷"政策，为建筑业企业提供超过 78 亿元贴息贷款，贴息金额达 1.66 亿元，有效改善企业资金流动难题。

自治区住房和城乡建设厅出台《广西壮族自治区工程造价咨询业诚信评价管理办法（试行）》并上线广西工程造价咨询业诚信评价管理平台，进一步规范了建设工程造价咨询企业和执业人员计价行为，促进造价咨询市场健康有序发展。

二、经济环境

全年全区地区生产总值（GDP）27202.39 亿元，按可比价计算，比上年增长 4.1%。其中，第一产业增加值 4468.18 亿元，增长 4.7%；第二产业增加值 8924.13 亿元，增长 3.2%；第三产业增加值 13810.08 亿元，增长 4.4%。第一、二、三产业增加值占地区生产总值的比重分别为 16.4%、32.8% 和 50.8%，对经济增长的贡献率分别为 19.5%、24.9% 和 55.6%。

全年固定资产投资（不含农户）比上年下降 15.5%，投资结构调整优化，稳投资政策效果持续显现，工业投资占固定资产投资比重达到 38.7%，比上年提高 6.0 个百分点。自治区特重大牵引项目支撑有力，完成投资比上年增长 17.1%，拉动投资增长 1.5 个百分点，西部陆海新通道骨干工程——平陆运河项目贡献突出。

建筑业全年全社会建筑业增加值 2028.44 亿元，比上年下降 4.3%。具有资质等级的总承包和专业承包建筑业企业实现总产值 5933.07 亿元，比上年增长

4.2%。其中国有控股企业 3131.46 亿元，比上年增长 6.4%。

全年房地产开发投资 1337.02 亿元，比上年下降 31.2%。其中住宅投资 1057.17 亿元，下降 29.6%；办公楼投资 24.87 亿元，下降 35.5%；商业营业用房投资 91.45 亿元，下降 28.7%。商品房销售面积 2916.73 万平方米，下降 18.6%，其中住宅 2342.28 万平方米，下降 16.2%。年末商品房待售面积 2468.40 万平方米，比上年末增加 663.50 万平方米。其中，商品住宅待售面积 1280.07 万平方米，增加 330.78 万平方米。

三、技术发展环境

扎实推进造价改革试点工作。根据《广西建设工程造价改革试点实施方案》，稳步推进造价改革工作。广西作为全国首批五个工程造价改革试点省份之一，遴选了 5 个试点市 9 个项目作为改革试点项目，逐步建立工程造价市场形成机制，提升造价行业核心竞争力，造价改革试点工作阶段性成绩明显。一是开展房屋建筑及市政基础设施工程多层级清单计算规则编制工作，目前已编制完成初稿。二是开展了政府投资项目造价管理研究，起草了《广西壮族自治区政府投资房屋建筑及市政基础设施项目工程造价管理规定》。三是研究建立广西建设工程造价指标分析系统。四是编制《广西建设工程造价指标采集发布规定》，进一步建立健全工程造价指标体系。五是起草了《广西全过程造价咨询服务试点工作方案》《广西国有资金投资项目工程造价数据库试点工作方案》。

加强建设工程价格信息管理。一是做好造价信息审核发布工作，做好造价信息发布工作，今年开展了 11 次信息价发布审核，提高了信息发布质量。二是做好 2023 广西建设工程典型案例指数指标编制工作，目前已完成 10 个典型工程的选取及指标编制初稿，计划年底前完成该项任务。三是结合最新发布的全区建设工程相关定额，更新完善广西建设工程人工材料设备机械数据库，今年更新建筑、安装等专业的材料和机械数据 3000 多条。

稳步推广 BIM 技术应用。打造"十四五"BIM 技术应用示范项目。全区范围内征集到 73 个 BIM 示范项目申报，经自治区住房和城乡建设部门初审，专家评审共立项 50 个 BIM 示范项目。出台 BIM 示范项目验收管理办法。

第三节　主要问题及对策

一、存在的问题

受市场影响，建设工程造价咨询企业普遍存在回款难的问题。一方面，建筑业增速放缓，工程造价咨询企业的业务总体呈现明显下滑趋势，市场同质化竞争愈加激烈，现金流的短缺，对企业的经营雪上加霜；另一方面，造价咨询企业的核心和关键是发挥人才的作用，资金的紧张对企业留住综合型专业技术人才造成极大的压力，导致本就在转型升级的企业举步维艰。

二、未来展望

一是继续深化建设工程造价数字化改革，开展国有资金投资项目工程造价数据库试点工作，完善广西建设工程造价指标分析系统，进一步建立健全工程造价指标体系；开展以造价管控为核心的全过程咨询服务试点工作，解决长期困扰政府投资项目的"三超"（即概算超估算、预算超概算、结算超预算）和结算久拖不决问题，进一步提高投资效益和工作效率。

二是扎实推进定额编制工作，计划编制完成广西建筑装饰装修、拆除工程消耗量定额，开展广西房屋建筑工程项目估算、概算示范本的编制，同时做好2023年广西安装工程消耗量及费用定额宣贯。

三是加强动态监管工作，结合已经印发的《广西壮族自治区工程造价咨询业诚信评价管理办法（试行）》，对发改、财政及住房和城乡建设部门评审或抽查的业主提供的成果文件误差率达到一定幅度时，要给予相应的问责或处罚措施。同时对从事造价咨询的企业及人员的执业行为进行动态监督管理。

（本章供稿：温丽梅、王燕蓉、张婷、蒋沛芩、叶羽、杨智）

第二十章

海南省工程造价咨询发展报告

第一节　发展现状

组织成立海南省建设工程造价调解委员会，鼓励建设工程造价当事人利用调解方式解决争议，维护各方合法权益；出台《海南省工程造价鉴定指南》，组织学习工程造价鉴定相关知识，规范工程造价鉴定执业规则；与各级人民法院建立协调机制，接受各方来函的相关工程造价争议的工程项目计价、材料价格的合理性等，共9件。

与海南多所职业高校搭建交流平台，成立海南省建设工程造价协会校企委员会，制定校企人才就业机制，力争高校工程造价人才毕业后留在海南工作；举办技能大赛，选拔优秀专业技术人才。

协助海南省建设标准定额站完成海南省建设工程系列概算定额编制及宣贯培训工作；启动《2024海南省安装工程综合定额》编制及主要协调工作；完成定额专业技术问题解答工作；参与《2023海南省信用评价标准》咨询企业备录工作；参与《2023海南省零碳资料采集》协调备录工作。

举办《建设项目工程总承包计价规范》T/CCEAS 001—2022宣贯会议；举办"机器管招投标"宣贯解读及建设工程编制招标控制价需要注意细则讲座、"机器管招投标"相关项目招标控制价成果文件编制要点及投标报价编制要求交流会；组织"工程造价鉴定课题""城市共享–造价+法律护航"等公益学习讲座；组织工程索赔相关问题解答沙龙交流会；举办2023年度海南省"造价人节"讲座交流活动；举办《2023年度海南省二级造价工程师职业资格考前培训班》（土木建筑工程、安装工程）。

第二节　发展环境

一、政策环境

海南省紧紧围绕"机器管招投标"是什么、管什么、怎么管 3 个问题进行全面梳理，创新提出运用"区块链""云计算""大数据"等新技术，构建起"1+3"机器管招投标系统，其中"1"是指保障"机器管招投标"系统运行的体制机制，"3"是指交易平台、行政监督平台和公共服务平台。"机器管招投标"围绕"招、投、开、评、定"的业务流程，构筑了"防火墙"，实现自动匹配投标资格条件、自动获取企业投标信息、自动识别串通投标文件、自动比对筛选入围企业、全流程"机器"自动评标、自动确定中标候选人。同时，"机器管招投标"设置"电子围栏"，自动筛查发现违法违规行为，建设智能主体库分析预警异常行为和轨迹、实施音视频见证开标评标、实现利用区块链技术防篡改和可追溯、实现在线智能监管和信息互联互通。

"机器管招投标"运行一年多以来，取得了六方面积极成效：一是招标文件更加标准化、格式化，招标人填写的内容从 273 项减少为 114 项，减少了58.2%；二是"机器"直接读取投标人资质等信息，投标人填写的内容从 157 项减少为 25 项，减少了 84%；三是招投标监管实现了由"机器"自动发现违法行为，形成有效震慑；四是评标全流程由"机器"实施，减少专家的人为因素；五是投标人数量有了大幅度提高；六是大大降低了投标文件的编制难度，提升了效率。2023 年 9 月 1 日起，海南省政府类投资的住房城乡建设、交通运输、水务等领域的工程建设项目（含代建、代管以及辖区内国有企业投资项目），全面以"机器管招投标"方式开展招投标活动。

二、经济环境

经国家统计局统一核算，2023 年海南省地区生产总值 7551.18 亿元，按不变价格计算，比上年增长 9.2%。其中，第一产业增加值 1507.40 亿元，增长 4.6%；第二产业增加值 1448.45 亿元，增长 10.6%；第三产业增加值 4595.33 亿元，增长 10.3%。三次产业结构调整为 20.0：19.2：60.8。全年人均地区生产总值 72958 元，同比增长 8.0%。

2023 年，海南省固定资产投资比上年增长 1.1%，非房地产开发投资增长 1.1%。按产业分，第一产业投资下降 26%，第二产业投资增长 5.8%，第三产业投资增长 0.7%。按地区分，海口经济圈投资增长 5.4%，三亚经济圈投资增长 5.9%，儋洋经济圈投资下降 21.5%，滨海城市带投资增长 0.4%，中部生态保育区投资增长 9.5%。投资项目个数下降 2.5%，其中本年新开工项目下降 10.9%。

2023 年，海南省房地产开发投资 1170.73 亿元，比上年增长 1.1%。其中住宅投资 841.67 亿元，比上年增长 6.1%；办公楼投资 73.93 亿元，比上年下降 3.2%；商业营业用房投资 104.63 亿元，比上年下降 12.1%。房地产项目房屋施工面积 9090.60 万平方米，比上年增长 0.2%，其中本年新开工面积 1034.11 万平方米，下降 2.3%。房屋销售面积 899.69 万平方米，比上年增长 39.7%；销售额 1493.8 亿元，比上年增长 36%。

2023 年，海南省建筑业增加值 592.70 亿元，比上年增长 4.1%。海南省具有资质等级的建筑企业单位 416 个，新增 73 个。海南省资质内建筑企业全年房屋建筑施工面积 1846.71 万平方米，下降 0.8%。

第三节 主要问题及对策

一、存在的问题

1. 招投标政策变革，行业发展迎来挑战

2022 年 11 月 28 日，海南首例"机器管招投标"项目完成招标，此后在部分市县的房屋建筑和市政工程项目上进行了试点，2023 年 9 月 1 日起，在全省政府类投资项目上全面实行"机器管招投标"。"机器管招投标"要求在发布招标文件时公布招标控制价，包括总价、各专业工程造价、各分部分项工程工程费、不可竞争费、措施项目费、其他项目费、规费和税金等内容，在这种情况下投标单位数量激增，但造价咨询企业的优势反而不复存在，部分造价咨询企业业务量锐减，海南省工程造价咨询行业可持续发展迎来了严峻的挑战。

2. 企业规模偏小，业务形式单一

海南省工程造价咨询企业普遍规模偏小，从业人员人数在 30 人以下的占绝大多数，在实际工作中与设计、监理、项目管理单位的横向交流不多，有全面、完整工程项目建设过程经历的工程造价咨询人员极少，缺乏全局掌控意识。而高素质复合专业人才的缺少，使得多数工程造价咨询企业只能开展预结算等比较单一的业务，能为业主提供项目全寿命周期咨询服务，包括项目价值研究管理、风险分析及管理、项目投资估算、合同管理、投资收益分析等内容的企业较少。

3. 过度依赖计价依据，部分咨询成果与市场脱节

政府投资建设工程项目当前主要是依赖计价定额、信息价等指导性文件开展计价工作。计价定额通常五年修订一次，修订前产生的新工艺、新材料无相适应的定额子目；同时材料市场信息价按月发布。由于材料市场信息价其实是对市场同类材料进行抽样后加权"综合"计算的结果，市场价格是波动的，将不同的品种、规格、品牌、厂家、产地、质量标准的产品以某种方式"综合"的价格，并非适用每个项目，经常造成争议和扯皮。而相当部分的造价咨询公司受本身企业规模、时间要求等种种因素的限制，不可能对成千上万的材料、设备等市场价格及变化动态掌握清楚，咨询成果文件核定出来的工程价格有相当部分与市场脱节。

4. 缺乏综合性咨询人才，企业同质化竞争严重

海南省工程造价咨询企业缺乏综合性高水平专业性咨询人才，绝大多数造价咨询企业业务以传统模式下的工程预算、清单编制、结算审核等基础性业务为主，对于咨询策划、设计方案比选、工程索赔、风险管理、成本分析、投资控制、全过程造价管理等缺乏综合性咨询管理能力，且由于企业规模较小，对高端专业人才缺乏吸引力，导致企业专业人才队伍建设缓慢，企业长远发展规划不足，难以建立企业核心竞争力，使得企业长期处于同质化竞争状态。

5. 行业门槛降低，恶性竞争加剧

随着海南自由贸易港建设进程加快，本地造价咨询企业逐年增加，每年又有大量省外工程造价咨询企业涌入海南市场，再加上工程造价资质取消后，市场准

入门槛降低，原先的会计师事务所、律师事务所等逐渐向工程造价咨询领域渗透，企业数量增多，但海南建设工程项目数量增加有限，加之"机器管招投标"政策改革，造价咨询企业能够拿到的咨询市场份额下降，使得低价竞争情况愈发严重。

6. 造价数据积累不足，难以应对企业数字化转型

海南工程造价咨询企业规模小，大部分所承揽的业务形式单一，企业数字转型意识不强，数据库及标准体系不成熟，缺乏项目招标控制价、预算、结算等相关数据的积累。同时，行业工具性软件、大数据服务垄断严重，且技术更新慢、收费高，咨询企业成本居高不下，数字化工作进展缓慢。随着海南省招投标制度变革和工程造价改革进程的不断推进，企业缺乏完备造价数据库的劣势逐渐凸显。

二、行业发展策略

1. 强化专业人才培养储备

工程造价咨询行业是轻资产企业，人才是最大的资产。要高度重视全过程工程咨询项目负责人及相关专业人才的培养，加大与本地高校的交流，一方面，请行业专家到高校为工程造价专业的学生进行授课，加强学生理论与实践的联系，促进学生对工程造价专业知识的理解，引导学生毕业后考取二级造价师证书；另一方面，通过与高校合作，建立后备人才库，加强技术、经济、管理及法律等方面的理论知识培训，培养和造就一支符合全过程工程咨询服务需求的高素质的执业队伍，为开展全过程工程咨询业务提供人才支撑。

2. 创新咨询服务实施方式

破解工程咨询市场供需矛盾，必须创新咨询服务实施方式，大力发展以市场需求为导向、满足委托方多样化需求的全过程工程咨询服务模式。特别是要遵循项目周期规律和建设程序的客观要求，在项目决策和建设实施两个阶段，重点培育发展投资决策综合性咨询和工程建设全过程咨询，为固定资产投资及工程建设活动提供高质量智力技术服务。除上述两个阶段外，还可根据市场需求，从投资决策、工程建设、运营等项目全生命周期角度，开展跨阶段咨询服务组合或同一阶段内不同类型咨询服务组合，为投资者或建设单位提供多样化的服务。

3. 鼓励造价咨询企业数字化转型

鼓励企业加快建立工程造价数据库，通过对以往的项目数据整理、挖掘、提炼，把咨询人员经验转化为企业数据，建立项目造价数据分析存储、业务流程、工作模板等标准，提升企业业务管理水平，将造价咨询成果数字化，形成企业数字化资产，提高工作效率和质量管理水平。通过对造价咨询成果数据的分析应用升级，为价值工程的运用、全过程造价管理、全过程工程咨询提供基础，最终形成基于数据的企业核心竞争力，形成品牌优势，提升企业利润。

4. 推进行业信用体系建设

加强与行业主管部门沟通协调，利用"双随机、一公开"监管手段，进一步加强工程造价咨询行业信用监管，深入推进行业信用体系建设，发挥行业自律作用，规范企业执业行为、执业能力和执业道德素养。坚决杜绝违法违规的不良行为，抵制低于服务成本的恶性低价竞争，维护工程造价咨询市场正常秩序，提升工程造价咨询行业社会影响的公信力。

5. 完善工程造价纠纷调解机制

按照国家进一步深化多元化纠纷调解机制改革的精神，建立健全海南省工程造价纠纷调解机制，培育具有专业素质的工程造价纠纷调解员，发挥工程造价调解作用，及时化解行业纠纷，切实维护建设各方合法权益。

（本章供稿：贺垒、王禄修、林崴、欧琼飞）

第二十一章

重庆市工程造价咨询发展报告

第一节　发展现状

组织开展了第二轮重庆市工程造价咨询行业信用评价工作。参评企业919家，评出 A 级企业 111 家、占 12%，B 级企业 369 家、占 40%，C 级企业 178 家、占 20%，D 级企业 204 家、占 22%，E 级企业 57 家、占 6%。

通过"双随机、一公开"监管平台随机抽取工程造价咨询企业 100 家，重点对受检企业注册造价工程师配备、工程造价成果文件质量、执行工程造价咨询行业差异化监管工作要求及参加工程造价咨询行业信用评价等四个方面情况开展检查。经检查，合格企业 52 家，不合格企业 22 家，在重庆未开展业务企业 22 家，营业执照已注销企业 4 家。

联合主办了重庆市住房和城乡建设系统第一届造价工程师综合能力竞赛，竞赛以"展精兵风采 树造价榜样"为主题，共计 1200 余名造价师报名，最终 30 名优秀选手脱颖而出。

开展各种专业讲座 3 场、举办各种主题研讨会 11 次、施工现场观摩研讨会 1 场等活动；组织专家对咨询企业进行质量检查、优秀论文评选、司法鉴定企业评选等工作。

第二节　发展环境

一、政策环境

按照《住房和城乡建设部等部门关于推动智能建造与建筑工业化协同发展的指导意见》（建市〔2020〕60号）等有关部署，重庆市作为试点城市以发展智能建造、推动建筑业转型升级为目标，建立统筹协调工作机制，加大政策支持力度，有序推进各项试点任务，取得了积极进展和成效。将建筑机器人纳入全市战略性新兴产业进行重点培育，同时结合软件和信息服务业"满天星"行动计划，大力发展工程建造软件相关产业。对市属国有建筑类企业加大创新考核力度，推动相关企业带头实施智能建造。将智能建造纳入全市科技计划技术创新与应用发展专项，每个项目给予一定的财政资助。发布《建设领域建筑机器人与智能施工装备选用指南》，将智能建造装备分为推广类和试点类，鼓励工程项目结合实际选用。

为加快推进旧城改造工作，消除安全隐患，改善人居环境，提升城市功能，发布了《关于加快推进中心城区旧城改造工作的通知》，为解决全市棚户区（城市危旧房）和城中村改造、城镇老旧小区改造、城市更新等任务较重的难题，分别在优化土地供应、强化规划赋能、加大财政和金融支持、加强税收支持、优化项目实施等五个方面，优化完善工作措施，强化政策赋能，确保项目动则必快、动则必成。随着城市更新进程的加快，老旧小区改造、棚户区改造等项目增多，工程造价咨询服务在项目规划、成本控制等方面将发挥重要作用。

深化"放管服"改革与规范管理，鼓励以执业质量为核心、综合考虑信用和价格等因素择优选用工程造价咨询企业，倡导优质优价，促进行业有序竞争；切实落实委托人择优选用咨询企业、依法签订咨询合同、加强对咨询企业全过程跟踪管理、发挥示范作用的责任；严格规范咨询企业执业行为，不得低价竞争，认真履行合同义务，通过行业信用评价，树立良好的企业形象；实施分类差异化监管，以信用管理、"双随机、一公开"检查和重点核查为手段，加大对工程造价咨询活动的日常监管力度，对恶意压低收费或收费明显低于经营成本、出具不实造价咨询成果文件、严重扰乱市场秩序等行为进行严厉查处，并向社会公布。

二、经济环境

重庆市地区生产总值迈上3万亿元新台阶达到30145.79亿元、同比增长6.1%；规模以上工业增加值、固定资产投资、社会消费品零售总额分别增长6.6%、4.3%、8.6%；一般公共预算收入增长16%；全体居民人均可支配收入增长5.4%。

全年实现工业增加值8333.35亿元，比上年增长5.8%，规模以上工业增加值比上年增长6.6%。分经济类型看，国有控股企业增加值增长8.5%，股份制企业增长7.0%，外商及港澳台商投资企业增长3.3%，私营企业增长4.9%。分门类看，采矿业增长9.6%，制造业增长6.4%，电力、热力、燃气及水生产和供应业增长8.1%。全年建筑业增加值3365.79亿元，比上年增长8.4%。

重大项目有序推进，渝昆高铁川渝段进入全线铺轨阶段，成渝中线、渝西、渝万、成达万等高铁项目进展顺利，重庆新机场选址获批，川气东送二线项目开工，川渝特高压交流工程提速建设，川渝省际建成及在建高速公路达到21条，248个共建重大项目完成年度投资4138.4亿元。

三、技术环境

满足建设各方主体计价需要，对重庆2018定额计价体系动态维护，编制发布定额综合解释，对共性争议问题进行明确解释、缺项定额子目进行补充完善、错误进行勘误修正。为进一步提高房屋建筑和市政基础设施工程安全文明施工管理工作和实体水平，保障安全生产费用的合理计取与有效投入，对原安全文明费的计取原则进行调研，为修订做好各项准备工作。

为加快转变建筑业发展方式，推进建筑工业化、数字化、智能化升级，推动建筑业高质量发展，为满足智能建造工程计价需要，促进建筑机器人智能技术装备在施工中的应用，率先启动建筑机器人消耗量标准编制工作。公布建设领域大数据智能化产品（技术）目录，引导行业各方积极采用，加快推进规模化应用，促进互联网、大数据、人工智能与建筑业深度融合。

第三节　主要问题及对策

一、主要问题剖析

1. 低价的市场竞争失序笼罩整个行业

随着工程造价咨询行业准入门槛的降低，企业数量急剧膨胀，市场竞争呈现出白热化态势。面对激烈的竞争压力，一些企业采取了极端低价策略以求生存。这种短视的行为不仅挤压了行业的利润空间，更引发了服务品质的下滑。长期而言，这种低价竞争严重阻碍工程造价咨询行业的健康发展，影响整个行业的效益提升。

2. 高水平复合型人才存在缺口

行业快速发展与人才供给不足之间的矛盾日益突出，尤其是对于具备深厚经验与专业知识的高级复合型技术人才，市场需求与现有人才储备之间存在明显差距。这一人才供需失衡成为制约工程造价咨询行业发展的关键瓶颈。

3. 技术鸿沟困扰的信息化建设不均衡

尽管信息化技术在工程造价领域的应用日益广泛，但企业间的信息技术应用水平却呈现出明显的两极分化。一些咨询企业因资金投入不足或技术认知有限，未能充分利用信息技术优化管理流程，造成数据处理效率低下和信息孤岛现象，直接影响了决策质量和工作效率。

4. 专业能力考验咨询服务水平质量高度

尽管有一批工程造价咨询企业能够提供高质量的服务，但也有相当一部分企业因为项目管理粗放、技术应用落后或专业人员技能不足，导致成果文件的准确性和可靠性大打折扣，影响了客户满意度和行业整体形象。

二、问题成因探索

1. 低门槛与无序竞争

自造价资质取消后，行业入门几乎无限制，而造价行业传统业务技术门槛不高，有一定经验的人员都可以完成委托业务，成果好坏的因素又错综复杂，成果的检验又有一定的滞后性，比如成果好坏的因素可能是资料问题、参建各方问题、咨询机构问题等，成果的检验又是在后续的实施过程中或者审核过程中才暴露，造成一些咨询机构采取低价忽视质量的策略抢占市场，不注重长远发展，对整个行业健康发展带来极大冲击。

2. 理论与实践脱钩

教育体系偏重理论，忽视实践培养，加之继续教育资源稀缺，人才成长路径受阻。造价行业不缺乏造价专业人员，但是缺乏造价专业复合人才。人才匮乏是大多咨询机构的痛点，遇到大、特、新、奇、精、尖等非常规项目，往往感到束手无策，缺乏得力干将，缺乏复合技术高手，缺乏统筹管理干将。由于业务体量受限，基于成本收益或短期收益考虑，大多咨询机构没有积极性培养人才，即使培养出人才，因为业务体量及盈利有限，激励不够，也会导致花费时间精力和资金耗费等培养的人才流失。

3. 创新意识缺乏

技术变革时代为社会发展带来了无限可能，同时也带来了挑战，这一变革不仅推动了信息技术的快速发展，也引领着工程咨询行业从传统的信息化向更高层次的数据驱动决策、智能化咨询服务、业务模式创新的数字化方向发展。目前，相当一部分咨询企业对数字化与技术创新重视不够，尤其是资质放开后新成立的这些咨询企业，基本上还没有具备数字化的咨询思维与实践；即使以前成立的一些老资格咨询企业，在数字化咨询方面也是似是而非，没有与工程咨询行业的本质和固有特征结合，错失了提升核心竞争力的机会。

4. 咨询服务成果质量高度、深度、广度不够

部分咨询企业成果文件质量欠佳影响行业形象，项目管理粗放致使流程混

乱、效率低下，无法有效把控全局。技术应用落后，尤其在造价软件更新迅速的当下，掌握不熟练直接降低工作精准度。专业人员技能不足，对地方政策法规理解不深，导致在项目中出现偏差。

三、应对策略规划

1. 强化监管与自律

通过健全市场环境，规范市场竞争秩序，合理制定市场收费标准，为工程造价咨询行业打造健康有序的发展生态。加大整治违规竞争行为，促使市场环境优化。切实有效构建行业自律机制，与监管机构协同合作，制定合理价格指引，规范市场竞争行为，维护行业生态平衡与稳定。

2. 推进人才培养体系改革

深化校企合作，强化实践教学环节，扩大继续教育的覆盖范围，确保人才既有扎实的理论根基，又具备丰富的实战经验。通过校企合作、开展技能竞赛、案例评选、论文评选、培训、讲座、技术交流、峰会等多元活动，为从业人员搭建丰富多样的职业教育通道，加快培育复合型人才队伍。

3. 以信息化驱动发展

加大政策扶持与资金引导力度，积极推广先进信息技术的应用，推动企业信息化建设，加强数据共享与协作。加快企业的数字化转型进程，促进人工智能、大数据、云计算、物联网等在工程咨询服务中的落地与应用，引领行业的数字化变革之路。

4. 构建质量监管体系

持续完善并强化分色分类差异化监管手段，充分运用"双随机、一公开"等方式，加大对工程造价咨询活动的日常监管力度。构建严密的质量监管体系，推动行业规范化运行，提升服务质量和市场竞争力。

四、未来发展展望

1. 市场拓展空间充满新机遇

政府出台的一系列对建筑行业的支持政策，如购房补贴、设立租赁住房专项基金的落地施行，有力地提振了市场信心，为造价行业的蓬勃发展提供了有力支撑。随着经济的持续增长和城市更新进程的加速推进，预计对住宅、商业和基础设施建设项目的需求将不断增加，这将为行业创造广阔的市场空间和创新型的市场需求。

2. 服务升级转型势在必行

积极探索全新的服务模式，如全过程工程咨询、BIM、AI 技术应用等，推动行业向更高层次的专业化、多元化和新质生产力方向迈进，为客户提供更精准、更全面的"价值咨询"解决方案的服务产品。

3. 技术引领创新潮流

借助大数据、AI 等前沿技术，使数字化、信息化技术在造价领域得到广泛应用，从而提升造价咨询的效率和准确性，推动造价管理的智能化进程。

4. 国际化战略稳步推进

积极响应国家"一带一路"倡议，勇敢地"走出去"，依托中国基建的强大竞争力和行业协会的有力支持，加强国际交流与合作。

（本章供稿：徐湛、廖袖锋、王耀利、邓飞、袁伯和、王家祥、杨宁）

第二十二章

四川省工程造价咨询发展报告

第一节　发展现状

编制《建设项目工程总承包计价规范》等 4 项团体标准、《建设项目代建管理标准》《房屋建筑工程设计概算编制规程》T/SCCEA 002—2024、《房屋建筑工程投资估算编制规程》T/SCCEA 003—2024、《建设工程造价鉴定意见书编审规程》T/SCCEA 001—2024；开展《工程计价综合计税率（试行）》《四川常用建材及人工价格指数发布》《四川省工程造价咨询服务收费参考标准（试行）》修订、《四川省工程造价鉴定机构综合评价办法》修订、《四川省工程造价咨询企业自律规则（2023 年修订）》修订等 6 项课题研究。

推动四川造价 APP 及网络平台研发；成立工程造价纠纷调解委员会和建立调解员名录；举办 2023 年四川省职工职业技能大赛—造价工程师竞赛；成功举办 2023 四川江苏工程造价高峰论坛；评选 75 个优秀典型案例，选编出版《工程造价典型案例与指标分析精选集》。

2023 年，四川省工程造价咨询企业参与了大量的建设项目工程造价的咨询服务工作，包括国家重点建设工程和省级重点建设工程。咨询服务工作内容主要包括投资估算、设计概算、工程预算价格的编制与评审、招标工程量清单及招标控制价编制、跟踪审计、过程控制、全过程咨询、竣工结算及审核等工作。

四川省工程造价咨询企业持续加大科研经费投入，全年投入超过营业收入10%的企业有 5 家，申请专利 16 项，软件 / 作品著作 76 个，承担学术课题 27 项。3 家企业被认定为专精特新企业，5 家企业被认定为高新技术企业。

第二节　发展环境

一、政策环境

四川省人民政府和重庆市人民政府联合印发《推动川南渝西地区融合发展总体方案》，提出到 2025 年，川南渝西地区生产总值达到 2 万亿元左右，今后三年，川南渝西地区规模以上工业增加值的年均增速要保持在 10% 以上。川渝两地联合印发《关于成渝地区双城经济圈"放管服"改革 2023 年重点工作任务清单等 4 个清单的通知》，上述文件的颁布将更好服务成渝地区双城经济圈建设重大战略。

四川省人民政府印发《聚焦高质量发展推动经济运行整体好转的若干政策措施》，全面推行项目审批流程优化，压缩房屋建筑和市政基础设施类政府投资项目、企业投资项目审批时间，推进项目极速审批、尽快开工、加快建设。四川省人民政府印发《关于进一步激发市场活力推动当前经济运行持续向好的若干政策措施》，从强化财税政策支持、积极扩大有效投资、加快消费恢复提振、推动外贸提质增效、帮助企业降本减负、推进企业快速成长等六个方面出台 19 条政策措施进一步激发市场活力。

四川省人民政府印发《四川省碳达峰实施方案》，提出全面推进绿色建筑创建，一方面，持续淘汰落后产能，加快发展战略性新兴产业特别是绿色低碳优势产业；另一方面，大力推进绿色制造和清洁生产，推进产业园区循环化发展，支持打造一批绿色低碳园区和绿色低碳工厂。省人民政府印发《聚焦高质量发展推动经济运行整体好转的若干政策措施》，实施"建筑强企"培育行动，对贡献大的建筑业企业予以信用等激励。支持建筑业骨干企业与央企、省外国有企业组建联合体，参与轨道交通、公路、铁路、机场港口等项目建设，对以联合体方式承接的工程项目业绩予以认可。支持企业开展智能建造技术开发、技术转让和与之相关的技术咨询服务等业务，符合条件的依法落实相关税费优惠政策。

动态发布计价定额勘误、补充及人工费调整费率，有效保障工程造价咨询服务质量。发布《工程计价综合计税率（试行）》，破解"营改增"后工程计价中税金计算的困局和难点。

二、经济环境

2023 年，四川省地区生产总值（GDP）60132.9 亿元，按可比价格计算，比上年增长 6.0%。其中，第一产业增加值 6056.6 亿元，增长 4.0%；第二产业增加值 21306.7 亿元，增长 5.0%；第三产业增加值 32769.5 亿元，增长 7.1。三次产业对经济增长的贡献率分别为 7.6%、29.9% 和 62.5%。

根据国家统计局数据和四川省国民经济和社会发展统计公报数据，2023 年全国全年全社会固定资产投资 509708 亿元，比上年增长 2.8%。其中，四川省全年全社会固定资产投资总值 42351 亿元，比上年增长 4.4%，增速虽比 2022 年的 8.4% 有所回落，但明显高于全国平均水平。

受多重因素影响，2023 年四川建筑业产值 17401.54 亿元，较 2022 年减少 6.80%；新签订合同，较 2022 年减少 13.90%。

三、技术环境

四川省造价咨询企业普遍认同技术创新对提高工作效率、降低管理成本及提升服务品质有显著效果，将技术创新视为企业转型优先方向。企业开展的研究课题主要聚焦的 7 个方向，信息化建设与新技术推广是两个重点方向。

举办"工程造价专业技术骨干人员培训"，"成本管控，不止于价，开启精细量控新时代"线上直播等技术讲座与专业培训，推广新技术，传递新观念。帮助企业培养、储备与行业发展相适应的人才队伍，提升项目管理效率，降低建造和咨询成本，促进行业转型升级。

第三节　主要问题及对策

一、面临的主要问题

1. 行业层面

1）传统业务竞争加剧

企业收入仍依托于建筑业开展传统造价咨询业务，高附加值业务匮乏。在建筑业增速明显放缓，造价咨询企业数量仍在迅速增加的背景下，传统造价咨询业务同质化竞争、低价竞争等现象频发。

2）新兴领域业务增长乏力

企业收入在市政工程、公路工程、水利工程和城市轨道交通工程，虽有较大增长，但相较房建工程仍显逊色；特别是在新能源工程、航空工程、航天工程等体现现代产业的新兴领域，业务增长乏力。

3）行业标准与数字化转型推进缓慢

数据作为新型生产要素已被市场广泛接受，但现阶段建设领域的数据应用水平仍远低于其他行业，反映行业标准与数字化转型未达市场需求。

2. 企业层面

1）企业管理有待进一步规范

当前，针对造价咨询企业的管理有待进一步提升和完善。挂靠、加盟现象普遍存在，部分企业因专业能力不足无法为客户提供准确、全面的咨询服务，进而造成造价咨询服务质量参差不齐，严重阻碍了造价咨询行业的可持续发展。

2）综合业务能力和核心竞争力不足

具备综合咨询能力的企业占比较小，造价咨询业务集中在实施阶段和结（决）算阶段，多数企业无法提供全生命周期的高质量服务，缺乏核心竞争力。

3. 人才层面

1）缺乏高层次复合型人才

从业人员普遍从事于识图算量、套价、结算等基础工作，缺乏对项目的综合把控能力。

2）思维守旧创新意识不足

造价咨询从业人员普遍固守服务单一产业的造价确定与控制思维，疲于应对传统业务，过度相信经验主义与本本主义。对新技术、新产业的迭代缺乏正确认识，主动求新求变的意识不强。

二、应对策略

1. 行业层面

1）坚定高质量发展的目标不动摇

紧跟国家发展方向，通过人才培养、技术创新、咨询服务成果标准化体系建设等手段提升管理效率，实现咨询项目由数量增加向价值提升的转变。

2）培育新质生产力引领数字化转型

以市场需求为导向，进一步完善计价依据，提高数据的使用实效，培育新质生产力，激发市场交易主体活力。

2. 企业层面

1）加强自律开拓市场新亮点

肩负企业担当，避免同质化竞争。积极应对国内建筑市场萎缩和业务竞争加剧的挑战，主动开拓新兴产业领域，由过度依赖单一建筑业向工业领域发展，同时也可量力开拓国际市场。

2）明确定位铸就核心竞争力

明确企业定位，有针对性开发咨询产品，改变传统咨询服务模式，以精品化、定制化为基准，服务业主需求，充分发挥咨询服务的价值和潜力，实现以质量树品牌。

3. 人才层面

1）推进产学研深度融合

四川高校工程造价专业办学层次与数量在全国属领先地位，面临建筑业转型升级的巨大挑战，四川造价咨询行业也亟须重视并落地与高校的融合发展，充分借力高校优势，在高层次人才培养、科技成果转化和精益管理提升等方面加快自身的核心竞争力构建。

2）打破固有思维改善知识结构

市场对高层次复合型造价咨询人才的需求越来越大。造价从业人员应打破原有知识边界，重新构建或完善自身知识结构，提高竞争力以适应行业转型升级需求。

（本章供稿：陶学明、项健、赖明华、王红帅、郭丹丹、肖光朋、闵弘、汪蕾蕾）

第二十三章

贵州省工程造价咨询发展报告

第一节　发展现状

　　组织编制《贵州省工程量清单、招标控制价编审规程》《贵州省建设项目工程量结算编审规程》两个规程；开展企业信用等级评审工作，41 家参评，经评审，36 家企业获得 AAA，1 家企业获得 AA，4 家企业获得 A。目前，贵州省共有 70 家企业参加信用等级评价工作，每年举办一次，评定结果有效期三年，三年内实行动态管理；组织开展贵州省工程造价咨询成果文件质量评定工作，同时通过要求参加成果文件评审的项目须为上传国家建设工程造价数据监测平台项目，促使企业重视工程造价数据的收集及上传工作；开展二级造价工程师职业资格考试培训；组织编制《贵州省房屋建筑加固工程计价定额》，每月发行《贵州省建设工程造价信息》，对行业最新动向及省内各地区主要建筑安装材料参考价进行发布。

第二节　发展环境

　　国务院办公厅关于印发《重点省份分类加强政府投资项目管理办法（试行）》的通知（国办发〔2023〕47 号），贵州作为文件中的重点省份，政府及国有平台投资的项目大幅减少，叠加因资金不足导致项目停工及房地产投资项目减少的因素，近一年来工程造价咨询业务急剧萎缩。

　　贵州省发展改革委、省住房和城乡建设厅《关于加快推进我省全过程工程咨询服务发展的实施意见》（黔建建发〔2020〕1号），要求加快贵州省咨询企业向全过程工程咨询服务转型升级高质量发展，文件中明确造价咨询企业可承担全过程工程咨询工作。

《住房和城乡建设部办公厅关于印发工程造价改革工作方案的通知》（建办标〔2020〕38号）提出，推行清单计量、市场询价、自主报价、竞争定价、逐步停止发布预算定额，但现阶段贵州省各施工企业企业定额、咨询企业造价数据库大部分尚未建立或完善，主要计价方式仍然依赖已经发布的工程计价定额。

第三节　主要问题及对策

一、主要问题

一是随着造价咨询企业资质取消，造价咨询企业数量迅速增长。工程项目减少，造成市场竞争更加激烈，咨询服务要求越来越高，咨询服务收费越来越低，恶意压价情况突出。未及时出台相关管理办法和细则，对恶意压价等行为的监督管理难度加大。

二是地方财政、平台公司及房地产企业等资金紧张，导致项目完成后收款困难。

三是造价咨询企业承担全过程工程咨询（含项目建议书、可行性研究报告编制、总体策划咨询、规划、勘察、设计、监理、招标代理、造价咨询、招标采购及验收移交）等全部或部分业务的较少，造价咨询企业主要承担的还是全过程造价咨询工程或跟踪审计工作。

二、对策

一是造价咨询企业从事全过程工程咨询过程中存在综合性人才不足的问题，但优势是业主在委托过程中更关注项目实施过程中的投资控制情况，可通过加大综合性人才的培养及以造价咨询业务为引领，在全咨领域取得突破。

二是通过每年组织造价咨询成果文件评审、建设工程造价综合技能大赛等方法，助力企业提高从业人员专业水平及技能，规范造价咨询成果文件格式及提高成果文件质量。

三是加强与法院、仲裁委等行业的联系，促进工程造价咨询企业在工程造价纠纷调解、司法鉴定等领域的业务拓展。

四是完善造价咨询企业信用体系建设，发挥行业自律作用，遏制企业投标时的低价竞争形成。同时加强对造价咨询成果质量的抽查，对不严格按照国家相关规范及质量标准进行编制导致成果偏差过大的企业及个人在行业内予以通报批评。

五是造价咨询企业可尝试参与项目后评价、绩效评价以及专项审计业务。

（本章供稿：夏思阳、陈丽美、李群芬、陈建勇、高红）

第二十四章

云南省工程造价咨询发展报告

第一节　发展现状

　　云南省是西部大开发战略的重点地区之一。随着城市化进程的加速和建筑业的快速发展，工程造价咨询行业在云南省得到了快速发展。云南省政府高度重视相关行业的发展，并出台了一系列的扶持政策和措施，为行业的健康发展提供了坚实的保障。云南省的工程造价咨询行业企业数量增加，专业技术水平和服务能力得到提升，对于本地区建设工程的规划、设计、施工和管理等方面都起到了促进作用，同时也提供了更优质的服务。在"放管服"改革措施的深入、造价咨询企业管理办法的修订、造价咨询资质的取消等政策背景下，工程造价咨询行业正积极适应改革发展新常态，适应市场需求，加速转型升级，提升服务质量。

第二节　发展环境

一、政策环境

　　云南省住房和城乡建设厅联合省发展改革委、省交通厅等十八个部门印发了《云南省促进建筑业高质量发展的若干措施》，为全省建筑业提供政策保障。

　　云南省住房和城乡建设厅与相关部门共同落实和推动工程总承包和全过程工程咨询服务工作。原则上要求国有资金参与且占控股或主导地位的、投资在2亿元以上或建筑面积 2 万平方米以上的其他项目采用工程总承包方式和全过程工程咨询服务。

系统推进建筑工程品质的提升。印发《云南省住房和城乡建设厅关于落实建设单位工程质量首要责任的通知》《云南省住房和城乡建设厅关于印发云南省房屋市政工程建设各方主体质量安全责任清单的通知》等文件，全面加强工作质量管理。

推进装配式建筑、钢结构建筑发展，实现工程建设全过程绿色建造。制定印发了《云南省住房和城乡建设厅关于进一步加强建筑节能与绿色建筑全过程管理的通知》，推动城镇新建建筑全面执行建筑节能强制性标准，设计、施工阶段建筑节能标准执行率均达到 100%。2022 年全省新开工装配式建筑 521.7 万平方米，占城镇新开工建筑面积比例约为 10.7%，同比增长 2.2%。全省城镇新建绿色建筑面积为 4179.7 万平方米，占城镇新建建筑面积的比例为 84.3%，同比增长 7%。

不断加大"放管服"改革力度，极力推动工程建设领域法治建设，提高建筑工程行政审批效率，强化行政审批事中事后监管，加强建筑市场诚信体系建设，完善招标投标监管管理机制。

二、经济环境

根据地区生产总值统一核算初步结果，2023 年云南实现地区生产总值（GDP）30021.12 亿元，比上年增长 4.4%。其中，第一产业增加值 4206.63 亿元，增长 4.2%；第二产业增加值 10256.34 亿元，增长 2.4%；第三产业增加值 15558.15 亿元，增长 5.7%。三次产业对经济增长的贡献率分别为 13.6%、18.2%、68.2%。三次产业结构为 14.0 ： 34.2 ： 51.8。全省人均地区生产总值 64107 元，增长 4.6%。

全年全社会建筑业增加值 3064.62 亿元，比上年下降 1.8%。全省具有资质等级的总承包和专业承包建筑业企业完成总产值 7890.88 亿元，增长 0.7%；利润总额 268.18 亿元，增长 40.5%；上缴税金 172.84 亿元，增长 16.0%。

综上，建筑业固定资产投资增速放缓，房地产投资下滑且呈负增长的萧条态势，造价咨询行业整体利润下行，未来几年造价咨询企业的经营将更为困难。但相较于传统基建领域，2023 年，云南省以新能源和储能类型的电力、热力、燃气及水行业的增长速度同比增幅高达 76.4%，虽处于起步阶段，但拥有广阔发展空间。

三、社会环境

云南省总面积 39.41 万平方千米，地处中缅印经济走廊，面向东盟，是"一带一路"连接交汇的战略支点，是沟通南亚、东南亚国家及环印度洋地区的通道枢纽，借助"一带一路"倡议，从"大后方"变身对外开放的前沿，区位劣势扭转为区位优势，变身为"开放枢纽"；与南亚、东南亚交流合作的重要平台和窗口，是沿边自由贸易试验区。由于云南省的地缘优势，国家会逐步将资源投入云南建设，虽然近年建筑业增速放缓，但行业投资依然庞大，新老基建投资的基本盘依然存在，且具有走出去的区位优势。

第三节　主要问题及对策

一、主要问题

受疫情因素、减税降费等因素影响，云南省财政一般公共预算收入占 GDP 比重，从 2015 年的 13.28% 下滑至 2022 年的 6.73%。包括一般公共预算收入和政府性基金收入的财政收入占 GDP 的比重，从 2015 年 16.23% 下滑至 2022 年的 8.88%。受房地产行业持续下行影响，国有土地使用权出让收入更是从高峰期 2019 年的 1463.9 亿元下滑至 2022 年的 445.9 亿元。

截至 2023 年 3 月末，省属企业资产总额 3.18 万亿元，同比增长 10.94%；净资产 8791.6 亿元。从省属企业的资产负债情况来看，债务情况是有保障的。

国务院办公厅《关于进一步统筹做好地方债务风险防范化解工作的通知》中明确 12 个重点省份（债务高风险地区），云南位居其中，在地方债务风险降低至中低水平之前，严控新建政府投资项目，严格清理规范在建政府投资项目，同步云南停、缓建政府投资项目清单达 1153 个。

二、面临主要问题

1. 行业受重视度相对较弱

造价工程师作为一个专业领域，确实在整个建筑行业中受重视程度相对较弱。这主要体现在：一是社会地位相对较低，与建筑师、结构工程师等专业相比，造价工程师的社会地位并不突出，他们的工作往往被人们视为辅助性质，而不被认为是核心职能；二是缺乏系统性培养，很多造价专业的人员缺乏完整的专业学习和培养过程，主要依靠经验进行学习和成长，造价专业在高校中的地位也不够突出；三是行业薪酬相对较低，相比于同为建筑行业的其他专业，造价工程师的薪酬待遇往往不太理想，这也导致这一专业吸引力较弱；四是行业地位不够稳固，造价工程师在决策和工程实施中的作用往往不够明确，容易被边缘化，有时会被认为是单纯的成本控制人员，而非整体项目管理的重要角色；五是行业规范和标准不健全，造价这一专业缺乏完善的行业规范和标准，这也影响了它在整个建筑行业中的地位。

2. 少数建设单位滥用主导地位

少数建设单位在全过程造价咨询（工作内容含设计、招标、施工结算、竣工决算工作阶段）招标控制价仅按施工阶段计取费用。与建设单位、施工单位等利益相关方的紧密关系也会导致造价工程师在执业过程中产生利益冲突或受到干扰。少数建设单位不注重服务质量和专业建议，甚至干扰造价工程师独立、中立的判断和建议，对造价工程师的工作产生压力和影响，造价工程师在执业的过程中独立性不足、中立性缺失。

三、应对措施

1. 充分发挥头部企业的综合实力优势

从政策的角度，在"放管服"资质取消的背景下，工程造价咨询行业更加需要相关部门提供政策上的支持，为工程建设领域参与各方都提供平等的竞争机会。当前国家大力推行全过程工程咨询，有能力、有实力的大型企业需要发挥行业的带头作用，通过兼并合作等方式拓展业务范围，加快转型升级，提升综合实力，助推行业向全过程工程咨询服务发展。

2. 助力中小企业的专业优势

中小企业要发挥专业性强、效率高、成本低以及机制灵活的优势，在工程造价管控的某一阶段或某一方面做精做专，提高服务质量和企业信誉；在服务对象方面，可选择为行业中有代表性的企业做好基础性工作和服务。

3. 推广全过程工程咨询和综合咨询

在项目决策和建设实施等阶段，通过委托一家咨询单位来负责或牵头，为固定资产投资及工程建设活动提供包括投资决策综合性咨询和工程建设全过程咨询的专业技术服务，能够充分满足项目周期规律和建设程序的客观要求，能够全面提升投资效益、工程建设质量和运营效率，推动高质量发展。

面向不同客户群体提供具有针对性的综合咨询。面向各级政府和部门层面的公共政策制定、执行等相关的咨询、评估和课题、区域或行业发展规划咨询、定额编制等；面向企业层面的发展规划、内部控制制度评价和咨询、财务、绩效、人力、风险等方面的企业管理咨询；面向建设项目的其他专项投资决策咨询和技术服务，如安全、社会稳定、风险评估、环保、水保咨询、涉路施工技术评价等等。综合咨询业务目前仍然存在咨询收费相对较低，业务来源小、散且不稳定，委托方的需求不一、难以形成统一的业务模式，不同类型的综合咨询业务对咨询人员的专业技能和经验有一定要求等特点。但从造价咨询企业全面综合发展的角度看，综合咨询业务可作为传统造价咨询领域之外的适应新发展需求、拓展咨询领域、实现多元化发展的有力补充。

4. 加强人才队伍建设的措施

一是完善专业培训机制。咨询企业可委托第三方专业培训机构根据企业自身的人才现状和需求，有针对性地开展工程造价咨询的基础知识、基本技能、实践经验、软件操作应用、新定额或增值税专题等方面的培训。

二是加强校企合作。与相关高校建立合作关系，共同开展校企合作项目，在院校设置专业实验室和研究课题，为院校毕业生提供实习机会和就业岗位，吸引优秀的毕业生加入工程造价咨询行业。

三是为从业人员建立职业发展通道。结合企业发展规划，为专业技术人员制定职业发展规划和晋升机制，通过职业晋升和发展机会来激励从业人员不断提升自己的专业能力和素质。

四是加强行业交流与合作。通过组织行业内的交流活动、研讨会和培训班，来促进从业人员之间的交流与合作，提高整个行业的专业水平。

五是引导建立人才评价体系。对从业人员进行绩效评估和能力认定，提供个人成长和发展的机会。

六是提高福利待遇。提供具有竞争力的薪资待遇和福利，吸引和留住企业发展所必需的优秀人才。

七是加强行业宣传。通过各种渠道宣传工程造价咨询行业的发展前景和职业发展机会，吸引更多的人才加入行业。

（本章供稿：马懿、郝吉、李江帆、周建坤、黄灿、张继芳、张洪鹏）

第二十五章

陕西省工程造价咨询发展报告

第一节　发展现状

发布《陕西省工程造价咨询 30 强企业和先进企业评价暂行办法》和《陕西省工程造价咨询 30 强企业和先进企业评价办法》，推动树立陕西省工程造价咨询行业的整体品牌形象；开展信用评价，不断加强行业自律；开展《关于陕西省房屋建筑工程造价人工费和间接费全面市场化改革》《陕西省 EPC 项目咨询导则》课题研究；积极参与省造价服务中心组织的新计价依据的修编工作和省发改委组织的《陕西省建设工程其他费用定额》的论证工作；与陕西省高级人民法院联合发布《关于建立建设工程造价纠纷多元化解工作机制的意见》（陕高法发〔2023〕21 号），起草《陕西省建设工程造价协会工程造价纠纷调解委员会管理办法（试行）》等一系列管理制度，为开展纠纷调解工作奠定了初步的制度基础。继续开办专家大讲堂，提供系列技术支撑性作用；组织《EPC 项目法律风险防范实务》《正确理解和掌握相关计价规定》《关于系统数字化引领咨询企业高质量发展》《建设工程造价鉴定报告的编制质证与案例》等专题讲座。

第二节　发展环境

2023 年，陕西省建设工程造价服务中心制定了《陕西省建设工程材料价格信息发布质量提升方案》，强力规范提供建材市场价格信息源头企业的报价行为，努力提高建材市场价格信息的发布质量。一是增加了信息发布承诺制，要求提供建材市场价格信息的源头厂家拟写承诺书，承诺报送建材信息所涉及的材料质量合格，价格贴合市场实际，在合同成交价的合理上浮范围内。如果出现任何问题，厂家自行承担，并取消发布资格。二是对提供建材市场价格信息的源头企业的资质、规模等提出了比较严格的要求。三是严控市场材料价格信息，在淘汰部分不常用材料的同时，补充部分常用材料的市场价格信息。赋予了每个材料条目与定额配套使用的材料编码，确定了新版材料信息价目录。

第三节　问题及对策

一是规范市场信息采集行为，提高建材价格信息发布质量。

二是推进二级造价工程师考前培训及继续教育等工作，提高服务水平，突破工作短板。

三是围绕行业的转型升级，组织高层次、线下线上相结合的业务讲座，提高广大从业人员的专业能力。

四是积极开展纠纷调解工作。

（本章供稿：顾群、冯安怀）

第二十六章

甘肃省工程造价咨询发展报告

第一节　发展现状

举办三次企业开放日活动；保障《甘肃工程造价信息》期刊在工程建设中的信息化服务职能；举办"成风而来，降本有道"——用数据思维重塑成本管控新场景公益讲座、中国数字建筑峰会、工程造价改革宣传及甘肃省建设工程计价中规费和税金问题座谈会等；举办甘肃工程造价咨询行业校企合作产教融合行动暨教育部高校学生司供需对接就业育人项目实施活动，组织签订校企合作协议，成立工程造价校企合作校外专家委员会，组织签订了现代学徒制订单班协议、实习基地建设协议；开展二级造价师考前培训；开展一、二级造价工程师继续教育；开展工程造价咨询企业信用评价，共有17家企业评为 AAA 级，有 2 家企业评为 AA 级；配合甘肃省建设管理总站开展甘肃省工程造价咨询企业"双随机、一公开"检查工作，对近三十家企业的检查；发行《甘肃省城市地下综合管廊工程消耗量定额》《施工合同中价款风险点识别及应对指南》《甘肃省建设工程计价规则（2022 版）》；开展《甘肃省安装维修工程消耗量定额》《甘肃省绿色建筑工程消耗量定额》《甘肃省市政工程概算定额》《甘肃省建筑抗震加固工程预算定额》及《甘肃省建筑维修工程预算定额》等定额编制和修编工作。

第二节 发展环境

一、政策环境

完成《甘肃省建设工程造价管理条例》修订，进一步明确工程造价参与各方责任义务，强化事中事后监管，推行建设工程过程结算机制和全过程造价咨询服务，推动工程造价信息化建设，规范咨询企业和造价专业人员的执业行为。

研究制订《房屋建筑和市政基础设施项目工程总承包计价规则》，针对工程总承包项目普遍存在的合同价格约定不规范、造价争议突出、结算调整困难等问题，明确工程总承包项目全过程造价管控要求，引导双方严格按照合同约定进行价款调整和工程结算。细化工程总承包项目计价方法，解决总价合同调价难题。

二、经济环境

对国家重大工程项目、省列重点工业项目、涉及民生的老旧小区改造项目现场实地调研，针对具体问题，提出切实可行的解决意见。

印发不再计列新冠肺炎疫情防疫抗疫费的通知，明确新冠肺炎疫情实施"乙类乙管"后不再计取新冠防疫抗疫费，从招标投标阶段解决发承包双方对该费用计取的争议，有效控制工程造价，节省项目投资。

三、技术环境

编制完成《甘肃省工业厂房工程预算定额》，共83个子目，解决工业厂房工程中钢构件安装、高支模应用等定额缺项问题；推进"四新"技术应用，围绕品质建造、城市更新行动，编制完成《承插型盘扣式钢管脚手架》等5项补充定额，共33个子目；完成《甘肃省装配式建筑工程预算定额》的修编，共修订子目234个；落实国家空气质量改善行动计划要求，将防治扬尘污染费用纳入工程造价，列入安全文明施工费；先后指导编制完成《建筑节能与结构一体化墙体保温系统补充定额及地区基价》等9项补充定额。

指导开展《甘肃省建筑抗震加固工程预算定额》《甘肃省安装维修工程预算定额》《甘肃省建筑维修工程预算定额》修订工作，有序推进老旧住宅小区综合整治。组织编制《甘肃省绿色建筑工程量消耗定额》《甘肃省城市地下综合管廊工程消耗量定额》，推进城乡建筑绿色发展，贯彻"双碳"工作目标。组织编制《甘肃省市政工程概算定额》《甘肃省房屋建筑及市政基础设施工程（建安费用）估算指标》。

实施定额、估算指标动态管理，3年来共发布动态调整信息近100条，定额解释近1000人次，发布年度结算有关问题解释。开展工程造价指数指标体系研究，构建多层级、结构化的工程造价指数指标体系，发布住宅、教学楼、办公楼、市政管网与道路等指数指标，发布典型工程和老旧小区改造指标、指数等。

组织编制了《甘肃省建设工程造价成果文件编制标准》DB62/T3222—2022，完成了《甘肃省造价信息收集与发布标准》立项。

四、监管环境

加强工程造价活动监督管理，促进造价咨询业高质量发展。开展年度"双随机、一公开"监督检查，培训、指导各地对辖区范围内注册造价咨询企业开展监管，并对成果文件编制质量进行检查，推进文件编制质量不断提升；对各地造价管理机构进行培训，规范建设工程竣工结算备案内容与程序，做好相关数据资料采集；以注册造价人员为抓手，利用造价执业人员注册平台，做好企业和人员监管；引导诚信建设、加强行业自律。

开展对临夏州、陇南市、张掖市、白银市、定西市、天水市6市州的13个县的项目检查，随机抽查共计24个项目，采取实地查看、查阅资料、座谈等形式，完成全省生态及地质灾害避险搬迁安置项目工程造价专项检查；印发关于明确历史文化街区改造工程计价有关问题的公告，进一步规范和改进全省历史文化街区改造工程计价工作；应对突发情况，及时综合分析测算了积石山县农村、城市居住房屋建筑工程造价指标。

第三节 主要问题及对策

一、存在的问题及原因

一是随着造价资质的取消，工程造价从业机构出现井喷式增长，工程造价咨询服务鱼目混珠、乱象丛生，劣币驱良币现象时有发生。其原因是资质的取消后，行业、市场监管不能短时间替补以前的资质管理缺口。

二是工程造价专业领域人力资源状况堪忧。工程造价专业人才队伍青黄不接，随着老一批造价工程师因年龄原因退出造价咨询队伍，造价工程师队伍的专业比例失调；造价工程师的知识结构不能满足服务需求，特别是近几年出现的服务新业态的需求；造价工程师的职业成长路径不清晰，影响了专业人员的职业进步。

三是全过程工程造价咨询服务模式不能有效执行到位，导致造价咨询机构和造价工程师的服务价值不能得到有效体现，从而降低了工程造价咨询服务的社会地位。

四是工程造价计价依据的市场化改革推进速度与项目单位服务需求不匹配。2013 版《建设工程工程量清单计价规范》已经施行了十年，有诸多方面已经与现阶段的工程造价计价不适应。

二、应对措施

一是充分发挥行业引领作用，扶持和培养标杆企业以高水准、高质量、高附加值的服务形成榜样效应，让优秀的造价工程师团队走到行业服务的前台，推动行业走向良性发展。通过行业自律的精准化措施、配合市场监管，进一步规范工程造价咨询机构的服务行为和造价工程师的从业行为，同时制订科学合理的奖惩措施和评价体系，鼓励褒奖规范行为、纠正引导不规范行为、打击惩罚违规行为。

二是通过联合高校建立"订单式培养"的工程造价专业人才培养机制，通过专业化培训提升人才技能，促进存量人才技术水平的提高。探索存量专业技术人员水平提高的常态化、可持续、商业模式与公益模式相结合模式的职业成长路径，解决造价工程师的专业短板、技能短板。

三是大力扩展行业引领的号召力，通过培养服务标杆企业，以规范高效的优质服务形成榜样效应，让项目单位切实感受到全过程工程造价咨询服务带来的经济效益和社会效益，推动和引导全过程工程造价咨询服务，切实降低工程建设项目的管理成本。

四是建议 2013 版《建设工程工程量清单计价规范》的修订工作，抓大放小、求同存异，形成纲领性的指导文件，让各行政区域配套制订符合本地域特征的实施细则。

三、发展展望

一是建立健全市场化计价体系，全面推行市场化计价。完善市场化计价的相关计价规则、计价依据的制订，开展投资控制模式研究。基于已经成熟的市场运行经验，制订可行的市场化计价规则和计价依据。

二是现阶段项目单位不仅仅满足于造价咨询机构提供高效、精准的计量计价，而是要求能够提供项目管理流程设计、方案的优化比选、建设环节的预警、建设风险的预判、投资效益的分析、采购行为的设计、财务关联的风险、合规性研判、合同管理等。

三是工程造价咨询机构发挥自身数据资源优势，整合、协作相关社会资源，尝试项目储备，预先筹划、评价有关专业领域的项目方案，完善决策信息，高效地为项目投资人做好专业顾问。一方面，作为项目投资人在项目选择和投资分析方面缺乏专业指导，另一方面，造价咨询机构需要充足的项目服务业务支撑，主动出击、培养项目服务资源非常必要。

四是积极推动工程建设系统化改革，使招标投标制度改革与市场化计价改革联动，工程建设投资控制更加顺畅、高效。大力鼓励、推进"工程总承包"模式，减少工程项目建设过程中的诸多争议纠纷，同时促进设计与施工的有机结合，激发建设参与方的创新积极性、推动工程建设工艺技术进步、引导新材料和新技术的应用。在这一系列的系统化进程中，造价工程师将发挥不可替代的作用。

（**本章供稿：杨青花、王平辉、魏明、贾廷芬、张鹏、何玉玲、雷莉、陈兰芳、孙梓轩**）

第二十七章

青海省工程造价咨询发展报告

第一节　发展现状

　　制定《青海工程造价咨询服务收费指导意见（试行）》，参与编制《青海省勘察设计收费指导标准（2023 版）》（房屋建筑设计和市政工程设计部分）；组织数字新发展关注新未来咨询企业家面对面活动、造价人员提质增效赋能大会、EPC项目投资管控培训；举办青海省建设工程第五届 BIM 技术应用大赛，同时与青海大学土木水利学院签署战略合作伙伴协议；开展青海省注册造价工程师继续教育工作，514 名注册造价工程师完成学习。

第二节　发展环境

一、政策环境

　　2023 年度青海省生态保护展现新作为、出台实施打造生态文明高地总体规划，发布三江源国家公园总体规划，率先建立自然保护地制度标准体系；成立湟水河流域整治、乡村建设、城乡自建房、城镇燃气四个省级工作专班聚焦问题，精准实施推动重点领域问题得到实质性解决；以"三清三改"为抓手，推动乡村治理水平的提升；全面实行许可事项清单管理；"一件事一次办"综合窗口覆盖全省所有政务服务中心；政府服务事项网上结办率达到 93% 以上，经营主体开办时间压缩至 2 个工作日之内。

稳妥实施房地产长效机制，强化属地政府责任以保交楼、保民生、保稳定为首要目标，开展住房消费恢复提振行动，出台《青海省促进房地产市场平稳健康发展若干措施》，从供需两端发力，稳地价、稳房价、稳预期，加大企业帮扶力度，助推房地产市场稳回升；出台《青海省城镇保障性安居工程工作负面清单（试行）》，推进城镇保障性安居工程高质量发展；出台《加快推进公租房信用体系建设实施意见》，强化公租房信用体系建设；印发《青海省房屋建筑和市政基础设施工程监理招标投标管理办法》，规范房屋建筑和市政工程招投标领域市场秩序；修订《青海省房屋建筑和市政基础设施工程勘察设计审查专家库管理办法》进一步规范审查行为，保障审查质量和效率；制定《青海省房屋建筑和市政基础设施工程政府购买施工图审查服务实施办法》进一步规范施工图审查服务管理，引导鼓励审查机构争先创优，不断提高审查效率和质量；编制《青海省城乡生活垃圾治理体系建设实施方案》和《青海省生活污水治理体系建设实施方案》，系统谋划生活垃圾污水治理体系长效机制；印发《青海省城乡建设领域碳达峰实施方案》，描绘了全省城乡建设领域"碳达峰"的"任务书"和"战略图"；印发《青海省绿色建筑标识管理办法》和《青海省建筑节能与绿色建筑巩固提升行动方案》，强化对工程建设标准实施的监督检查。

二、经济环境

2023 年，青海省抢抓机遇促发展，担当实干抓落实，经济波浪式发展，曲折式前进，今年经济运行呈现前高、中扬、后稳态势，总体回升向好，全省完成总值增长 5.3%，全体居民人均可支配收入增长 5.9%，城镇调查失业率 5.5%，居民消费价格上涨 0.5%，完成国土绿化 455 万亩，防沙治沙 146 万亩，退化草原改良 526 万亩，空气质量优良天数比例 96.6%，装备制造、高新技术制造业增加值分别为 45.3% 和 62.2%，完成城镇老旧小区改造 3.41 万户，加装电梯102 部，把握乡村振兴带来的新机遇、新挑战，不断完善农牧区人居环境、提高住房安全保障能力，300 个美丽乡村建设、4 万户农牧民居住条件改善工程圆满收官。

三、技术环境

2023 年，青海省住房和城乡建设厅紧抓建设工程造价主责主业，持续修编工程计价依据，修编了《青海省园林绿化工程计价定额》《青海省房屋修缮工程计价定额》《青海省城市地下综合管廊工程计价定额》《青海省房屋建筑和市政工程造价指标（西宁地区）》。积极推进工程造价改革，探索建立"装配式＋超低能耗＋清洁能源"绿色建筑技术保障路径。编制发布了《高原农牧区现代化农房建设标准》等 17 项工程建设地方标准，发布《青海省绿色建材认证标识产品目录》，绿色建材应用水平稳步提升。

修订发布了《青海省建设工程造价信息管理办法》，使用"青海省建设工程材料指导价格报送交流系统"，通过《青海省工程造价管理信息》《青海省建设工程市场价格信息》做好工程造价信息数据的收集、测算、分析等，及时发布建设工程材料价格指数和典型工程造价指标指数，引导市场对工程造价发展变化进行预判，开展工程造价数据监测，为造价咨询业信用评价积累基础数据。

四、监管环境

规范工程造价行业行为，推动工程造价改革、贯彻工程造价咨询企业证照分离改革，自 2022 年 7 月 1 日起，停止工程造价咨询企业乙级资质审批后，强化"青海省工程建设监管和信用管理平台"应用，加强工程造价咨询业事中、事后监管，通过全省工程造价咨询企业成果文件质量"双随机、一公开"检查工作，以企业信用管理代替资质管理，加强政府投资项目计价行为监管。

第三节　主要问题及对策

一、主要问题

1. 竞争激烈，企业经营困难

随着工程造价咨询企业资质的取消，行业的准入门槛已大幅降低，行业竞争激烈，咨询企业以价取胜难以保持长久的优势，而且新型信息技术持续创新，设计院、监理等企业积极拓展业务链条，冲击造价咨询市场，进一步增加行业的激烈竞争，咨询企业经营困难，部分企业已实行减员或降薪的措施。

2. 综合性专业技术人才短缺

青海省造价咨询企业总体规模偏小，大部分造价从业人员只懂造价不懂造价管理，只会单一算量计价，不会全过程造价管理咨询，导致企业没有核心竞争力。

二、发展建议

加强工程造价行业管理力度，建立健全管理制度，建立工程造价咨询成果文件质量评价体系，制定《青海省建设工程造价咨询成果质量评价导则》。建立行业执业行为管理体系，制定《青海省工程造价咨询企业执业行为准则》《青海省注册工程师职业道德行为条例》，建立工程师造价咨询企业信用与执业人员信用挂钩制度，形成以信用为核心的新型行业监管方式。

提升企业核心竞争力，造价企业应明晰市场，尽快确定战略定位，面对市场需求的改变，企业结合行业特点和本地区的实际情况加强内部培训，及时调整内部人员结构和知识技能储备，不断引进更高层次、不同类型人才，以求随时掌握行业先机。同时积极推进开展青海省二级造价师职业资格考务工作，帮助工程造价咨询企业尽快建立起一支中间层次的专业人才队伍。另外，造价咨询企业应重视信息化管理，尽快建立属于自己的数据库，通过数据挖掘、提炼，实现其价值，积极参与全过程咨询服务，降低成本，提高经济效益。

（本章供稿：王彦斌、柳晶、樊光旭）

第二十八章

宁夏回族自治区工程造价咨询发展报告

第一节　发展现状

开展工程造价咨询企业信用评价工作，评选出 18 个 AAA 企业，6 个 AA 企业，3 个 A 企业；承办全国工程造价行业人才培养工作交流会，为促进工程造价人才队伍建设进行了深入的交流与探讨；进一步落实最高人民法院、宁夏回族自治区高级人民法院"集中清理长期未结久押不决案件协调会"工作部署，组织工程造价司法鉴定机构召开工程造价司法鉴定长期未结久押不决案件推进工作会议；协助举办第四届宁夏回族自治区建设工程造价行业岗位技能大赛，造价咨询、建设、施工、监理等 368 个企业 753 名造价专业技术人员参加。

第二节　发展环境

一、政策环境

重点围绕深化建筑业改革、建立防止拖欠工程款和进城务工人员工资长效机制、解决工程结算难题、制定施工企业定额等；完善工程计价依据、推进全过程工程咨询服务、BIM 技术下计价管理等；加强工程造价咨询企业监督管理、完善企业信用体系建设等；建设"数字造价"和工程造价信息发布平台等；建立工程造价纠纷调解和工程造价司法鉴定信访投诉机制等；以及其他与建设工程造价事业相关的内容这六个方面开展工作，提出有针对性的意见建议，助推造价行业高质量发展。

全区建设领域全面推行 BIM 技术应用，自治区住房和城乡建设厅印发《关于做好全区建筑领域建筑信息模型（BIM）技术应用工作的通知》，明确了应用范围、应用进度、应用技术要求及监管要求工作。

二、经济环境

建筑业总产值平稳增长。2023 年，全区有资质的建筑业企业（指具有总承包和专业承包资质的建筑业企业，下同）完成建筑业总产值 741.55 亿元，比上年增加 15.70 亿元，比上年增长 2.2%。

从构成看，2023 年，全区有资质的建筑业企业完成建筑工程产值 652.18 亿元，比上年增长 1.1%；完成安装工程产值 74.28 亿元，增长 12.4%；完成其他产值 15.08 亿元，增长 3.5%。

分行业看，2023 年，全区有资质的房屋建筑业完成总产值 438.48 亿元，与上年基本持平；土木工程建筑业完成产值 280.59 亿元，增长 5.1%；建筑安装业完成产值 15.61 亿元，增长 10.5%；建筑装饰、装修和其他建筑业完成产值 6.86 亿元，增长 11.4%。

企业签订合同额下降。2023 年，全区有资质的建筑业企业签订合同额 1338.70 亿元，比上年下降 1.4%。其中，上年结转合同额 555.58 亿元，下降 1.6%，本年新签合同额 783.12 亿元，下降 1.2%。

房屋施工面积下降。2023 年，全区有资质的建筑业企业房屋施工面积 1652.40 万平方米，比上年下降 8.3%，其中本年新开工面积 606.56 万平方米，下降 26.4%。

劳动生产率下降较快。2023 年，全区有资质的建筑业企业从事建筑业活动的平均人数 20.46 万人，比上年增长 25.6%，按照建筑业总产值计算的劳动生产率为 36.25 万元 / 人，比上年（44.55 万元 / 人）减少 8.3 万元 / 人，比上年下降 18.6%。

三、技术环境

为进一步完善建设工程计价依据体系，满足城镇老旧小区改造工程项目投资估算、设计概算编制需要，自治区造价站组织完成编制《宁夏回族自治区城镇老旧小区改造工程概算定额》。

为提升工程造价行业数字化应用能力，实现建设工程造价指标数据的共享，提高工程造价管理和服务能力，自治区造价站拟组织编制《宁夏回族自治区建设工程造价指标指数分类与采集标准》（房屋建筑与市政工程）。

为加快推进装配式建筑发展，促进建筑产业现代化，满足装配式建筑工程计价需要，合理确定和有效控制工程造价，自治区住房和城乡建设厅组织编制了《宁夏回族自治区装配式钢结构建筑工程计价定额》。

四、监管环境

为强化全区工程造价咨询活动事中事后监管，规范我区工程造价咨询活动，促进工程造价咨询市场健康有序发展，推进行业诚信建设，结合我区实际情况，自治区造价站在全区工程造价咨询企业开展"双随机、一公开"抽查工作。

第三节　主要问题及对策

一、主要问题

一是在持续深入推进"放管服"改革的大背景下，造价资质取消，工程造价咨询企业数量近年急剧增加，一定程度上造成当前建筑市场交易中不正当竞争仍十分严重，恶意压低压价时有发生，创新和完善工程造价咨询企业的监管方式，加强事中事后监管手段仍然不足。

二是在城市化发展进程不断加快的新形势背景下，随着建筑市场的竞争日益加剧，工程造价咨询企业之间的竞争也愈发激烈，人才短缺与素质不高是造价咨询企业服务能力的主要表现之一，一定程度上影响行业整体水平。

三是信息化产业、绿色建筑、节能环保成为未来建筑发展的趋势，现阶段国内经济发展进入新常态，对各领域都有更加高的创新要求，随着深化工程领域咨询服务供给侧结构性改革，培育具有全过程咨询能力的工程造价咨询企业手段较少。

二、应对措施

一是加大工程造价领域事中事后监管力度，加强社会监督力度。建立健全恶意压低压价投诉举报机制，规范工程造价咨询企业和注册造价工程师执业行为，促进工程造价咨询市场有序发展。

二是随着工程建设的复杂性和精细化程度不断提高，工程造价专业的重要性也越来越突出，要求培养专业技术人员的基础知识、专业知识、专业能力、管理能力等也需加速转型升级，结合实际对专业技术人员开展线上线下学习和技能大赛活动。

三、发展展望

随着城市化进程的加快和国民经济的不断增长，建筑业将持续发展，对工程造价领域提出了更高的要求，这将为工程造价行业提供许多机遇和挑战。特别是在"双碳"政策指引下，工程造价咨询行业将更加关注低碳、绿色和可持续发展。同时，工程造价未来的发展趋势包括数字化和智能化技术的应用、持续的成本降低和创新管理方法的使用等，这将一定程度上提高工程造价的准确性和效率，为项目管理提供更加科学和可靠的实施决策依据。

（本章供稿：贾宪宁、王涛、杨洋）

第二十九章

新疆维吾尔自治区工程造价咨询发展报告

第一节 发展现状

全社会重点项目累计完成投资 3230 亿元、较上年增加 400 亿元。新疆造价咨询企业利用自身专业优势在新疆和田大红柳滩稀有金属矿采选冶工程、哈密—重庆 800 千伏特高压直流输电工程等项目中发挥了积极作用。

2023 年，新疆建设行政主管部门共批准发布地方标准 6 项、标准设计图集 13 项，指导制定团体标准 5 项、标准设计图集 4 项。新疆维吾尔自治区工程造价总站完成了《房屋建筑和市政基础设施项目工程总承包计价指导意见》修订和《建设工程造价咨询成果文件质量导则（送审稿）》。

开展 2022 年度工程造价咨询企业与从业人员信用评价工作；顺利完成 2022 年度（延期）、2023 年度自治区二级造价师职业资格考试；组织开展 2023 年度二级造价师继续教育工作；开展《建设项目工程总承包计价规范》等 4 项团体标准宣贯会。

发布全区（含兵团）人、材、机等计价要素 216 篇 10 万余条；编制、发布典型工程造价技术经济指标；组织开发工程造价指标分析工具；全年组织开展各类计价依据宣贯培训 8 场次；督促各地完成了 2020 版计价依据配套地区单位估价表发布工作，努力实现计价依据动态服务。

第二节　发展环境

一、政策环境

随着经济的不断发展，企业根据市场需求不断调整服务内容和方式，行业法规的制定和实施，为行业的发展提供了保障和规范，造价咨询行业参与国际市场竞争，拓展国际市场，推动了行业的国际化发展。

新疆新建绿色建筑面积 392 万平方米，完成改造棚户区 13467 户、老旧小区 118 个。在完善环境基础设施方面，新建扩建七道湾、河马泉、两河片区等污水处理厂，实施老化管网改造、污水收集处理等重点项目 51 项，新建成再生水管网 31.4 公里。建设"无废城市"和废旧物资循环利用体系，循环化改造米东化工园区，助力"双碳"目标顺利实现。

全力做好民生工作，财政支出的 77.4% 用于民生领域。其中新建、改扩建幼儿园 31 所、新增幼儿学位 9090 个，新建 3 所职业院校，阿拉尔大学城、和田学院加快建设。新建改建社区老年人日间照料中心 119 个，完成困难重度残疾人家庭无障碍改造 8870 户。开工改造城镇老旧小区 1152 个、惠及居民 21.91 万户。圆满完成 27.95 万户"煤改电"（二期）工程年度改造任务。

二、经济环境

根据国家统计局核算，2023 年地区生产总值 19125.91 亿元，比上年增长 6.8%。固定资产投资比上年增长 12.4%。其中基础设施投资比上年增长 27.4%。全年建筑业增加值 1427.96 亿元，比上年增长 9.8%。全区具有资质等级的总承包和专业承包建筑业企业利润 65.88 亿元，比上年增长 3.1%。

新疆组织实施了一批投资体量大、聚集效应强的重大项目，推动固定资产投资持续增长。重点项目累计完成投资 3230 亿元、增加 400 亿元，已建成和在建的十亿元级项目分别为 41 个、583 个，开工建设百亿元级项目 12 个、千亿元级项目 1 个。新增地方政府专项债券 611.8 亿元，支持 918 个重点项目建设。

三、技术环境

2023 年，新疆建设行政主管部门共批准发布了工程建设地方标准 6 项、标准设计图集 13 项，指导新疆工程建设标准化协会制定团体标准 5 项、标准设计图集 4 项，其中，编制发布了《新疆维吾尔自治区建设工程电子文件与电子档案管理标准》DB65/T 8003—2023、《农村住房建设技术标准》DB65/T 8004—2023。截至 2023 年底，自治区现行有效工程建设地方标准 135 项。

2023 年度共计有 393 家造价咨询企业、716 名造价工程师参加了建设行政部门开展的信用评价工作。自治区住房和城乡建设厅会同自治区发改委、财政厅发布《关于在房屋建筑和市政基础设施工程中推行施工过程结算的实施意见》。

四、监管环境

自治区召开工程建设项目审批制度改革会议。通报了 2022 年进展情况，审议通过了《自治区工程建设项目审批制度改革 2023 年工作要点》《自治区工程建设项目审批运行评价体系》《自治区工程建设项目审批管理系统提升方案》。

探索实现工程造价数据积累分析与事中事后监管的有机结合，联合发布《关于开展国有投资工程招标控制价（最高投标限价）数据文件上传和备查工作的通知》，配合完成了 2023 年度工程造价行业"双随机、一公开"检查，努力提高事中事后监管效能。

第三节　主要问题及对策

一、主要问题

1. 政府项目欠款严重，造价咨询企业举步维艰

新疆项目以政府投资为主，造价咨询企业以民营、中小型为主，政府拖欠款对工期、质量、成本以及咨询服务效果都有影响，导致企业经营困难，人才流失、可持续发展动力不足。

2. 造价咨询行业收费严重混乱

现阶段，工程造价咨询行业市场准入门槛低且相关监管的法律法规、合同文本、信用体制等不完善，一些企业通过降低报酬争取业务，使得委托工程咨询方的实际付费要比规定标准低很多，收费严重混乱。

3. 市场不良竞争加剧，缺少政策支持引导

工程造价咨询企业资质被取消，大量对工程造价咨询服务缺乏全面认知的企业涌入市场，引起竞相压价、超低价承揽业务、无序竞争等乱象。政府缺少对造价咨询服务的管理和约束，信用评价工作尚处于自愿行为。

4. 人才培养架构被破坏，行业服务能力有待提高

从业人员规模增大，而注册造价工程师人数占比逐年下降。由于造价咨询行业的恶意竞争，待遇较低难以留住高端人才，同时企业也对人才培养缺乏动力，人才培养架构被破坏。

5. 造价信息化建设有待完善

新疆的多元化信息平台仍处于起步阶段，对国有资金投资工程造价数据积累应用更是不够。建筑市场材料众多，特殊材料及设备询价和定价有难度。此外，大部分企业在造价指标信息的收集能力方面也有所欠缺，但很多企业舍不得投入精力和财力，导致后续业务开展遇到阻碍。

6. 造价咨询行业南北疆发展不平衡

乌鲁木齐地区企业占比八成，南疆四地州喀什地区、和田地区、克州地区以及阿克苏地区的造价咨询企业占比两成。因经济、地理、文化等，可能导致从业人员水平有所差异，进而造成南北疆发展严重不平衡。

二、应对措施

1. 解决收款困难，加强项目造价管理

加强政府审批的严格性、规范建设单位的筹资行为、提高咨询单位的自我保护意识和信用风险意识。企业内部加强流程的规范化和自动化，确保收款流程的流畅和高效，减少因内部原因所导致的款项延误或遗漏。

2. 明确内容完善标准，助力行业做大做强

明确造价咨询工作内容，明确是否包含工程量清单、招标控制价编制（或审核）、工程竣工结算审核、超期服务费、驻场人员费用等，在明确工作内容的基础上，综合考虑直接提高全过程造价服务收费标准。

政府积极引导造价咨询服务收费的标准，促进企业良性发展，充分考虑各种形式的全过程造价咨询服务的要求，针对不同项目的要求制定不同级别的收费标准，如是否包含设计阶段的造价控制、招标投标阶段的造价控制、长驻现场、项目经济评价等，适应不同的全过程造价咨询服务要求。

3. 加强政府引导，完善行业法规政策

相关政府、主管部门应加大对造价咨询行业的支持力度，进一步完善造价咨询行业配套政策，制定和实施相应的配套监管措施，制止市场的一些不规范行为的蔓延和扩大，加强事中事后的监管力度。完善行业的法规政策，建立行业基础性标准和规范体系，更好地服务于工程建设，确保工程造价咨询行业的良性循环发展。

4. 重视专业人才培养，提升企业自身能力

有关部门应制定行业人才中、长期培养计划，培养一批具有广泛专业素质的复合型人才队伍，必要时也可出台相关的行业政策。企业自身也需要重视工程造价专业人才学历、能力提升，做大做强，做专做精，提升自身的能力，促进行业的健康发展。

5. 加强信息化建设，推动业务顺利开展

积极推动造价咨询企业信息化技术和工具的应用，鼓励造价咨询企业采用先进的信息化技术和工具，助力企业转型升级，提高咨询服务能力。同时，应建设信息共享提高信息利用效率。

6. 优化资源配置，在政策引导下促进南北疆协同发展

政府应出台相关政策，对南疆地区的造价咨询行业进行扶持。加强交流合作，通过组织行业交流、培训等活动，促进两大区域共同提高行业水平。鼓励北疆向南疆地区进行技术转移和人才培养，提高南疆地区技术水平和专业能力，共同推动南北疆行业的协同发展。

（本章供稿：赵强、吕疆红）

第三十章

铁路专业工程工程造价咨询发展报告

第一节 发展现状

一、铁路建设成果丰硕

一是服务国家重大战略成效显著。始终坚持把重点铁路作为"头等大事"和"头号工程"，超计划完成年度工程投资任务。经过近 8 年艰苦奋战，雅万高铁于 2023 年 10 月 17 日如期正式开通运营。积极主动与地方政府对接，扎实推进国家"十四五"规划纲要确定的 102 项重大工程中的铁路项目，服务国家区域重大战略、区域协调发展战略落实落地。助力全面推进乡村振兴，老少边和脱贫地区完成铁路基建投资 4076 亿元，又有 22 个县结束了不通铁路的历史。

二是投资投产任务超额完成。全国铁路完成固定资产投资 7645 亿元，同比增长 7%，其中基建投资完成 5084 亿元、同比增长 10%，是"十四五"以来完成投资最多的一年。全年投产新线 3637 公里，其中高铁 2776 公里，开通里程较年初目标增加 600 公里。丽香、成兰、贵南等 34 个项目建成投产，广州白云站、南昌东站、福州南站等 102 座客站高质量投入运营，渝万、武宜、成渝中线等 112 个在建项目有序推进，潍宿、邵永、黄百等 9 个大中型基建项目开工建设。聚焦联网、补网、强链，实施 24 个项目，建成铁路专用线 92 条、物流基地 10 个，路网整体功能进一步提升。到 2023 年底，全国铁路营业里程达到 15 万公里，其中高铁 4 万公里，构建现代化铁路基础设施体系取得新进展。

三是建设安全保持总体稳定。压实建设单位安全生产首要责任、施工单位主体责任和各参建单位安全生产责任，广泛开展安全主题教育，修订质量安全制度办法和技术标准，完善安全风险分级管控和隐患排查治理双重预防机制，铁路建设安全管理水平进一步提升。聚焦隧道、桥梁等质量安全管控重点，深化质量安全红线管理，系统开展重大事故隐患专项排查整治2023行动，加大转包、违法分包专项治理力度，有效遏制了建设安全事故发生。

四是建设管理和技术水平持续提升。深入实施国铁企业改革深化提升行动，稳步推进铁路建设管理机构改革。依法合规推进分层分类建设，加强代建项目管理，铁路建设市场化法治化取得重要进展。强化项目招标投标管理，建立后评估机制，完善诚信体系建设，督促参建各方规范管理行为。深化开工标准化、综合示范段建设，精品工程创建取得重要成果。加快推进国家重大专项研究，一批技术成果在工程实践中推广应用。CR450科技创新工程取得重大突破，时速400公里高铁线路基础设施关键技术在成渝中线试点应用。长大海底隧道设计施工等关键技术取得新成果，铁路工程建造水平进一步提升。

二、铁路工程造价咨询行业得到持续发展

2023年注册造价咨询企业23家，工程造价咨询业务收入不断增加，合计104983.6余万元，比上年增加17.9%；从业人员不断增加，共计37944人，比上年增加29.7%；一级注册造价工程师整体规模达3千余人，整体人员队伍不断增加。企业营业总收入10534015万元，造价咨询收入占营业总收入1.0%，占比较上年有所提高。

全年共计完成了3000余名造价工程师继续教育培训，学习课程包括《大跨度悬索桥关键建造技术与经济分析》《铁路5G-R系统技术攻关及发展规划》《概预算编制与全过程投资控制探讨》《工程造价市场化改革方向及实施路径》《合资铁路历史沿革及管理模式探讨》《铁路工程概（预）算编制基础技能》等。

第二节　发展环境

一、完善铁路造价标准的需求依然强烈

一是党的二十大进一步明确要围绕服务区域协调发展战略、区域重大战略、主体功能区战略、新型城镇化战略，研究加快骨干铁路网建设，着力解决铁路发展不平衡不充分特别是西部铁路"留白"偏多问题，从对西南地区重点铁路建设项目调研及反馈结果看，现行标准还有不少短板和弱项，针对西部边疆高原复杂艰险山区施工环境、特殊工艺工法、特殊工况条件下，完善造价标准的需求依旧强烈。

二是随着绿色铁路、智能铁路、城际铁路、市域（郊）铁路等各类项目的规划建设，以及投资主体多元化的变革，我国铁路进入高质量发展的新阶段。着力提升标准供给质量，是铁路建设由规模速度型向质量效益型转变的内在要求。铁路工程造价标准在落实国家绿色、智能、安全等新发展理念方面仍需持续完善。

三是围绕服务实施 CR450 科技创新工程，适应更高速度等级高速铁路建设需要，推动高速铁路在"十四五"实现更大发展，相关部门正在制定配套建设标准，铁路工程补充造价标准亟须丰富和完善以提升对国内需求的适配性。

二、绿色低碳发展战略对铁路造价标准提出新要求

一是自 2020 年中国宣布提高国家自主贡献力度，多举措实现碳排放目标，中国将碳达峰、碳中和纳入经济社会发展全局。铁路行业作为绿色低碳交通体系的重要组成部分，在服务和支撑国家运输结构调整、用能结构调整、完善绿色交通制度和标准等方面持续展现新作为。

二是党的二十大提出要创造条件尽早实现从能耗"双控"到碳排放"双控"转变，碳排放"双控"将成为未来我国碳达峰碳中和综合评价考核的重要制度。国家发展改革委发布的《政府投资项目可行性研究报告编写通用大纲（2023 年

版）》中新增了"碳达峰碳中和分析"的要求。为指导铁路建设项目可行性研究报告编制，贯穿绿色低碳理念于规划设计、建设、施工等全过程，充分展示国家铁路服务"双碳"目标、有效支撑碳排放"双控"制度的使命和担当，亟须开展铁路碳排放定额研究。

第三节　主要问题及对策

一、补短板强弱项，高质量服务重大铁路建设项目

紧密跟踪重点建设项目施工进展情况，及时掌握并研究建设过程中出现的造价标准问题。依托西昆高铁等重点建设项目，开展铁路高陡边坡定额测定与研究、复杂艰险山区铁路投资管控影响因素及主要造价指标指数研究等课题，及时完成隧道弃渣利用调配方案及数学模型研究、隧道超前地质预报新方法费用标准研究等课题成果转化，逐步建立西南边远地区造价标准体系，以实际行动服务国家重大战略部署。

二、保需求强供给，持续丰富和完善造价标准体系

一是贯彻落实绿色低碳发展战略，开展碳排放定额研究，为指导铁路建设项目可行性研究报告碳达峰碳中和分析篇章编制提供依据。二是适应"四网融合"发展需要，深入开展《市域（郊）铁路概（预）算编制办法》研究，为合理确定市域（郊）铁路工程投资规模提供技术支撑。三是聚焦"四新"技术应用、特殊施工工艺、特殊工法等定额缺项内容，开展铁路工程控制爆破定额测定与研究等课题，为定额编制积累基础数据。四是全面完成《铁路基本建设工程设计概（预）算编制办法》等13册造价标准修订，力争2024年内发布实施。五是全面启动《铁路基本建设工程投资预估算、估算编制办法》和《铁路路基工程概算定额》等8个专业概算定额修订工作，缩短标准间的衔接时间，提高标准时效性。

三、找突破寻发展，加快建设铁路工程造价大数据服务平台

在数字经济浪潮下，为适应铁路工程造价管理机制改革发展需要，加快建设铁路工程造价大数据服务平台。铁路工程造价大数据服务平台以铁路工程概预算、竣工结算等阶段铁路建设项目造价数据为核心，结合要素市场价格的动态变化情况，研究数据采集、存储、分析及应用的相关机制和算法，以 Web 应用、小程序等为媒介，为铁路建设管理、设计、施工、监理、咨询企业等单位提供科学、智能的铁路工程造价数据服务，打造路内权威、行业示范的铁路工程造价大数据平台，推动铁路工程造价行业数字化转型升级。

四、加强人才培养，精心组织造价从业人员业务培训工作

提高造价从业人员业务能力，组织造价从业人员业务培训，加强人才队伍的建设。根据业务培训的功能职责和需求导向，按照两个系列进行体系设置。铁路工程造价从业人员业务提升培训主要针对中高级职称专业人员，旨在拓展业务知识层面、提高提升专业技术水平；铁路工程造价从业人员基础知识及技能培训主要针对初级从业人员，旨在夯实基础知识、学习掌握基础技能。依托标准制定、标准宣贯的岗位职责，结合工程造价行业发展变化形势和标准发布应用情况，以培训交流为形式，把窗口和平台作用做大做强。

（本章供稿：金强、张静）

第三十一章

可再生能源工程造价咨询发展报告

第一节　发展现状

一、基本情况

2023 年，可再生能源造价咨询企业共有 16 家。其中，信用评价 AAA 级企业共 13 家。专营工程造价咨询的企业 3 家，具有多种资质的企业 13 家。

2023 年，从业人员 2681 人，人数较上年增长 31%。一级注册造价工程师 997 人，二级注册造价工程师 22 人，其他注册执业人员 318 人，无注册执业人员 697 人，占比分别为 49.0%、1.1%、15.6% 和 34.3%。高级职称人员 794 人，中级职称人员 827 人，初级职称人员 410 人，占比分别为 39.2%、40.7%、20.1%。

2023 年，可再生能源行业工程造价咨询业务收入 74467 万元，较上年增幅 7.3%。按业务范围划分，工程造价咨询业务收入中超过 1000 万元的业务领域包括水电工程 35294 万元、水利工程 9128 万元、市政工程 6585 万元、新能源工程 11295 万元、公路工程 1323 万元、房屋建筑工程 5347 万元，其他领域 5495 万元。其中，水电业务营业收入占工程造价咨询业务收入的 47.4%，仍为主营业务，占比较上年增幅显著；新能源业务占比 15.2%，增幅为 42.9%。

按业务阶段划分，前期决策阶段咨询 28002 万元，实施阶段咨询 25929 万元，结（决）算阶段咨询 8004 万元，全过程工程造价咨询 9779 万元，工程造价经济纠纷的鉴定和仲裁咨询 1274 万元，其他 1479 万元。工程实施阶段及前期决策阶段咨询业务收入相对较高，占比达到了 72.4%。

二、行业计价依据与标准规范管理

2023 年，可再生能源定额站负责主编的定额标准共 28 项，其中水电标准 21 项，风电标准 7 项，太阳能标准 3 项。相关成果在统一造价标准、规范各项工作、促进项目建设方面发挥了重要作用。主要成果如下：

（1）《水电工程设计概算编制规定》《水电工程费用构成及概（估）算费用标准》《抽水蓄能电站投资编制细则》《水电工程执行概算编制导则》《水电工程完工总结算报告编制导则》《水电工程对外投资项目造价编制导则》《水电工程竣工决算报告编制规定》(翻译英文版)、《水电工程竣工决算专项验收规程》(翻译英文版)、《风电场工程竣工决算编制导则》《太阳能热发电工程概算定额》由国家能源局批准发布。

（2）《水电工程信息分类与编码 第 10 部分：造价》已通过审查。

（3）《水电工程投资匡算编制规定》《水电工程投资估算编制规定》《水电工程安全监测系统专项投资编制细则》《水电工程环境保护专项投资编制细则》《水电工程安全设施及应急专项投资编制细则》《水电工程信息化数字化专项投资编制细则》《水电工程设计工程量计算规定》《光伏发电工程设计概算编制规定及费用标准》《光伏发电工程概算定额》已完成大纲评审工作。

（4）《水电工程施工机械台时费定额》《水电建筑工程概算定额》《水电设备安装工程概算定额》已列入国家能源局 2023 年能源行业标准制（修）订计划，修订工作已形成送审稿。

（5）《水电工程施工资源消耗量测定及成果编制导则》《水电工程水土保持专项投资编制细则》《陆上风电场工程设计概算编制规定及费用标准》《海上风电场工程设计概算编制规定及费用标准》《风电场工程升级改造投资编制导则》《风电场工程项目建设工期定额》已列入国家能源局 2023 年能源行业标准制（修）订计划，同时《陆上风电场工程概算定额》《海上风电场工程概算定额》目前正在开展修订工作。

第二节　发展环境

一、政策环境

国家发展改革委、工业和信息化部等部委联合印发《关于统筹节能降碳和回收利用　加快重点领域产品设备更新改造的指导意见》（发改环资〔2023〕178号），明确了要加快填补风电、光伏等领域发电效率标准和老旧设备淘汰标准空白，为新型产品设备更新改造提供技术依据。完善产品设备工艺技术、生产制造、检验检测、认证评价等配套标准。拓展能效标识和节能低碳、资源循环利用等绿色产品认证实施范围。严格落实并适时修订《产业结构调整指导目录》，逐步完善落后产品设备淘汰要求。

国家能源局印发《关于进一步做好抽水蓄能规划建设工作有关事项的通知》（国能综通新能〔2023〕47号），明确电力系统调节需求是抽水蓄能规划建设的重要前提和基本依据。针对目前部分地区前期论证不够、工作不深、需求不清、项目申报过热等情况，坚持需求导向，深入开展抽水蓄能发展需求研究论证工作，经深入开展需求论证并按程序确认的合理建设规模开展项目纳规工作。为适应抽水蓄能快速跃升发展需要，组织行业协会、研究机构及重点企业等加强行业监测评估，对抽水蓄能投资、设计、施工、设备制造、运行、管理等产业链各环节进行监测和能力评估，针对开发建设规模、时序不协同和产业链薄弱环节，研究应对措施，加快各方面能力提升，更好支撑行业加快发展。

国家能源局印发了《风电场改造升级和退役管理办法》（国能发新能规〔2023〕45号），为提高风电场资源利用效率和发电水平，鼓励并网运行超过15年或单台机组容量小于1.5兆瓦的风电场开展改造升级，并网运行达到设计使用年限的风电场应当退役，经安全运行评估，符合安全运行条件可以继续运营。

国家发展改革委、财政部、国家能源局联合印发了《关于做好可再生能源绿色电力证书全覆盖工作　促进可再生能源电力消费的通知》（发改能源〔2023〕1044号），要求进一步健全完善可再生能源绿色电力证书制度，明确绿证适用范围，规范绿证核发，健全绿证交易，扩大绿电消费，完善绿证应用，实现绿证对可再生能源电力的全覆盖。进一步发挥绿证在构建可再生能源电力绿色低碳环境价值体系、促进可再生能源开发利用、引导全社会绿色消费等方面的作用，为保障能源安全可靠供应、实现碳达峰碳中和目标、推动经济社会绿色低碳转型和高质量发展提供有力支撑。

国家发展改革委办公厅、国家能源局综合司印发了《关于进一步加快电力现货市场建设工作的通知》（发改办体改〔2023〕813号），明确为加快全国统一电力市场体系建设，推动电力资源在更大范围共享互济和优化配置，在确保有利于电力安全稳定供应的前提下，有序实现电力现货市场全覆盖，加快形成统一开放、竞争有序、安全高效、治理完善的电力市场体系，充分发挥市场在电力资源配置中的决定性作用，更好发挥政府作用，进一步激发各环节经营主体活力，助力规划建设新型能源体系，加快建设高效规范、公平竞争、充分开放的全国统一大市场。

二、市场环境

2023年，我国新增可再生能源发电装机3.03亿千瓦，占全国新增发电装机的84.9%，已成为我国电力新增装机的绝对主力。其中风电新增7566万千瓦、太阳能发电新增2.16亿千瓦、生物质发电新增282万千瓦、常规水电新增243万千瓦、抽水蓄能新增515万千瓦。

截至2023年底，可再生能源装机达到15.17亿千瓦，占全国发电总装机的51.9%，累计装机规模历史性超过国电，在全球可再生能源发电总装机容量中的比重接近40%。其中，水电装机容量4.2亿千瓦（含抽水蓄能5094万千瓦），占全部发电装机容量14.4%；风电装机容量4.41亿千瓦，占全部发电装机容量15.1%；太阳能发电装机容量6.09亿千瓦，占全部发电装机容量20.8%；生物质发电装机容量4414万千瓦，占全部发电装机容量1.6%。

2023年，可再生能源发电量达到2.95万亿千瓦时，占全社会用电量的32%。其中，风电、光伏年发电量占全社会用电量比例超过15%，同比增长24%，成为拉动非化石能源消费占比提升的主力。可再生能源在保障能源供应方面发挥的作用越来越明显。可再生能源装机和发电量稳步增长，有力推动清洁低碳高效能源体系的构建。

第三节　问题及对策

一、进一步推进定额标准管理工作

（1）根据国家投资管理体制变化情况，结合目前工程造价管理实际和发展趋势，在进一步完善项目前期有关定额标准体系的基础上，研究建设期、运营期工程造价管理需求，建立科学、完整的可再生能源发电工程全寿命周期造价管理及定额标准体系，搞好行业定额标准管理的顶层设计，为开展相关工作指明方向。

（2）继续推进《水电工程水土保持专项投资编制细则》《海上风电场工程设计概算编制规定及费用标准》《风电场工程升级改造投资编制导则》《风电场工程项目建设工期定额》等已立项工程定额标准制（修）订工作，进一步完善定额标准体系。拓展新型能源、储能方式的定额标准制定工作，如压缩空气储能、氢能工程投资导则编制。

二、加强工程造价热点难点专题研究工作

结合工程造价管理需求及业务发展需要，开展相关造价专题研究工作，如信息化及数字化应用技术经济分析、水电工程全生命周期造价管理研究、海洋能发电工程成本分析和造价标准体系研究、抽水蓄能电站工程投资主要影响因素及关键特征参数研究。

三、进一步强化工程造价信息管理工作

（1）以"双碳"目标为导引，结合行业发展需要，开展行业造价信息统计、分析和研究工作，形成工程造价信息监测长效机制，及时掌握行业造价管理的实际情况，为行业健康持续发展提供建设性意见。当前，需继续做好国家能源局委托的投产电力工程项目造价统计分析工作，完成《2021-2022年投产电力项目造价统计分析报告》编写及发布工作。

（2）完善水电工程造价指数测算及发布工作。按期完成2023年下半年和

2024 年上半年水电建筑工程和设备安装工程价格指数测算和发布工作，并逐步扩大指数测算和发布范围和内容，进一步完善指数测算方法，提高指数的合理性和准确性。

四、继续做好行业综合管理

（1）加强行业自律，推进造价咨询企业及造价专业人员诚信体系建设。

（2）积极开展专业培训、学术交流和研讨活动。

（3）扩大对外交流与合作，学习国际上先进造价管理经验和方法，推动中国造价咨询业国际化发展进程，服务"一带一路"倡议和"走出去"战略。

（本章供稿：周小溪、刘春高、刘春影）

第三十二章

中石油工程造价咨询发展报告

第一节　发展现状

陆续开展炼油化工检修维修项目、风电项目、海外工程项目等计价标准研究，以及联合试运转费用、数字化交付费用等计价依据专项研究。持续承担计价依据动态管理与定额解释、计价依据编制管理、与工程计价依据相关的其他工作。进一步研究石油建设工程计价依据动态管理机制与方法优化，完善和升级计价依据体系，提高计价依据的合理性和准确性。编制完成并印发陆上风电场项目投资编制与工程量清单计价指南、地下储气库项目投资编制指南等。

研究信息化项目的管理现状、投资构成及各项费用标准，开展数字与信息化项目的投资构成及计价标准研究。研究制定数字与信息化项目投资估算编审指南并下发执行，同时编制完成数字与信息化项目可行性研究投资估算编制方法。承担造价管理平台、概预算编审软件、工程量清单编审软件的开发、运行等工程造价信息化建设与管理，先后完成工程造价模块建设方案，投资指标软件和新能源计价软件的开发。

深入开展石油建设工程大宗材料价格趋势分析与设备材料综合控制价格制定等研究。跟踪国内宏观经济形势和大宗材料市场走势，分析预测与石油建设工程相关的大宗材料价格趋势，聚焦投资主要影响因素，针对基础钢材、有色金属及不锈钢、石英砂、油套管等石油建设工程常用设备材料，结合宏观经济数据与市场价格信息开展研究。完成6期《大宗材料价格趋势分析与预测简报》，1期《新能源设备材料价格研究周报》，2期《碳酸锂和钢材价格趋势分析与预测专报》，及时跟踪储能、光伏组件、风机等价格走势，分析对新能源建设项目的投资影响。

主编住房和城乡建设部团体标准《建设项目设计概算编审规程》，参编团体标准《建设项目工程总承包计价规范》。组织石油建设项目工程量清单编制规则、工程结算影响因素等热点问题专项研究。开展《石油建设工程造价岗位提升标准化培训教材》编制工作。组织"石油地面工程造价人员管理系统"平台建设、定额解释、《石油工程造价管理》期刊编辑与发行、注册造价师管理等行业管理与服务支持工作。

第二节　发展环境

2023 年中共中央、国务院印发的《数字中国建设整体布局规划》提出："以数字化驱动生产生活和治理方式变革，为以中国式现代化全面推进中华民族伟大复兴注入强大动力。"工程造价业务流程复杂、涉及大量数据信息，数字技术的应用对推进治理体系治理能力现代化具有重要意义。近年，围绕"数智中国石油"总体目标，石油造价专业将数智化为管理赋能摆到更加突出位置，加强造价专业信息化与数字化技术研发，信息化技术应用"1+4+X"架构基本建成。"1"指中国石油工程造价管理平台，实现了造价文件线上流转、计价依据智能管理等功能；"4"指工程造价编审、投资指标编制与管理、计价依据编制与管理、工程量清单计价等四个配套软件，可分别实现造价文件编审、投资指标编制、计价依据管理、清单计价应用等重要功能；"X"指工程量智能算量系统、新能源项目计价管理软件、石油建设项目快速估价模型等多个配套工具，并根据业务发展需要不断拓展。

2023 年，随着全球能源转型的加速，中国石油持续推进"清洁替代、战略接替、绿色转型"三步走总体部署，在能源保供的同时积极发展地热、风光发电、氢能等新能源业务，大力推进碳捕集、利用和封存（CCUS）示范项目建设和产业化发展，积极打造"第二曲线"。近年来，中国石油新能源业务全面提速发展，从喀什地区 110 万千瓦光伏发电项目到新疆百万千瓦级光伏电站等一批项目建成投产，新能源业务投资规模持续增长。与传统石油石化业务相比，新能源业务具有市场化程度高、技术迭代快等特点，项目投资及收益"瞬息万变"，投资管控难度较大，必须加强政策、市场、技术等方面的全方位跟踪，及时、准确掌握"双碳三新"技术进步和市场变化，合理控制投资水平，才能科学有效地做好新能源项目投资管控。

第三节　主要问题及对策

一、石油建设工程造价人员队伍建设仍需加强

造价专业队伍技术水平与造价管理工作高质量发展要求存在差距，各级造价管理部门逐渐出现了人员配备与工作量不匹配、高水平人才匮乏、年龄结构断层等问题。当前，造价专业向新能源、信息化、智能化等创新领域不断拓展，工程造价工作也越来越依赖于先进的数智化技术，对造价人员的综合能力提出了更高要求。

要持续加强人才队伍培训，提升技能培训时长和效率，提高石油造价人员的专业素养和综合能力。定期组织线上线下造价业务培训班，加强培训和技能传承，提高青年员工的知识储备和专业技术。全面开展造价岗位认证工作，解决持证上岗与合规执业问题。

二、石油建设工程造价全过程管理有待优化

造价管理是决定石油建设工程项目投资效益的核心环节，贯穿于项目的全生命周期，实现全过程的造价管理并非易事，需要加强造价人员的业务精度与深度，强化工程造价全过程管理理念，不断适应外部环境的变化。

计划开展 EPC 模式下全过程投资控制研究、强化石油建设项目初步设计深度研究以及国内石油石化企业建设项目投资管理与合同模式对标研究等课题研究，有序推进建设项目过程结算，明确各方负责，强化建设项目投资管控能力，规范工程建设市场秩序。在工艺技术选择、设备选材标准、引进范围和引进内容等方面严格控制，加强经济评价对工程投资的约束。通过加强顶层设计与引导，提出深化项目前期工作、规范合同计价、推行过程结算、优化其他费用等四个方面的具体举措和要求，研究并完善石油造价管理体系。

（本章供稿：付小军、肖倩、刘晓飞）

第三十三章

中石化工程造价咨询发展报告

第一节　发展现状

一、行业情况

截至 2023 年末，行业 21 家工程造价咨询企业（其中专营造价咨询的 5 家，兼营企业 16 家，直属企业 8 家，改制企业 13 家）；造价咨询总收入 23118 万元；信用 3A 级企业 14 家，2A 级 1 家。一级注册造价工程师 850 余人。工程造价从业人员 14800 余人，其中石油工程概预算专业人员 3100 余人，石油化工预算专业人员 9500 余人，石油化工概算专业人员 2200 余人。

二、石油化工工程造价管理

持续完善石油化工工程计价体系，对石油化工行业工程计价体系进行系列化改革，工料机消耗量和价格等结构问题得到基本解决。持续推进新版清单计价规范、光伏发电等计价依据编制。

研究新标准执行对项目建设投资的影响，针对"视觉形象工程""防腐绝热质量提升""六化"建设等管理要求，专项研究集中式伴热站、混凝土装配式管廊、标准化营地等提升方案对投资的影响，为统一技术标准和管理要求提供技术经济对比数据支持。

在建重点项目包括镇海炼化 1100 万吨年炼油和高端合成新材料项目、洛阳分公司百万吨乙烯及炼油配套工程项目、茂名炼油转型升级及乙烯提质改造项目、天津南港乙烯及下游高端新材料产业集群项目、岳阳地区 100 万吨 / 年乙烯炼化一体化项目、中天合创鄂尔多斯煤炭深加工示范项目绿色降碳升级改造项目（鄂尔多斯风光制氢一体化项目）等。

三、工程造价信息化建设

实现计价依据制修订及动态管理信息化，建立定额与指标等计价依据之间数据联动机制。设备材料价格管理、定额工料机库价格管理、指标组合内容及含量管理等信息化手段提高工作效率，缩短计价依据动态调整周期。

分阶段组织中石化工程项目实施过程投资管控信息平台建设，第一阶段通过完善平台数据库结构、拓展平台计价功能和提升平台管理功能，实现石化工程定额预结算文件编审、数据积累及炼化工程功能扩展。将造价数据进行结构化处理，实现"量价对应"，支持造价数据的多维度、多角度、多阶段、跨项目的统计、查询、对比、分析等功能。达到支撑建设项目估算、概算、预算及全过程工程造价管理数据收集、管理、应用的目的。

有效利用工程造价各专业管理机构的网站这一媒介，构建了畅通高效的造价信息发布渠道和计价依据释义渠道，持续完善石化工程造价信息发布，包括定额工料机价格指数、非标设备价格、电缆及阀门价格等设备材料价格信息。2023年完成计价依据答疑释义完成 600 余份。

全面实现造价从业人员信息化管理，建立标准化、信息化的工作流程，从取证人员的培训、考试到持证人员的信息维护、等级评定、复审、注销等各个环节都实行规范化管理。建立造价人员管理信息库，可对造价人员信息进行全过程动态管理。

第二节　发展环境

面对"新质生产力"发展要求和实现碳达峰碳中和目标需要，行业以光伏发电、风力发电为代表的新能源成为石油炼制、石油化工、煤化工、天然气化工等传统能源化工以外新的投资增长极。行业发展主要依赖于能源化工领域的投资环境，主要包括中国石化、中国石油、中国海油、国家能源投资集团、中化集团、陕西延长石油、浙江石化、壳牌公司、沙特阿美公司、巴斯夫公司、埃克森公司等国内、国外的中央、地方、民营、合资、独资等企业。

目前，行业已经形成了一套完善的石油化工工程计价管理体系，为石化工程项目投资控制、合理确定工程造价、建设优质工程项目发挥了重要基础性保障作用。从工程项目前期可行性研究阶段的投资估算，初步设计阶段的设计概算，施工图设计阶段的施工图预算，工程施工阶段的施工图结算，工程竣工阶段的竣工决算，建设项目的后评估，装置生产运行期间的检修和维护维修工程计价，共二十余项计价依据（标准），涵盖石油化工工程建设全生命周期计价需要。

石化行业的工程造价咨询业务主要以基建工程项目投资控制造价咨询、修理费管理的造价咨询为主，目前仍以传统的招标控制价编制、预结算审核和工程结算审计、竣工决算审计、项目在建跟踪审计等传统咨询业务为主，全过程工程造价咨询在一些项目中也有采用，效果尚不明显，造价咨询企业从事全过程造价咨询服务的能力仍需进一步加强。

随着"放管服"的不断深入，进入石油化工行业的造价咨询企业越来越多，造价咨询企业小型化的特征日益显著，业务承揽"价格战"仍为常态，在市场竞争中服务质量、服务水平的权重性仍然体现得不够充分。

第三节　主要问题及对策

石油化工工程造价业务服务于工程项目，由于石油化工项目受国家政策变化和市场价格波动影响，项目决策和实施过程相对复杂，需要工程造价业务适应各类石油化工工程项目需要。

一、推动工程造价计价体系市场化改革

持续深化改革、创新，加强计价体系建设、推进市场改革，建立计价基本要素与市场的联动机制，发布造价指数和市场价格信息，针对工程建设"四新"

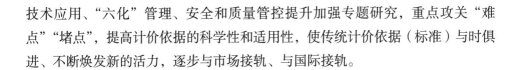
技术应用、"六化"管理、安全和质量管控提升加强专题研究，重点攻关"难点""堵点"，提高计价依据的科学性和适用性，使传统计价依据（标准）与时俱进、不断焕发新的活力，逐步与市场接轨、与国际接轨。

二、推动造价管理数字化进一步提升

加强工程造价管理资源统筹规划，加快推进数据结构标准化，实现数据有效治理，挖掘数据资产价值，提升工程建设项目全过程投资管控能力和水平。以"数据＋平台＋应用"模式，持续探索运用大数据、云平台、NPL语义分析、人工智能等新技术的应用，不断强化信息化应用平台体系化建设、探索石化智慧造价应用。

三、强化工程造价从业人员管理和培训

石化行业具有产业链长、涉及面广、高危高风险，国有投资规模大、资金密集等特点，造价从业人员不仅要掌握造价专业知识，还要掌握工艺流程、施工技术、管理要求等专业知识。紧紧围绕"三个一批"工程加强从业人员专业业务管理。加大各专业取证及继续教育培训力度、完善相关培训内容，在工程造价理论、工程造价体系文件、石化专业技术知识、专业应用软件、专业技能和工程建设相关知识学习等方面科学谋划课程设置和课件研发，努力提高造价从业人员履行岗位职责的能力及业务水平，保证专业人才队伍持续补充新生力量，采用以老带新模式，尽快提升整体专业水平，促进专业人才梯队体系建设，在层次化、差异化、精准化培训方面下功夫，继续探索专业人才培养新途径。

四、构建工程咨询企业服务能力评价体系

以信息化建设为载体，构建工程咨询企业服务能力评价体系，对服务于石化建设项目的工程造价咨询企业进行及时、客观的动态化和可量化评价考核。一是助力石化建设单位客观了解造价咨询企业服务石化项目的能力、水平和工作质

量，为建设单评优选优提供参考。二是引导造价咨询企业提升服务石化项目的能力和技术水平，开展更高端的造价咨询，为建设单位提供更优质的增值服务，促进石化工程造价咨询行业健康发展。

（**本章供稿：刘学民、常乐、蒋炜、潘昌栋、张崇凯、王少龙、王文辉、王珞**）

第三十四章

核工业工程造价咨询发展报告

第一节　发展现状

一、基本情况

核工业造价咨询企业共计 5 家，能够提供各类建设项目的工程造价咨询业务，包括项目的估算、概算、预算、招标工程量、招标控制价的编制与审核、全过程或若干阶段过程造价及工程经济纠纷鉴定等系列服务，业务领域涵盖核能源、核军工、铀矿业、后处理、核燃料、核设施退役、"三废"处理、医药化工、民用工程及新能源等。同时核工业咨询企业也注重软实力的建设需求，积极扩充资质评审认证程序，有 4 家单位先后取得 ISO9001 质量管理体系，ISO14001 环境管理体系、职业健康安全管理体系认证。所有咨询企业均有执业标准指南、咨询企业业务操作指导规程和作业指导书，具备完善的质量管理制度和可行的质量奖惩办法。

2024 年，核工程造价咨询企业主要业务集中于核能市场领域，同时也在积极开拓非核项目市场和国外市场，2023 年，核工业造价咨询企业年营业收入为34528 万元，较上年增加 9302 万元，同比增长 26.9%，人均完成造价咨询产值为135 万元 / 年。

目前，核工业从事造价与商务专业技术人员为 2200 余人，具有一级注册造价工程师执业证书为 432 人，占全体人数的 19.6%。其中造价咨询企业专业技术人员为 360 余人，具有一级造价工程师证书的为 243 人，占比为 67.5%，具有研究员高级职称的为 34 人，高级职称为 260 人，中级职称为 66 人，硕士及以上学历的为 140 人，本科学历以上为 350 人。

二、工作情况

核工程建设项目在实施过程具有程序繁多、技术复杂、涉及面广和协作关系难度大等技术经济特征，为可靠控制工程造价，核工业集团公司投入巨资制订和修编了以"华龙一号"为主要堆型的压水堆核电厂建设工程预算定额、概算定额、工程量清单计价规范等多项标准。2024年3月对核化工建设项目计价标准体系制修订项目立项。

联合开发的针对核工程造价数字化平台已经上线，数字技术可以实现从专业服务到集成管理综合服务的转变，深化专业服务的同时，还可以扩展为以造价为核心的项目管理，借助数字化平台实现由专业到系统的组织集成、过程集成、要素集成和信息集成，目前，核工业造价数字化平台已包络了政策信息、材料信息价格、工程定额、工程咨询、造价讲座等多个模块。

针对"华龙一号"核工程定额、工程量清单计价体系的出台，2024年重点加大了基础性学科的培训力度。举办了《压水堆核电厂建设工程预算定额》建筑分册培训、《企业定额运用及造价管理提升》培训、《压水堆核电厂建设工程预算定额》安装分册的培训、《压水堆核电厂工程量清单计价规范》培训、《核工程造价信息化与计价软件使用》培训等，促进了造价人员对定额标准、工程量清单的理解。开展《全过程投资管控与赢得值法双向互动的管理体系研究》《核工程建设项目全过程投资管控模式研究》《核电工程建设项目多维度全过程成本管控体系和方法研究》三个研究课题。

三、重点工程和项目

核行业造价咨询单位在核能源、核化工、核技术运用，新能源、医药化工、民用工程等领域完成了大量的工程造价咨询服务工作，包括项目估算、概算、预算、清单及控制价，结算审核，全过程造价控制等，主要造价咨询业绩有以下内容。

1. 国内涉核工程

核电项目：中俄核能合作项目江苏核电、辽宁徐大堡核电，中核集团"华龙一号"福清核电、海南核电、漳州核电、AP1000 国产化首台工程项目、浙江金七门核电项目、江苏徐圩核电项目等多个核电工程建设项目的前期策划、设计、施工等阶段造价咨询业务。

核工程项目：中国高水平放射性废物地质处置地下实验室建设项目、甘肃核技术产业园项目、秦山地区干法贮存项目、核聚变技术研发基地核配套保障条件项目、中核北方模拟热室及配套设施、771 军工核设施退役治理一期工程应急治理项目、填埋场二期工程等核工程建设项目竣工结算审核工作。

核技术应用：医用同位素试验堆项目、分子靶向诊疗药品生产基地项目、汉中汉核同位素药品研发生产基地、海口同位素医药中心项目、南阳同位素医药中心项目等多个核技术应用项目的投资估算、初步设计概算、施工图预算、招标工程量清单及控制价编制造价咨询工作。

2. 国内非涉核项目

医药化工：华北制药生物发酵基地二期项目、普立斯生物科技有限公司年产7.5 万吨 L-乳酸和 5 万吨聚乳酸智能工厂建设项目、兰西哈三联富纳项目、帝斯曼江山制药 MVR 项目、普泽生物国家益生菌产业化示范项目等项目的投资估算、初步设计概算造价咨询工作。

建筑工程：中核宾馆安全改造工程、通辽铀业综合项目办公区、核资源与环境国家重点实验室研发中心与实训基地、中核北方既有建筑物加固工程、元氏县职业技术教育中心新校区建设项目的投资估算、初步设计概算、竣工结算审核等造价咨询工作。

新能源：甘肃永昌清河滩 100MW 光伏项目、武威凉州区 200MW 光伏治沙项目、湖北宣恩整县屋顶 58.17MW 分布式光伏项目、阳山 300MW 农光互补项目、耿马香竹林二期 160MW 农业光伏项目等多个新能源项目的全过程造价咨询工作。

3. 国外涉核项目

纳米比亚罗辛铀矿四期开发项目可行性研究报告、尼日尔阿泽里克铀矿冶项目投资估算。阿尔及利亚比林核研究中心三期建设项目工程量清单、技术经济分析。

第二节　发展环境

一、经济环境

在碳达峰、碳中和的背景下，我国能源电力系统清洁化、低碳化转型进程将进一步加快，核能作为近零排放的清洁能源在资源转型过程中优势进一步显示。近年来，我国不断加大自主研发和科技创新力度，推动核工程建造过程中关键工艺技术迭代升级，实现了由过去的依赖进口到如今的国产化率稳步提高，核电建造的智能化、数字化建造水平得到进一步提升，同类堆型的机组建造周期持续优化。特别是实现了"华龙一号"为代表的先进核电机组进入到批量化生产阶段。与此同时，我国颁发了多项政策支持核电建设，从发展之初的"适当发展"到"积极推进发展"再到目前的"积极安全有序发展"，核电建设项目将具有更加广阔的发展空间，预计核电建设将保持较快的发展态势。

2023 年，我国核电工程建设投资完成额为 949 亿元，较上年增长 272 亿元，增长额创近五年最高水平。目前，国内在建核电工程整体上稳步推进，项目安全、质量、技术、环境保护等方面均得到有效控制。预计我国自主三代核电将会按照每年 6 ~ 8 台的核准节奏，实现规模化、批量化发展。2023 年，我国已经新核准 5 个核电项目，新开工 5 台核电机组。截至目前，我国在建核电机组 26 台，总装机容量为 3030 万千瓦，继续保持世界第一。

二、技术环境

近些年来，在政府的大力扶持下，核工程建造技术由原先的"单堆建设"步入"多堆同时建设"阶段，核电工程一体化建造能力，包括穹顶吊装技术、重型设备吊装技术以及群堆建设管理能力均得到了很高提升。通过最优化发展路径，改进性培育核电工程建设施工技术模块化施工能力，以及配套装备实施国产化，进一步提升核电建设效率。技术革新带来了工程造价的变革，根据国家能源局、国防科工局等相关部委的指示，目标是 2025 年，基本形成覆盖各阶段、包含各专业、来源市场化、服务信息化的工程计价体系，初步建立市场决定价格的工程造价形成机制，进一步完善与之相应的监督管理制度，包括完善市场化工程计价规则，搭建工程造价大数据服务平台，引导市场主体转变计价模式，严格合同履约和价款结算管理，提高投资项目造价管理水平。

三、监管环境

定期开展核工程造价咨询成果文件的质量检查，确保项目成果文件的合法性、规范性、准确性和程序性。监督检查工程造价合同履约状况，完善和加强工程结算程序。进一步强化造价咨询企业诚信评价工作，持续构建健康发展、公平竞争、诚信守法的市场环境。

第三节　主要问题及对策

一、主要问题

1. 计价体系有待完善

核工程的发展是伴随着改革开放的进程，虽然核工业造价管理机构一直致力于计价标准体系的建设，但仍然跟不上核工程技术的发展速度。目前仅仅是对成熟的堆型进行了计价标准的制修订，对堆型中出现的新材料、新工艺、新设备及其他新型堆型没有涉及，无法真正满足核工程建设造价控制的需要。

2. 高素质复合型人才紧缺

核工程建设项目将涉及国家安全目标和能源战略，具有投资大、建设周期长的特点，这就决定了核工程建设项目必须审慎规划并做出具有长远意义的决策。目前，核工业从事工程造价管理的技术人员普遍存在知识面较窄，技术水平不足的问题。绝大多数从业人员只能单纯地开展招标控制价，投标报价，工程结算的编制及审核业务，对于项目经济评价，工程设计造价分析，设计方案优化，全寿命周期造价管理、索赔，风险管理等真正意义上的造价智力服务则很少涉及。因此，大部分工程造价人员主要集中在计量与计价的基础性业务，缺乏综合运用技术、经济、管理、法律等知识提供工程增值服务能力。

3. 设计阶段的造价管控能力不足

设计阶段是分析处理工程技术与经济关系的关键环节，也是有效控制工程造价的重要阶段。在工程设计阶段，工程造价管理人员需要密切配合设计人员进行限额设计，处理好工程技术先进性与经济合理性之间的关系。但是由于核工程建设项目一般都具有研究性质，工程设计和经济成本分属不同的专业，相互脱节。在设计阶段对建设项目的经济性未考虑或考虑不全面，造成了在工程实施过程中出现众多的经济纠纷或工程变更等现象，给实施核工程的造价管控带来一定的影响。

4. 合同履约与工程结算有待加强

随着社会经济的发展及业主对建设工程需要的综合性和集成性越来越高，工程总承包及国际工程承包已经成为工程发承包的主流模式，其合同价款的约定既是发承包双方有效履行合同的重要保障，也是规范建设市场公平交易的客观要求。由于核工程建设周期长，在实施过程中，不可预见的元素居多，合同签订时对未来的风险因素没有预见性的考虑，致使工程结算或决算过程中，出现工程量增减和价差变化的经济纠纷，导致履约合同不能执行或执行困难等现象在核工程中时有发生，使核工程的造价与管理陷入被动的局面。

二、对策与思路

1. 持续完善计价依据体系

积极落实《住房和城乡建设部办公厅关于印发工程造价改革工作方案的通知》（建办标〔2020〕38号）相关精神，深入研究并确定核工业建设工程计价依据改革路线，对标研究分析核工程计价依据与民用、国际化的差异。促进核工程计价与市场和国际接轨，继续优化和完善核工程预算定额、概算定额计价体系，尽快实施估算指标编制与研究，鼓励有条件的二级公司发布消耗量标准，完善全生命周期在各阶段计价体系，为全生命周期造价管理奠定基础。围绕新材料、新工艺、新业态和数字化转型，加快配套和完善计价依据，加快构建结构体系标准，统一工程造价水平，涵盖全产业链条及海外工程的投资参考指标，为合理控制工程建设项目投资提供坚实的基础。

2. 加大引进及培训力度，切实提高人员业务素质

根据核工业内造价人员状况，对核工业内咨询单位人才培养实施精准扶持。一是制定切实可行的人才培养战略计划，依托核工业学院或其他知名高校定点培养。二是加大引进高素质人才或行业内领军人才、金牌造价工程师，充实到造价咨询机构。三是采用知名专家进行授课，传授技能。

3. 前移设计阶段的造价管控

从全寿命周期的角度统筹考虑优化设计方案，避免冗余设计，造价咨询和专业设计人员紧密配合，提前介入设计工作，前移设计阶段造价管理关口，加强估算、概算投资审核控制，坚持采用价值工程原理、经济适用原则推行限额设计，从源头上控制工程投资，构建技术先进、经济合理的核工程建设项目。

4. 加快编制《核工程建设项目总承包合同（示范文本）》

在现有的《建设项目工程总承包合同（示范文本）》和国际咨询工程师联合会（FIDIC）发布的系列标准合同条件的基础上，针对我国核工程建设项目的技术特点，本着公平、公正、风险合理分摊的原则，抓紧制订符合我国特色的核工程建造合同标准，以此推动工程造价管控水平。

（本章供稿：王登宵、直鹏程、黄俊、张韶琳、徐婧、刘洋、张孟帅、葛琳）

第三十五章

冶金工程造价咨询发展报告

第一节　发展现状

一、业务情况

冶金工程造价咨询行业企业以核心业务为基点，向前延伸至项目的前期筹备阶段，包括但不限于行业发展规划的制定、项目可行性的研究等；向后拓展至项目的后期运维与评估阶段，不断延伸产业链条，拓展业务领域，扩大服务半径。

在经营实践中，企业有针对性、有选择性地开展了多种多样的经营活动。例如，工程技术咨询方面，为企业提供专业的技术指导与方案优化建议；工程造价咨询领域，精确计算项目投资预算、严格把控成本造价；在行业发展规划上，绘制行业发展蓝图，引领产业发展方向；针对项目可行性研究，进行全面、深入、科学的分析与论证；在环境影响评价工作中，确保项目建设与环境保护协调发展；在工程造价过程控制中，对项目建设全周期的造价实施动态监控与管理；在建设监理工作中，对工程建设的质量、进度、安全等方面进行严格监督；在工程总包业务上，承担起项目从设计到施工的全流程管理与运作；在建筑智能化领域，积极推动建筑的智能化升级与创新；在建设项目全过程工程造价咨询方面，提供贯穿项目始终的造价咨询服务等。

除此之外，部分企业还将业务延伸至民用和市政建设领域，参与城市基础设施的规划与建设；涉足岩土工程领域，为地基处理、地下工程等提供专业技术支持；涉足装备制造领域，为冶金装备的研发、制造与安装提供专业服务。

二、基本情况

冶金行业主要从事工程造价咨询的企业共 16 家，其中国有独资或国有控股企业 15 家，民营企业 1 家。本年度参加信用评价第一批工作的共有 3 家；有 11 家为以往年度已被评为 3A 和 1 家 2A 的企业未到有效期限，本年度不再参评；另有 1 家未进行评价上报工作。

目前，工程造价从业人员数量为 18063 人，专业技术人员合计 12081 人，比上年分别增加了 1104 人和 1312 人。具有中、高级职称 10854 人，占比总人数 89.8%，比上年增长了约 34 个百分点，整体从业人员的专业技术水平有明显的提升。从业人员持有主要职业资格情况为一级造价工程师 557 人、注册建造师 1661 人、注册监理工程师 932 人。

三、计价标准体系现状

自 2020 年起，将冶金行业各类工程计价依据转化为团体标准。正在逐步建立并完善的冶金行业计价标准体系，包括建设项目各阶段的工程计价依据。近几年，通过对冶金工程计价标准体系的构建和动态管理。

1. 项目投资管理模式

当前冶金工业建设项目投资管理与控制的模式包括传统模式（个别采用）、单体项目承包（工业炉、电站、水处理、锅炉房、氧气站等）、建筑安装工程总承包（C）、项目总承包（EPC）、建设项目全过程工程造价咨询等。

2. 计价标准体系架构

冶金工业建设工程造价计价标准体系架构（规划）：①《估算指标》（预可研阶段）；②《概算指标》（可研阶段）；③《概算综合单价》和《概算编制规程》（初步设计阶段、含矿山、冶金、焦耐）；④《冶金工程量清单计价规则》；⑤《基础单价》（含矿山、冶金、焦耐）；⑥《技改项目综合单价》。

目前，在委员会和冶金定额总站的组织协调下，冶金工业新版《冶金工业建设工程计价标准—概算综合单价》（T/CMCA4008—2019）及配套软件和《冶金工业建设工程计价标准—初步设计概算编制规程》（T/CMCA40025—2021）已于2019 年和 2021 年相继出版发行。这两本书能够满足当前和今后钢铁工业建设编制初步设计概算的需要，有助于提高冶金工业编制概算的效率和质量，同时为冶金行业建设、设计、施工、咨询等有关各方，提供了项目初步设计阶段投资计价、投标报价、概算和报价审查的指导性依据。

第二节　发展环境

一、政策环境

国务院印发了《2024-2025 年节能降碳行动方案》。该方案明确指出，必须严格落实钢铁产能置换相关规定，坚决杜绝以机械加工、铸造、铁合金等名义违规新增钢铁产能的现象，严密防范"地条钢"产能死灰复燃的问题，以切实推进钢铁产业的健康、绿色发展。综合从中央和地方出台的一系列相关政策总结来看，当前钢铁产业重点聚焦的发展方向主要集中在以下三个方面：第一，持续实施粗钢产量调控。在产业发展过程中，严格执行相关规定，严禁以机械加工、铸造、铁合金等名义变相新增钢铁产能，确保钢铁产能的合理规划与布局，推动产业结构的优化升级。第二，大力推动高端钢铁产品的发展，积极发展高性能特种钢等产品，同时大力推进废钢的循环利用工作，为资源的可持续利用提供有力支撑，并大力支持发展电炉短流程炼钢。第三，加速钢铁行业的节能降碳改造进程。加强氢冶金等低碳冶炼技术的示范应用，推动钢铁行业向绿色低碳方向转型升级，通过技术创新和产业升级，降低钢铁行业的碳排放，实现可持续发展目标。一些大型钢铁企业已经率先开展氢冶金等低碳冶炼技术的研发和试点工作，为行业发展起到了良好的示范作用。

长期以来，我国制造业用钢量稳定在钢铁总消费的三分之一左右，但近年来，随着我国经济结构调整，钢铁需求结构亦有所变化，截至 2023 年，制造业用钢占比已经达到近 40%。今年以来，汽车、造船、家电维持去年的高增长态势，而"双碳"目标下新能源带来的新钢需以及直接、间接出口解决了由于地产周期带来的阶段性过剩难题。面向未来，出海仍是解决供需矛盾的重要方式。当前全球经济增速放缓，地缘政治持续紧张、大国博弈日趋激烈、极端天气频发等均对需求形成了掣肘，而中东、印度、东南亚、拉丁美洲等新兴经济体的产能扩张可能会加剧全球钢铁供需失衡，但中国钢铁产业的竞争优势较强，依托"一带一路"倡议持续推进，中国钢铁间接出口仍增长潜力，而直接出口在较大的价差支撑下或将维持高位。

二、市场环境

地产景气度下降，但钢铁产需并未大幅走弱，彰显经济韧性。自 2022 年地产步入下行周期以来，弱需求始终主导市场情绪，压制板块表现。地产景气度下降对建筑业产生了持续而深远的影响，尤其对市场信心打击较大，螺纹钢、线材深受冲击，产量低位运行，以生产建筑钢为主的电炉因亏损则半数处于停机检修状态。根据 5 月份相关指标测算地产用钢较 2020 年高峰期下降 40% 以上。但从总量看，当前我国钢铁消费仍处在高位，前 5 个月，我国粗钢表观消费 4.08 亿吨，同比下滑 4.3%，较 2019 年同期仍有 2700 万吨的增长。产量方面，1~5 月份粗钢产量 4.39 亿吨，同比下降 1.4%，仅次于 2021 年及 2023 年。有研究表明，钢铁产需高韧性背后是地产向制造业转型升级、高新技术产业快速发展、新能源和新基建突飞猛进以及钢铁出口高增等多重因素共振的结果。反映出我国钢材消费得到大幅优化，对地产的依赖度下降。一方面，国家对制造业专精特新企业持续培育，叠加进口替代提升了我国优特钢需求，另一方面，下游建造企业的数字化、智能化、高端化转型催生了工程机械升级迭代需求；再者，今年以来我国新型能源体系加快推进，据国家能源局数据，1~5 月风电、光伏新增装机量同比分别增长 20.8%、29.3%，有力地带动了光伏支架用钢、风电塔筒用钢、高牌号电工钢以及镍合金、钛合金、锆合金等钢铁新材料需求，另外在传统建筑领域，制造业投资和公共建筑近几年推行钢结构建筑（全生命周期绿色低碳），替代水泥，钢结构行业近几年消费大幅增长，约从 2015 年的 5000 万吨 / 年消费量提升至当前的 1 亿吨以上。预计 2024 年，新能源用钢增速将超 10%。从人均钢铁积蓄量看，我国仍处于工业化进程中，目前，市场普遍预期粗钢消费基本到达峰值，但我国人均钢铁积蓄量约 8 吨，与发达国家达峰时相比，仍有些许差距，预示着未来一段时期，我国钢铁消费将维持一定规模。虽然近年景气度下降，造成市场信心不足，但是我们更应看到，我国的制造业正在崛起，制造业已经逐渐取代地产对于粗钢的消费地位。未来可预见，受制造业转型升级、高新技术产业发展等因素影响，高端钢铁产品需求必将持续上涨，这为冶金建设和造价咨询行业带来新的发展机遇。

第三节　主要问题及对策

一、海外项目工程造价咨询

近些年来，随着全球经济一体化进程的加速，冶金行业的设计、施工企业积极拓展海外市场，陆续承揽了亚欧和南美等地区的诸多海外工程项目。在这些海外项目的推进过程中，企业面临着一系列复杂且棘手的问题。EPC 模式的应用方面，由于不同地区文化背景、工程管理理念的差异，使得项目在设计、采购、施工的协同与衔接上时常出现矛盾。外汇汇率风险也不可小觑，汇率的波动直接影响着项目的成本和收益。计价模式因地域不同而各异，给项目预算和成本核算带来巨大挑战。

此外，人工机械降效问题突出，当地施工环境、工人技能水平以及机械适配性等因素，导致人工和机械的工作效率低于预期。材料采购运输环节，面临着供应渠道、物流成本、运输周期以及当地政策法规等诸多障碍。设计验收标准在不同国家和地区存在差异，给项目的顺利交付增加了难度。索赔与反索赔的情况时有发生，处理不当会给企业带来经济损失。税费政策的多样化以及外文资料翻译的准确性和及时性等问题，都对项目的顺利开展产生着重要影响。

海外市场向来风险与机遇相互交织。伴随"一带一路"建设的持续深入推进，将会有数量愈发庞大的钢铁企业跨出国门，在全球范围内不断推进优质产能合作，钢铁企业的海外扩张空间颇为广阔。与此同时，非洲、东南亚等欠发达的国家和地区，其城市化进程仍在不断延续，基础设施建设、房地产等方面的投资，将逐渐成为全球钢铁消费的主要战场，市场潜力极为巨大。这为冶金建设以及造价咨询业务的未来发展，提供了大量的市场机会。日后，针对海外项目中存在的共性问题，计划在行业内筹备设立一个信息化的合作平台，并且提议在跨行业之间也建立起类似的平台，从而便于相互之间的交流与借鉴，对海外项目的相关信息与经验进行整合协调与共享，以此推动工程造价咨询行业的整体性发展。

二、工程计价标准体系

近 30 年来，冶金工业概算指标和估算指标没有进行更新，早已无法适应如今快速发展的行业需求。与此同时，冶金工程量清单计价规则、冶金及矿山建设工程预算定额及配套费用定额，也已历经了 10 年以上的时间，在技术进步、工艺更新、市场变化的大背景下，适用性和准确性不足。

要完成各类计价依据的修编和更新工作，存在一定困难。首先，需要广泛而大量地收集相关信息，对海量的资料进行细致整理；其次，要进行深入的测算分析，以确保新的计价依据科学合理、准确实用；此外，还需要投入充足的人力资源与经费支持，确保工作能够高效开展。只有解决好这些问题，才能够构建起科学、合理、适用的冶金工程计价标准体系，推动行业的健康发展。

冶金工程计价标准体系要依据项目各阶段的需求进行编制。拟采取的策略是：一是标准体系统一筹划、依据客观条件分步实施；二是标准水平贴近市场，子目设置突出冶金特点，实用便捷；三是充分依靠冶金行业建设、设计、施工、咨询、院校等单位的密切合作，讲求为行业奉献的精神；四是厉行节约、精打细算，同时尽可能争取有关方面的关注与支持。

当前冶金工业建设，在初步设计阶段实施工程量清单招标这一方式，已得到了广泛的应用。然而，长期以来，一直缺乏与之相配套的计价依据。以往的操作中，各企业往往参照概算或预算定额来自行编制清单单价。但由于基础定额的消耗量不够精准，且各企业自身的具体状况不尽相同，所报送的单价水平呈现出较大的差异，参差不齐的现象较为突出。在初步设计阶段开展工程量清单招标工作时，合理且准确地编制清单单价，是其中的关键环节。为此，目前正在着手编制《冶金工业清单综合单价》，为相关各方在编制投标报价以及进行审查工作时，提供一个能够反映出行业一般水平的指导性依据。鉴于当前冶金工业建设在施工技术、施工工艺、技术装备以及人工、机械、材料的品质、质量与消耗水平等方面，与原有的定额相比，已经发生了极为显著的变化。所以，《冶金工业清单综合单价》将子目中的人工和机械费用推向市场化，通过分析同类项目投标（中标）价格中人工、机械费所占的比例，以此来取代原定额中的相应费用。

《冶金工业清单综合单价》的核心特点在于紧密贴近市场实际，相较于传统的定额编制方式，实现了一定程度的创新与变革。不过，由于其编制模式尚无现成的范例可循，对于单价水平的调整方法，仍需要进一步深入探索。在实际工作过程中，必然会遭遇各种各样的困难。这不仅需要充分调动编制人员的智慧与才能，还尤其需要得到包括设计单位、建设单位、施工单位、定额总站、软件公司等相关单位的配合。

未来，冶金行业高质量发展的重心在于改造升级与结构性调整。伴随国家对于传统产业在自主创新、产品结构调整、装备效率升级以及绿色低碳改造等方面提出的要求，技术改造项目的投资占比将会逐步提高。因此，对于冶金工业技术改造项目的投资管理模式与计价方式而言，必须紧密跟上形势发展的需求。编制适用于此类项目的计价标准。

（本章供稿：侯孟、辛烁文）

电力工程造价咨询发展报告

第一节　发展现状

一、企业基本情况

2023 年，29 家电力工程造价咨询企业中，华北地区、华东地区、华南地区、华中地区、西北地区、西南地区、东北地区数量占比分别为 31.03%、20.69%、10.34%、24.14%、6.90%、3.45%、3.45%。

按照注册类型结构，分为国有企业、私营企业、有限责任公司等类型，其中有限责任公司包括国有独资公司和其他有限责任公司。29 家电力工程造价咨询企业中，国有企业 8 家，私营企业 4 家，有限责任公司 17 家，其中包含国有独资公司 6 家，其他有限责任公司 11 家。

专营工程造价咨询的企业共有 4 家，占比 13.79%。具有"工程造价咨询＋工程监理"资质的兼营企业共有 4 家，占比 13.79%；具有"工程造价咨询＋工程咨询"资质的兼营企业共有 10 家，占比 34.48%；具有"工程造价咨询＋工程咨询＋工程设计"资质的兼营企业共有 5 家，占比 17.24%；具有"工程造价咨询＋工程监理＋工程咨询"资质的兼营企业共有 3 家，占比 10.34%；同时具有上述四种资质的兼营企业共有 3 家，占比 10.34%。

2018-2023 年期间，29 家电力工程造价咨询企业从业人员总数从 9358 人升至 15330 人，企业员工规模持续扩大，六年内增长了 63.82%。其中，一级注册造价工程师数量稳定增长，由 488 人升至 820 人，年均增长幅度为 13.61%。2018-2023 年期间，29 家电力工程造价咨询企业拥有高级职称及以上的人数由

3819 人升至 5914 人，增长幅度为 54.86%；拥有中级职称的人数由 2632 人升至 3896 人，增长幅度为 48.02%。

随着工程造价咨询行业市场快速发展，29 家电力工程造价咨询企业工程造价咨询业务规模稳步扩大，营业收入持续上涨。2018–2023 年期间，工程造价咨询业务收入分别为 7.43 亿元、8.54 亿元、11.31 亿元、12.57 亿元、13.75 亿元、15.25 亿元。其中，前期决策阶段咨询收入由 8010.56 万元升至 14302.21 万元；实施阶段咨询收入由 35620.68 万元升至 41729.98 万元；结（决）算阶段咨询收入与全过程工程造价咨询收入持续增长，分别由 13752.80 万元、16040.67 万元升至 38080.25 万元、55767.07 万元。

二、行业管理和服务

《20kV 及以下配电网工程定额与费用计算规定（2022 年版）》经国家能源局以《国家能源局关于颁布〈20kV 及以下配电网工程定额与费用计算规定（2022 年版）〉的通知》（国能发电力〔2023〕20 号）批准发布。为适应西藏等高海拔地区电网工程管理发展的实际需要，合理确定和有效控制电网工程造价，修编完成《西藏地区电网工程建设预算编制与计算规定》《西藏地区电网工程概算定额（建筑工程、电气设备安装工程、架空线路工程、电缆线路工程、调试工程、通信工程）》和《西藏地区电网工程预算定额（建筑工程、电气设备安装工程、架空线路工程、电缆线路工程、调试工程、通信工程）》。

编制完成《新型储能项目建设预算编制与计算规定（锂离子电池储能电站分册）》和《新型储能项目定额（锂离子电池储能电站分册）—建筑工程、安装工程、调试工程》。发布《中电联关于发布〈新型储能项目定额及费用计算规定（锂离子电池储能电站分册）〉（试行）的通知》（中电联定额〔2023〕366 号）。为使广大电力工程造价管理和专业人员准确把握、熟练应用《电力建设工程工程量清单计价规范》DL/T 5745—2021，组织编制并出版了配套使用指南。组织开展《火电机组供热改造项目经济评价导则》等 4 项标准的意见征求与审查工作，完成《光伏发电工程对外投资项目造价编制及财务评价导则》T/CEC 739—2023、《海上风电场工程对外投资项目造价编制及财务评价导则》T/CEC 741—2023 和《陆上风电场工程对外投资项目造价编制及财务评价导则》T/CEC 740—2023 等 3

项团标的出版发布工作。

搭建电力工程定额与造价大数据平台，实现行业全业务链数据化成果共享，为行业提供多元化数据服务，开启电力工程造价管理服务新模式，主要功能包括价格信息系统、指标指数系统、工法消耗量系统、定额编制系统、定额管理系统、用户管理系统等。定期出版《电力工程主要设备材料价格信息》和《20kV及以下配网工程设备材料价格信息》，发布现行定额价格水平动态调整系数、材料综合预算价格信息等。各电力企业通过相应平台和媒介发布各自的价格信息，形成多元化价格信息运行机制。

《中国电力企业管理》全年刊登 60 余篇论文。组织开展 2023 年度电力工程造价管理论文及成果的征集、交流活动，最终 55 篇优秀论文和 36 项优秀成果入选合集。2023 年 4 月，与 RICS、中国电力企业联合会、英国工程技术学会共同举办了《国际成本管理标准第三版》（ICMS3）中文版发布仪式。2023 年 8 月，共同举办了 ICMS3 中文版宣贯会。

第二节　发展环境

一、政策环境

2023 年，我国能源电力行业统筹推进能源电力安全和绿色低碳转型，有力有效发挥能源电力投资拉动作用，持续释放投资潜力。随着新型电力系统加速推进，电力投资与建设发挥重要作用。一方面，电源结构优化调整步伐加快，深入推进电力绿色低碳转型，以沙漠戈壁荒漠地区为重点的大型风电光伏发电基地加速推进建设，推动煤炭和新能源优化组合；新能源开发利用与乡村振兴融合发展，光伏和风电等新能源项目快速发展。另一方面，电力新业态蓬勃发展，截至 2023 年底，全国已建成投运新型储能项目累计装机规模达 3139 万千瓦 /6687 万千瓦时，平均储能时长 2.1 小时 。从投资规模来看，"十四五"以来，新增新型储能装机直接推动经济投资超 1000 亿元，带动产业链上下游进一步拓展，成为我国经济发展"新动能"。面向能源电力绿色低碳转型，未来，电力工程投资建设将继续保持稳步发展态势，助力电力行业高质量发展。

二、技术环境

2023 年，为提高国民经济循环质量和水平，贯彻落实中央经济工作会议部署，围绕推进新型工业化，针对节能降碳、超低排放、安全生产、数字化转型、智能化升级等重要方向，国务院、工业和信息化部以及国家发展改革委等政府机关出台一系列政策支持工程装备与技术创新工作。在此背景下，工程装备与技术创新在多个维度驱动电力投资实现多元化发展。一方面，电力装备供给结构不断改善，在"十四五"相关规划和《加快电力装备绿色低碳创新发展行动计划》等政策文件引领下，电力装备高端化、智能化、绿色化发展不断加快。另一方面，关键装备技术国产化率自主化率显著提高，为电力投资多元化发展提供重要保障。2023 年，我国成功攻克了 16~18 兆瓦海上风电机组超长柔性叶片、大型主轴轴承、高功率密度发电机等一系列关键技术难题，掌握了煤电大规模碳捕集全环节关键核心技术，低成本实现了适用于煤电的低浓度烟道气二氧化碳捕集。随着新技术的不断涌现，风能、太阳能、生物质能等可再生能源技术持续创新，能源供应多样性使得电力投资项目的可选性显著提升，投资者可以根据市场需求、资源条件以及政策导向等因素灵活选择投资方向，实现电力投资领域的多元化发展。

第三节　主要问题及对策

一、存在问题

随着我国电力工程建设投资稳步增长，科学分析与合理控制电力工程造价将持续成为提升投资精准管控水平的关键。面对政策布局、经济波动、技术进步、规模扩大、环保要求以及社会期望等多重因素，电力工程造价管理面临多重挑战。具体来看，一是电力工程计价定额和标准体系建设向个性化场景要求、差异化发展需求与定制化服务诉求转变；二是电力工程造价管理从传统信息化向数智化转变；三是人才需求的转变，从专业技术型人才向综合型、创新型高端人才转变。

二、应对策略

1. 开展新时期电力工程计价依据体系深化研究与实践探索

逐步提高电力工程造价管理工作对市场环境的响应度、对特殊和差异化问题的适应性，支撑电力规划投资、绿色低碳发展和新型电力系统建设。一是以市场导向为理念核心，以电力发展为引领方向，研究编制形成更为及时、准确、全面、直观的新版电力建设工程定额和费用计算规定。二是跟进新型电力系统标准体系、电力低碳标准体系新情况，完善电力工程技术经济标准体系，推进标准在能源电力领域的普及应用和深度融合。三是根据新政策、新业态和新技术，研究与之匹配的工程计价依据和标准，重点在"双碳"、新型电力系统、综合能源、新型储能以及氢能等新兴领域。

2. 持续提升电力工程造价与定额的数智化水平

新型电力系统聚焦技术创新和体制机制创新，发展新质生产力与构建新型电力系统对电力工程总价造价管理数智化转型提出新要求。一是充分利用"云大物移智"等先进技术，加强技术创新，研究和推广更加高效便捷的电力工程造价管控技术、手段和方法；二是推广应用电力工程造价与定额大数据平台，逐步形成电力工程造价与定额数据协同共生的生态系统；三是加强电力工程造价指标、工程造价指数体系深化与细化研究，创新工程造价指标、指数计量分析理论与发布机制；四是利用 AI 和大数据技术开发价格预测和辅助决策工具，通过机器学习技术实现市场价格时间序列预测、投资估算，并实现造价管理的全过程实时监控与评估，以达到精确控制成本、及时预警项目风险的等目的。

3. 进一步提升电力工程造价管理专业人才能力

卓越的人才队伍建设是提升电力工程造价管理水平的核心与关键。一是以适应电力工程造价管理发展需求为导向，制定电力工程造价管理专业人才培养与发展战略规划，逐步健全造价管理人才培养机制；二是依托重大能源电力工程、能源电力创新平台，加速数字化智能化中青年骨干人才培养，加速培育一批具备能源技术与数字技术融合知识技能的跨界复合型工程造价管理人才；三是持续加强与国际同类组织的交流合作,积极参与国际标准和区域标准制定,推动我国造价与定额类标准与国际标准的互认和融合,并通过定期举办研讨会、互访交流等方式培养国际化人才。

（**本章供稿:董士波、周慧、徐慧声、顾爽、曹妍、刘金朋**）

第三十七章

林业和草原工程造价咨询发展报告

第一节 发展现状

随着国家对生态文明建设的重视和对林草行业资金投入的加大，中央预算内林业草原投资项目由原来单一的基本建设项目（主要是建筑工程类别）发展到现在涵盖生态保护修复、森林草原防灭火、自然保护区、种质资源库、湿地保护、国家公园、野生动植物保护、林草科技、国有林区公益性基础设施、信息技术、卫星遥感等多个领域的建设。

2023 年主要完成项目可行性研究和初步设计审核 73 个，竣工验收材料审核 17 个；完成 2024 年度生态保护和修复支撑体系建设项目（森林防火、保护区、种苗）的造价审核工作，项目数量累计 448 个；完成《林业和草原建设项目可行性研究报告编制实施细则》《林业和草原建设项目可行性研究报告审核实施细则》《林业和草原建设项目初步设计编制实施细则》《林业和草原建设项目初步设计审核实施细则》《国家林业和草原局固定资产投资建设项目竣工验收管理办法》等规范标准的征求意见工作；完成中央预算内投资林业草原建设项目动态监管工作，撰写监管工作报告；完成 2023 年度《林草建设工程造价信息》（上下册）编制工作，内容涵盖森林防火、自然保护区、湿地、国家公园、信息类、有害生物等。

2023 年主要完成 2022 年中央财政林业草原转移支付资金绩效自评工作，汇总、整理、审核、分析各省分报告，对各省自评结果进行打分，撰写全国总报告 2 个；完成 2022 年中央财政林业草原转移支付资金绩效评价工作，撰写省级报告 72 个和全国总报告 2 个，绩效评价成果已作为完善中央财政资金政策、改进管理以及下一年度预算申请、安排、分配的重要依据；完成中央财政国家公园项目、"三北"工程投资项目入库审核，出具审查意见；完成其他中央财政林业草原储备项目审查工作，审查项目 8700 多个，涉及资金量约 556 亿元；完成 2023 年油茶产业发展示范奖补项目、国土绿化试点示范项目负面清单审核，出具审核意见。

第二节　发展环境

一、政策环境

从国家层面出台的多项政策文件可以看出，中国政府高度重视林草事业的发展。《国家林业和草原局关于促进林草产业高质量发展的指导意见》提出合理利用林草资源，是遵循自然规律、实现森林和草原生态系统良性循环与自然资产保值增值的内在要求，是推动产业兴旺、促进农牧民增收致富的有效途径，是深化供给侧结构性改革、满足社会对优质林草产品需求的重要举措，是激发社会力量参与林业和草原生态建设内生动力的必然要求，并提出了到 2025 年和 2035 年的具体发展目标。《林草产业发展规划（2021–2025 年）》深入践行绿水青山就是金山银山理念，进一步细化了这些目标，强调要加快推动林草产业的高质量发展。在具体实施方面，《"十四五"林业草原保护发展规划纲要》指出，要坚持尊重自然、顺应自然、保护自然的原则，以全面推行林长制为抓手，以林业草原国家公园"三位一体"融合发展为主线，统筹山水林田湖草沙系统治理，推动林草高质量发展。这些措施表明，中国正致力于通过科学规划和管理，推动林草资源的合理利用和长远发展。

二、经济环境

林草资源对经济的贡献主要体现在多个方面，包括直接经济收益、生态旅游和康养产业的发展，以及林下经济的增长。直接经济收益：通过实施人工造林、全面建立林长责任体系、有效管护公益林等措施，群众利用森林资源获取经济收益达到 15 亿多元；生态旅游和康养产业的发展：随着林草产业的快速发展，形成了包括生态旅游、森林康养等在内的绿色富民产业，这些新兴产业的发展，不仅增加了绿色生态产品的供给能力，还带动了地方经济的发展；林下经济的增长：全国林下经济年产值超过 1 万亿元，从业人数超过 3000 万，充分显示出林下经济在推动林业经济发展中的重要作用。

三、监管环境

国家发展改革委颁布的《中央预算内投资项目监督管理办法》，明确了对中央预算内投资项目的监督管理，规范项目实施和资金使用，保障和提高中央预算内投资综合效益。国家林草局多次下发关于压实监督管理责任、强化监督检查的通知指出，为强化森林草原资源保护工作，维护林草资源生态服务功能，推动我国林草产业健康发展，加强经营主体监管责任，建立日常监管体系。造价站为确保规范运营、降低风险并提升效能，采取各种有效措施。

一是制度化建设。建立和完善内部监管制度体系，包括制定详细的内控规程和操作手册，确保所有操作都有章可循；二是建立协同机制。加强部门间的沟通与合作，通过跨部门联合检查和监管活动，提高监管的全面性和有效性；三是强化风险控制。实施风险评估和管理策略，识别潜在风险并采取预防措施，同时构建针对性的预警机制；四是加强信息化管理。运用现代信息技术手段，实现监管业务的数字化、智能化，提高监管精准性和响应速度；五是明确责任主体。清晰界定监管职责和分工，确保各级人员都了解自己的责任范围，避免监管空缺或重复监管的问题。

第三节　主要问题及对策

一、存在问题

1. 林草造价标准不统一

林草造价标准是指导林业和草原工程建设的重要经济指标，涵盖了从项目筹备到实施完成的全过程计算，受资金和人力资源不足的限制，目前，不同的地区和单位在林草造价咨询中采用不同的标准和方法，这种不统一使得整个行业的专业性和准确性受到质疑。并且林业草原项目涉及专业类型较多，不同类型涉及部门不同，取费标准和要求也不一致。随着林草科学技术的发展，相关的标准和规范更新速度往往滞后于科技发展的步伐，影响了新技术的推广应用。

2. 项目咨询成果质量不高

林业草原行业的项目涉及中央预算内投资建设项目和中央财政项目两类，目前，中央预算内投资建设项目已具有相对完善的编制标准和深度要求，但中央财政项目可参考的指导文件相对较少，从而造成项目成果质量参差不齐、鱼龙混杂的情况。在项目编制阶段，部分项目的咨询工作仅由项目申报单位的工作人员进行完成，单纯地把各种资料堆砌在一起，前后论述不一致，逻辑关系混乱，缺乏统一性连贯性，仅简单表述了项目现状，对项目必要性、可行性、技术方案分析不够。工程造价分析环节，造价估算项目分类过于简单，不重视技术参数对工程单价的影响作用。这些现象表明，相关从业人员对项目基础条件调研不够透彻，对林草工程建设项目要求不够熟悉，在咨询的过程中无法进行科学、合理的论证，对项目咨询成果造成一定影响。

二、应对措施

1. 完善标准体系建设

在对现有相关标准进行梳理的基础上，根据林草事业发展的要求，进一步加强林草工程造价国家标准的编制工作，优化调整标准结构，增加缺失的标准领域，确保标准体系的科学性和适用性。鼓励林草企事业单位、科研院所等开展林草造价标准的创新研究，推动林草科技成果转化为标准。积极参与国际标准制定，借鉴和引进国外先进的经验，推动林草造价标准国际化。加强对林草相关造价标准的修订，提高标准质量，确保标准的可操作性和实用性。

2. 加强中央财政资金项目制度建设

相关部门积极组织制定一系列中央财政资金项目指导文件和编制管理规定，明确造价咨询的内容、方法和程序，编制需涵盖的内容并对其设计深度、涵盖范围、具体组成进行有效说明。建立常态化学习交流平台，学习林草行业相关法律法规、投资管理办法、标准规范等。针对不同类型项目建立项目资料库，及时整理、归纳、更新林业和草原工程造价信息，以政策为导向进行互通共享。同时，综合考量项目咨询人员的业务素质和服务能力，加强过程监管，不断提高咨询服务质量。

3. 加强林草项目投资评审，规范建设资金的使用

相关部门制定详细的林草项目投资评审标准和流程，包括项目可行性研究、初步设计、概预算编制、资金筹措方案等关键环节的评审要求。确保评审过程公开、公平、公正，提高评审结果的科学性和准确性。在项目立项前，深入开展项目区域的生态环境、社会经济条件、资源分布等前期调研，充分论证项目的必要性和可行性。通过科学预测和评估，为项目决策提供可靠依据，避免盲目投资和资源浪费。按照国家和地方有关规定，合理编制项目概预算，确保各项费用支出合理、合规。加强对概预算的审核力度，严格控制项目总投资，防止超预算现象的发生。

（本章供稿：杨晓春、姚雪梅、吴晓妹、郝爽、刘吉雨、吴辉龙、樊明玉）

2023 年度行业大事记

1月6日，为加快推动招标投标交易担保制度改革、优化招标投标领域营商环境，国家发展改革委、住房和城乡建设部等13部门印发《国家发展改革委等部门关于完善招标投标交易担保制度进一步降低招标投标交易成本的通知》，该通知旨在加快推动招标投标交易担保制度改革，降低招标投标市场主体特别是中小微企业交易成本，保障主体各方合法权益，优化招标投标领域营商环境，完善招标投标交易担保制度，进一步降低招标投标交易成本。

1月17日，全国住房城乡建设工作会议在北京以视频形式召开。会议以习近平新时代中国特色社会主义思想为指导，全面学习贯彻党的二十大精神，认真落实中央经济工作会议精神，总结回顾2022年住房和城乡建设工作与新时代10年住房和城乡建设事业发展成就，分析新征程上面临的形势与任务，部署2023年重点工作。

1月30日，全国住房城乡建设领域民事纠纷"总对总"在线诉调对接试点工作推进会在广州召开。推进住房城乡建设领域"总对总"工作，是贯彻落实习近平法治思想的具体实践。自上而下打通各级法院与住房和城乡建设部门预防化解矛盾纠纷对接渠道，形成预防为先、非诉挺前、诉讼托底的纠纷解决新思路，是坚持和发展新时代"枫桥经验"的必然要求，也是做实为大局服务、为人民司法的有力举措。

2月24日，国家发展改革委联合工业和信息化部、财政部、住房和城乡建设部、商务部、中国人民银行、国务院国资委、市场监管总局、国家能源局等部门印发《关于统筹节能降碳和回收利用 加快重点领域产品设备更新改造的指导意见》（发改环资〔2023〕178号）。

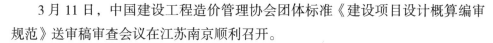

3 月 11 日，中国建设工程造价管理协会团体标准《建设项目设计概算编审规范》送审稿审查会议在江苏南京顺利召开。

3 月 17 日，中国建设工程造价管理协会专家委员会法律委员会工作会议暨《建设工程造价鉴定的有关问题及对策研究》课题评审会在北京召开。参会委员围绕如何做好"总对总"诉调对接机制工作、工程造价纠纷调解难点堵点、工程造价争议技术评审、工程造价专家辅助人等问题展开了充分讨论交流和献计献策。

3 月 23 日，国家发展改革委为推动高质量发展，巩固和深化投融资体制改革成果，进一步提升我国投资项目前期工作质量和水平，根据《政府投资条例》《企业投资项目核准和备案管理条例》等规定，在 2002 年《投资项目可行性研究指南（试用版）》基础上，研究制定了《政府投资项目可行性研究报告编写通用大纲（2023 年版）》《企业投资项目可行性研究报告编写参考大纲（2023 年版）》和《关于投资项目可行性研究报告编写大纲的说明（2023 年版）》。

3 月 28 日，住房和城乡建设部科技与产业化发展中心在北京主持验收了由中国建设工程造价管理协会承担的科技计划项目"工程造价市场化管理模式研究"。课题从我国工程造价管理模式现状出发，立足工程建设新发展阶段，结合建筑业改革发展趋势，按照工程造价管理市场化改革需求，在借鉴国内外先进经验的基础上，提出了建立以成本数据为基础，以交易数据为支撑，以管理数据为核心的"数据对标"的造价管理模式，构建具有中国特色的工程造价市场化管理体系框架，并进一步研究了具体的市场化改革路径。

4 月 3 日，为了进一步助力全过程工程咨询在国内的发展，提高工程咨询质量，中国建设工程造价管理协会发布了《全过程工程咨询典型案例——以投资控制为核心（2022 年版）》。该案例集旨在展示全过程工程咨询的服务成果，体现以投资控制为核心的全过程工程咨询数字化技术应用服务理念。

4 月 12 日，中国建设工程造价管理协会印发《中国建设工程造价管理协会 2023 年工作要点的通知》。中国建设工程造价管理协会总体工作思路是，以习近平新时代中国特色社会主义思想为指导，全面贯彻落实党的二十大精神，完整、准确、全面贯彻新发展理念，充分发挥协会政府助手、行业抓手、企业帮手作用，以昂扬的精神状态、务实的工作作风，推动工程造价行业高质量发展。

4 月 21 日，中国建设工程造价管理协会团体标准《建设项目工程总承包计价规范》宣贯会议在北京顺利召开。

4 月 26 日，中国建设工程造价管理协会专家委员会行业自律委员会工作会议暨《工程造价咨询行业自律体系落地深化研究》课题评审会在贵阳召开，同期召开部分企业工作经验交流会议。

5 月 9 日，由中国建设工程造价管理协会举办的《建设项目工程总承包计价规范》《房屋工程总承包工程量计算规范》《市政工程总承包工程量计算规范》《城市轨道交通工程总承包工程量计算规范》4 项团体标准宣贯会在成都市顺利召开。

5 月 11 日，住房和城乡建设部办公厅发布《关于印发 2023 年信用体系建设工作要点的通知》。加快推进信用体系建设，进一步发挥信用对提高资源配置效率、降低制度性交易成本、防范化解风险的重要作用，为推动新征程住房和城乡建设事业高质量发展提供支撑。

5 月 23 日，最高人民法院第六巡回法庭在陕西省西安市召开巡回区房地产及建工领域纠纷诉源治理经验交流及工作推进会。在会上，陕西、甘肃、青海、宁夏、新疆五省区高级人民法院和新疆兵团分院，分别与住房城乡建设部门、中国房地产业协会签署《关于推进房地产及建设工程领域诉源治理工作合作框架协议》《关于协同推进房地产和建工领域多元化纠纷解决机制建设合作框架协议》。

5 月 25 日，由中国国际大数据产业博览会组委会主办，中国建筑节能协会、贵州省住房和城乡建设厅、全联房地产商会及中国建设工程造价管理协会共同承办的"建筑绿色低碳及数字化建造"论坛率先召开。此次高峰论坛聚焦"绿色及数字智能化 推进建筑行业高质量发展"主题，推介建筑绿色化、数字化建设的成功范例，交流分享数字和"双碳"领域前沿技术，共同推动建筑业数字化转型，为赋能绿色发展、创建低碳社会、创造高品质生活做出积极贡献。

5 月 31 日，国家发展改革委、工业和信息化部、财政部等部门发布《关于做好 2023 年降成本重点工作的通知》（发改运行〔2023〕645 号），提出要增强税费优惠政策的精准性、针对性，提升金融对实体经济服务质效，持续降低制度性交易成本，缓解企业人工成本压力，降低企业用地原材料成本，推进物流提质增效降本，提高企业资金周转效率，激励企业内部挖潜。对于规范招标投标和政府采购制度方面，要积极推动《中华人民共和国招标投标法》和《中华人民共和国政府采购法》修订，健全招标投标和政府采购交易规则，进一步规范政府采购行为，着力破除对不同所有制企业、外地企业设置的不合理限制和壁垒。完善招标投标交易担保制度，全面推广保函（保险），规范保证金收取和退还，清理历史沉淀保证金。完善招标投标全流程电子化交易技术标准和数据规范，不断拓展全流程电子化招标投标的广度和深度。

6 月 20 日，为进一步加强和改进建设项目经济评价管理，国家发展改革委固定资产投资司、住房和城乡建设部标准定额司启动修订《建设项目经济评价方法与参数（第三版）》工作，并向社会公开遴选修订建议稿承担单位。

6 月 20 日，为积极推动行业人才队伍建设，进一步交流总结近年来各级工程造价管理协会和专业工作委员会的人才培养工作经验，中国建设工程造价管理协会在银川市召开全国工程造价行业人才培养工作交流会。

6 月 26 日，审计署受国务院委托，向十四届全国人大常委会第三次会议作了《国务院关于 2022 年度中央预算执行和其他财政收支的审计工作报告》。报告显示，PPP 项目存在入库环节审核不严等问题。审计还发现，在政府购买服务方面存在政商关系边界不清、公器私用问题。

6 月 29 日，为加快数字化技术在全过程工程咨询服务中的应用与创新，促进工程造价行业高质量发展，中国建设工程造价管理协会在吉林省长春市成功举办全过程工程咨询典型案例分享交流会。

6 月 29 日，由中国建设工程造价管理协会举办的《工程造价指标分类及编制指南》宣贯会议在大连市顺利召开。本次会议是在工程造价市场化、数字化改革的大背景下召开的。工程造价行业改革的核心是市场化，编制指南的目的是使造价适应市场化改革的要求，为行业提供一本实用的数据积累指南，指导行业加强工程造价数据积累。

7 月 5 日，住房和城乡建设部发布《关于扎实有序推进城市更新工作的通知》（建科〔2023〕30 号），指出要坚持政府引导、市场运作、公众参与，推动转变城市发展方式。健全城市更新多元投融资机制，加大财政支持力度，鼓励金融机构在风险可控、商业可持续前提下，提供合理信贷支持，创新市场化投融资模式，完善居民出资分担机制，拓宽城市更新资金渠道。

7 月 7 日，中国建设工程造价管理协会的《BIM、人工智能和区块链技术在建设项目全过程成本管控中的应用研究》课题在郑州召开结题评审会。课题针对当前工程造价行业在数字化转型方面所面临的诸多问题，探究 BIM、人工智能和区块链等新技术在建设项目全过程造价咨询服务各个阶段的应用，以提高工作效率和行业服务水平，使其呈现出新的效益及价值，进而推动造价咨询企业的数字化转型。

7 月 14 日，《国家发展改革委发布关于进一步抓好抓实促进民间投资工作努力调动民间投资积极性的通知》（发改投资〔2023〕1004 号）指出，要进一步深化、实化、细化政策措施，持续增强民间投资意愿和能力，努力调动民间投资积极性，推动民间投资高质量发展，并提出明确工作目标，提振民间投资信心；聚焦重点领域，支持民间资本参与重大项目；健全保障机制，促进民间投资项目落地实施；营造良好环境，促进民间投资健康发展四点措施。

7 月 20 日，中国建设工程造价管理协会在南京组织召开《新时期工程造价专业人员职业素养研究》课题评审会。该课题对当前我国工程造价专业人员职业素养进行了系统的研究，丰富和完善了我国工程造价咨询的理论体系。

7 月 28 日，国家发展改革委等部门发布《关于实施促进民营经济发展近期若干举措的通知》（发改体改〔2023〕1054 号），提出促进公平准入、强化要素支持、加强法治保障、优化涉企服务、营造良好氛围五项措施。其中，国家发展改革委、市场监管总局、住房和城乡建设部、交通运输部、水利部、国务院国资委等单位积极开展工程建设招标投标突出问题专项治理，分类采取行政处罚、督促整改、通报案例等措施，集中解决一批民营企业反映比较强烈的地方保护、所有制歧视等问题。支持各地区探索电子营业执照在招标投标平台登录、签名、在线签订合同等业务中的应用。

7 月 28 日，为推进装配式建筑发展，满足装配式建筑投资估算需要，住房和城乡建设部组织编制的《装配式建筑工程投资估算指标》TY01–02–2023 自 2023 年 11 月 1 日起实施。

8 月 11 日，建筑行业标志性年度盛会——中国数字建筑峰会 2023·江西站在南昌召开。此次峰会以"系统性数字化 数聚跃迁赢未来"为主题，聚焦建筑行业转型升级痛点难点，特设 3 大专题论坛和互动展区，构筑江西区域高端交流平台，赋能行业数字化转型。

8 月 31 日，住房和城乡建设部发布了 2022 年工程造价咨询统计公报。为适应新的行业发展形势，与 2021 年相比，工程造价咨询统计调查制度主要进行了两方面的调整：一是调整了统计口径，贯彻落实《国务院关于深化"证照分离"改革进一步激发市场主体发展活力的通知》（国发〔2021〕7 号）要求，因取消工程造价咨询企业资质，统计范围由原具有工程造价咨询资质的企业变为开展工程造价咨询业务的企业；二是为及时了解行业从业者有关情况，增加了工程造价咨询人员、新吸纳就业人员数量等统计指标。

9 月 4 日，由住房和城乡建设部指导，北京市住房和城乡建设委员会、北京市规划和自然资源委员会等单位共同主办的 2023 年中国国际服务贸易交易会工程咨询与建筑服务专题论坛在北京举办，论坛主题为"智能建造、绿色发展"。北京市人民政府副市长谈绪祥、住房和城乡建设部总经济师杨保军出席论坛开幕式并致辞。

9 月 5 日，为加强工程造价专业人才培养，持续改进行业专业人才的知识结构，由中国建设工程造价管理协会组织编写的《2023 年版全国一级造价工程师继续教育教材——工程造价数字化管理》正式发行。

9 月 6 日，为贯彻落实全国住房和城乡建设工作会议精神，进一步做好工程造价改革和推进工程造价市场化工作，提高工程造价纠纷调解的质量和效率，提升工程造价纠纷调解员综合素质和业务能力，全国市长研修学院（住房和城乡建设部干部学院）和中国建设工程造价管理协会于 11 月中旬在厦门联合举办一期"工程造价管理与工程造价纠纷调解培训班"。

9 月 7 日，最高人民法院办公厅与住房和城乡建设部办公厅联合印发《关于建立住房城乡建设领域民事纠纷"总对总"在线诉调对接机制的通知》，对加强住房城乡建设领域民事纠纷源头治理工作、完善"总对总"在线多元解纷机制提出明确要求。

9 月 21 日，全国工程造价改革业务交流会在山东济南召开。会议由住房和城乡建设部标准定额司、山东省住房和城乡建设厅指导，山东省工程建设标准造价中心主办。29 个省（自治区、直辖市）造价管理机构负责人及相关技术人员80 余人参会。

9 月 22~26 日，2023 年度亚太区工料测量师协会（PAQS）年会在马来西亚吉隆坡举行。应 PAQS 邀请，中国建设工程造价管理协会代表团一行 16 人出席了包括 PAQS 理事会、研究委员会、青年组及年会专业论坛等会议和活动。

10 月 16 日，中国建设工程造价管理协会组织召开了《新时期工程造价人员职业素养研究》课题结题审查会。

10 月 24 日，中国建设工程造价管理协会在深圳召开工程造价专业校企合作工作研讨会。

10 月 29 日，由住房和城乡建设部计划财务与外事司指导、住房和城乡建设部标准定额司与国家建筑绿色低碳技术创新中心主办的"建筑绿色低碳技术国际论坛"在上海世博中心举办。本次论坛以"共谋绿色发展 共创低碳未来"为主题，邀请了国内外建筑绿色低碳技术领域有关专家学者等分享相关政策路径、技术创新、金融体系以及项目实践经验。

11 月 10 日，中俄总理定期会晤委员会建设和城市发展分委会第三次会议在北京召开。会议期间，中国建设工程造价管理协会与俄罗斯联邦国家鉴定委员会签署了中俄两国在工程造价领域的全面战略合作协议。

11 月 16 日，《国务院办公厅转发国家发展改革委、财政部〈关于规范实施政府和社会资本合作新机制的指导意见〉的通知》（国办函〔2023〕115 号）已发布。根据有关工作要求，决定废止《财政部关于进一步做好政府和社会资本合作项目示范工作的通知》（财金〔2015〕57 号）、《财政部关于规范政府和社会资本合作（PPP）综合信息平台运行的通知》（财金〔2015〕166 号）、《财政部关于印发〈财政部政府和社会资本合作（PPP）专家库管理办法〉的通知》（财金〔2016〕144 号）、《财政部关于印发〈政府和社会资本合作（PPP）咨询机构库管理暂行办法〉的通知》（财金〔2017〕8 号）等相关文件。

11 月 28 日，受住房和城乡建设部标准定额司委托，中国建设工程造价管理协会在北京组织召开了建筑节能与绿色建筑专项课题《绿色低碳建筑与传统建筑工程造价比较研究》送审稿审查会议。

12 月 8 日，为深入推进工程造价市场化改革，总结改革经验，住房和城乡建设部标准定额司在广州组织召开全国工程造价行业发展工作会暨清单计价规范实施二十周年座谈会，会议交流了工程造价改革经验和进展情况。

12 月 13~15 日，为深入推进住房城乡建设领域民事纠纷"总对总"在线诉调对接试点工作，在住房和城乡建设部法规司指导下，由全国住房城乡建设领域民事纠纷调解事务联合协调委员会会同中国建设工程造价管理协会主办、全国市长研修学院（住房和城乡建设部干部学院）承办的住房城乡建设领域"总对总"在线诉调对接工作培训班在京举办。

12 月 14 日，中国建设工程造价管理协会团体标准《建设项目代建管理标准》送审稿审查会议在成都顺利召开。

12 月 21~22 日，全国住房城乡建设工作会议在北京召开，为住房城乡建设事业高质量发展再上新台阶明确了方向和路径。

12 月 29 日，住房和城乡建设部办公厅发布《关于进一步加强全国建筑市场监管公共服务平台项目信息管理的通知》。该通知旨在进一步加强全国建筑市场监管公共服务平台数据管理，落实各级住房城乡建设主管部门数据审核监管责任，强化工程项目信息录入和审核，要求各省住房城乡建设主管部门抓紧修订完善省级建筑市场监管一体化工作平台相关数据标准，做好平台改造升级工作。